颗粒与气泡相互作用

Particle and Bubble Interaction

张志军　庄　丽　赵　亮　著

科学出版社

北京

内 容 简 介

本书围绕浮选中颗粒与气泡相互作用，论述了液体环境中颗粒与气泡动力学，重点讨论颗粒与气泡的碰撞、黏附、脱附作用以及泡沫稳定性，主要涉及胶体与界面科学、流体力学的理论基础和应用研究。全书共 6 章：第 1 章概述浮选过程及颗粒与气泡的相互作用；第 2 章介绍浮选系统中流体流动、颗粒运动及气泡运动的基本原理；第 3～5 章讨论颗粒与气泡的碰撞、黏附和脱附作用；第 6 章讨论浮选泡沫的稳定性。

本书可供从事浮选、胶体与界面科学等方面的科研人员和技术人员参考，也可作为矿物加工工程专业本科生和研究生的教学参考书。

图书在版编目（CIP）数据

颗粒与气泡相互作用=Particle and Bubble Interaction/张志军，庄丽，赵亮著 . —北京：科学出版社，2024.3
ISBN 978-7-03-074792-1

Ⅰ.①颗… Ⅱ.①张… ②庄… ③赵… Ⅲ.①颗粒–相互作用–气泡–研究 Ⅳ.① O572.21 ② O427.4

中国图家版本馆 CIP 数据核字（2023）第 014619 号

责任编辑：刘翠娜 崔元春/责任校对：崔向琳
责任印制：赵 博/封面设计：无极书装

科学出版社 出版
北京东黄城根北街 16 号
邮政编码：100717
http://www.sciencep.com

北京中石油彩色印刷有限责任公司印刷
科学出版社发行 各地新华书店经销
*
2024 年 3 月第 一 版 开本：720×1000 1/16
2024 年 8 月第二次印刷 印张：15 3/4
字数：318 000

定价：108.00 元
（如有印装质量问题，我社负责调换）

前　言

　　颗粒与气泡的相互作用是浮选的关键，准确揭示气–液–固三相浮选环境下颗粒与气泡间的微观作用机制对浮选学科的发展有着重要意义。颗粒与气泡相互作用包括碰撞、黏附和脱附，碰撞作用主要与颗粒和气泡的物理性质及流体动力学特征有关，黏附和脱附作用主要与颗粒及气泡的表界面性质相关。目前碰撞模型体系已较为成熟，但是黏附和脱附理论体系尚待完善。另外，浮选精矿的品位与泡沫的结构和稳定性有着极其紧密的联系，但是三相泡沫的结构特别复杂，因此它是当前浮选研究领域中的热点和难点。随着微纳米技术的发展，胶体和界面科学与浮选科学的交叉研究成为趋势。国内外已出版的相关书籍年份较早，缺乏对相关领域内最新研究工作的总结与探讨。本书结合胶体和界面科学，探讨颗粒与气泡相互作用及浮选泡沫，总结相关理论基础和数学模型，同时介绍最近的研究工作。

　　本书将浮选科学、胶体和界面科学相融合，讨论了浮选中颗粒与气泡动力学、颗粒与气泡的碰撞作用、颗粒与气泡的黏附作用、颗粒与气泡的脱附作用、浮选泡沫等内容，总结了和颗粒与气泡相互作用相关的理论基础和应用研究。本书结构清晰，摒弃冗杂的表述方式，力求深入浅出，争取为读者构建清晰的知识脉络。

　　本书可为浮选科学的发展提供研究基础，为浮选过程优化提供理论指导，适用于煤炭高效分选、矿产资源综合循环利用、复杂矿产资源高效分离等方向，有助于实现煤炭清洁利用，发展资源再生利用产业，以及开发可循环利用的钢铁、有色金属、稀贵金属等资源。

　　由于作者水平有限，书中难免存在疏漏和不足之处，敬请广大读者批评指正。

张志军

2023 年 10 月 17 日

目　录

第1章　颗粒与气泡的相互作用与浮选行为

1.1　浮选概述

浮游选矿简称浮选，是根据矿物表面物理化学性质的差异来分选细粒矿物的方法。浮选是从水的悬浮液中浮出固体颗粒的过程，能够对有用矿物和脉石矿物进行有效分离。

浮选是实现细粒和微细粒物料分选的重要选矿方法。浮选不仅广泛用于金属矿物、非金属矿物和煤炭的分选，还在冶金、化工、造纸、环保、材料、食品、医药、微生物等领域发挥着重要作用；此外，浮选法能够有效处理低品位复杂难选矿物，特别是当浮选法与其他方法联合使用时，可使矿产资源得到充分综合利用。矿产资源是保障国家经济健康发展的基础，矿产资源节约集约和循环利用是时代的发展要求，随着我国矿产资源"贫、细、杂"程度的加深，浮选的地位不容小觑。

1.1.1　浮选的类别

浮选是基于界面物理化学性质差异的分离富集过程，原则上可以发生在气–液界面、液–液界面、液–固界面或气–固界面。浮选早在古代就为人所知，随着现代工业和科学技术的发展，浮选方法不断改进，包括全油浮选、团粒浮选、表层浮选、泡沫浮选、载体浮选等。

全油浮选发生在油–水界面，通过细粒矿石与大量的油（油量可达原矿量的30%～40%）和水一起搅拌，疏水亲油的矿粒进入油相并随之上浮，亲水疏油的矿粒则留在水中，分别收集油和水中的矿粒，达到矿物分离的目的。全油浮选工艺技术简单，但分选效率低，耗油量大。

团粒浮选与全油浮选原理类似，其特点是加入较少量的油（油量约为原矿量的2%～4%），并配合使用皂类，使疏水亲油的矿粒选择性絮凝成较大的团粒，而亲水疏油的矿粒不与油、皂起作用，因此，用水即可冲走呈分散状态的亲水疏油矿粒，使之与团粒分离。

表层浮选在水面（气–液界面）上进行。将磨细的矿粉轻轻撒布在流动的水面上，疏水亲气的矿粒漂浮在水面聚集成薄层，亲水疏气的矿粒沉入水中，分别收集后实现分离。表层浮选的设备处理能力较小，分选的气–液界面少，分选效率不高。

泡沫浮选以气泡作为矿物载体，增加了气–液分选界面，降低了油耗，显著提高了浮选的分选效率。在泡沫浮选中，疏水矿粒选择性黏附在气泡表面并随着气泡上升，最终以泡沫的形式收集并分离。泡沫浮选在工业上应用广泛，目前所提到的浮选一般指泡沫浮选。

载体浮选又称背负浮选，它以可浮性好的粗矿粒为载体，用载体矿物黏附细粒矿物并背负细粒矿物上浮，然后用常规泡沫浮选法进行分离。

1.1.2 浮选的发展历史

中国古代曾利用矿物的天然疏水性来净化朱砂、滑石、雄黄等矿物质药物，使有用矿物细粉漂浮于水面，而亲水性的脉石沉入水中，从而进行分离。在淘洗砂金时有"鹅毛刮金"的方法，是指用鹅毛蘸取油类以黏捕河沙中疏水亲油的金粒。1637年明代出版的《天工开物》记载回收旧器上的金箔时，可"刮削火化，其金仍藏灰内。滴清油数点，伴落聚底，淘洗入炉，毫厘无恙"。这都是浮选的早期应用。

19世纪末期，由于工业发展需要大量矿物原料，而能用重选处理的粗粒矿产资源不断减少，浮选作为分选低品位矿石的有效方法逐渐工业化。发展初期应用的主要是全油浮选和表层浮选，后期泡沫浮选逐渐发展并占据主导地位。

1860年英国学者Haynes获得首项全油浮选专利，指出矿物在油-水界面上选择性黏附的现象，并将其用于分选硫化矿物；1885年美国的Everson提出在矿浆中加入少量硫酸可以增加油类对硫化矿物的选择性，有利于提高分选效率；1897年Elmore将全油浮选在英国大规模投入工业应用。1892年表层浮选在工业上用于处理硫化铜矿物；1945年表层浮选用于细粒级金刚石精选。

为增加气-液界面，提高分离效率，泡沫浮选以气泡为载体进行分选。德国的Bessel兄弟于1877年利用煮沸矿浆产生的气泡浮选石墨，并于1886年补充和改进了产生气泡的方式，提出可以用酸与碳酸盐矿物进行化学反应来产生气泡。20世纪初，人们进一步探索了产生气泡的方法，如向矿浆中直接引入空气、利用电解或真空，以及将矿浆加压溶解空气后在常压下释放等。1905年英国一家公司获得了利用机械叶轮对矿浆充气的泡沫浮选专利，1910年成功制造机械搅拌式浮选机。1909年用松油和醇类作起泡剂。1924年澳大利亚利用泡沫浮选来大规模处理含锌20%的重选尾矿。1925年黄原酸盐用作硫化矿捕收剂，标志着浮选工艺的革命。1930年起对各种矿物的可浮性开始进行全面研究。1940年前后开始了煤泥的大规模浮选，使浮选的范围由硫化矿推广到氧化矿、非金属矿和稀有金属矿。1967年美国人提出使用浮选柱，并于1980年得到应用。

1.1.3 泡沫浮选

泡沫浮选是利用矿物表面性质的差异，从矿浆中借助气泡的浮力分选矿物颗粒的方法。图 1-1 和图 1-2 展示了泡沫浮选的过程。矿石经过磨矿得到合适粒度的矿粒,加入搅拌槽中并添加浮选药剂,搅拌一段时间后送入浮选机,浮选槽中引入空气介质形成适当的气泡,在药剂作用下,疏水矿物黏附在气泡表面上升,形成泡沫层,刮出泡沫,亲水性矿物随底流流走,使泡沫产品得以和底流产品分离。这种有用矿物进入泡沫层成为精矿的浮选称为正浮选,反之称为反浮选。

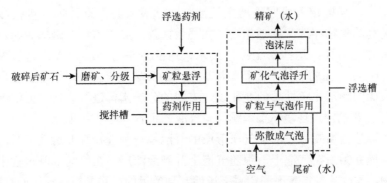

图 1-1 泡沫浮选过程

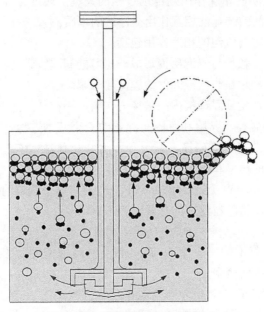

图 1-2 浮选槽内的泡沫浮选

泡沫浮选作业包括:①矿浆准备作业,包括磨矿、分级、调浆,目的是得到单体解离的矿粒,以及适宜浓度的矿浆;②加药调整作业,目的是调节与控制相界面的物理化学性质,促使气泡与不同矿粒选择性黏附,达到彼此分离的目的;③充气浮选作业,将调制好的矿浆引入浮选机内,通过浮选机的充气搅拌,产生大量弥散的气泡，可浮性好的矿粒黏附于气泡上，形成矿化气泡，可浮性差的矿粒不能黏附于气泡上而留在浮选槽中，作为尾矿从浮选机中排出。

1.2 浮选中颗粒与气泡的相互作用

近年来，浮选相关研究进展主要涉及浮选设备和浮选药剂，包括微生物作为浮选药剂的生物浮选、物理作用（如强效搅拌、旋流力场、磁场和超声等）对浮选的强化等方面，这些新型浮选技术采用的方法可归纳为流体力学强化以及气–液–固三相界面的调控。而新型浮选技术的分选效果主要通过强化手段作用前后矿物表面的物理化学性质的变化以及宏观的分选指标进行评定，无法准确地在气–液–固三相的浮选环境下揭示颗粒与气泡之间的微观作用机制。

对于浮选的微观过程，空气所形成的气泡是一种选择性的运载工具，目的矿物颗粒碰撞并黏附在气泡上，跟随气泡上升到泡沫层，在气泡上升过程中，部分目的矿物颗粒会从气泡表面脱附进入矿浆，导致目的矿物颗粒的浮选回收率降低。可见颗粒和气泡之间的相互作用是浮选过程的关键，通过各种手段的强化，实现气泡与矿物颗粒之间的选择性相互作用是浮选的本质。

浮选过程中颗粒与气泡的相互作用包括：

（1）碰撞作用，颗粒与气泡碰撞形成一层薄的润湿膜。

（2）黏附作用，颗粒与气泡间的液膜薄化破裂。

（3）脱附作用，受到浮选槽内的破坏力作用，颗粒从气泡上脱落。

颗粒与气泡的碰撞、黏附和脱附是浮选的三个基本过程。这三个过程连续进行又相对独立，因此可以对碰撞、黏附和脱附分开研究。浮选过程建模的基本方法是预测三种过程的概率和速率。

1948 年，Sutherland[1] 通过考虑单个上升气泡对单个颗粒的捕获，首次提出研究浮选的理论方法，将颗粒浮选的总概率表示为

$$P = P_c P_a (1-P_d) \tag{1-1}$$

式中，P_c 为颗粒与气泡的碰撞概率；P_a 为颗粒与气泡碰撞后的黏附概率；P_d 为颗粒与气泡黏附后的脱附概率。

Derjaguin 和 Dukhin[2] 将颗粒与气泡相互作用区域分为三个区域（图 1-3）：流体动力学区（区域 1）、电泳扩散区（区域 2）和表面力区（区域 3），并讨论了微细颗粒的浮选理论，指出半径小于 50 μm 的颗粒在气泡表面的作用更多地依赖于表面力而非惯性力，颗粒碰撞引起的气泡变形可以忽略。颗粒与气泡的碰撞作用发生在区域 1 内，该区域主要是重力和惯性力起作用，在这些力的作用下对颗粒进行运动分析可得到临界颗粒粒度。颗粒较大时，由于惯性力的作用颗粒可能进

入区域 2；但颗粒较小时，颗粒沿流线流下，不能进入区域 2。在区域 2 中，液体绕着运动气泡流动，在气泡表面形成了切向流，破坏了气泡表面吸附离子的平衡分布，因此在该区域存在强电场，进入区域 2 的带电颗粒受到电泳力的作用，被气泡表面吸引或排斥。当颗粒与气泡间液膜厚度小于几百纳米，表面力就占据主导地位，该部分即为区域 3，表面力的大小决定了颗粒和气泡间液膜的薄化。

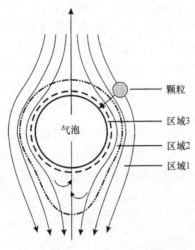

图 1-3　颗粒与气泡相互作用区域

整体而言，碰撞作用主要与流体动力学以及颗粒和气泡的物理性质有关，目前已建立较为成熟的碰撞模型体系。黏附和脱附作用取决于流体动力学和颗粒与气泡间的表面力。此外，黏附过程的液膜薄化和破裂，通常被认为是浮选过程中最重要的阶段，因为这是一个缓慢的过程，所以是决定浮选速率的关键。

1.3　浮选中的界面科学与胶体科学

早期的浮选研究主要集中于固-液界面的物理化学现象。Young[3] 于 1805 年提出接触角理论，并描述了接触角与比表面能的关系。润湿性与接触角成为浮选过程中的重要判据。1869 年 Dupré 和 Dupré[4] 将热力学应用于流体对固体表面的润湿与去湿问题中，得到描述黏附功的 Dupré 方程。20 世纪初浮选的物理化学研究开始发展，但研究焦点限于表面化学和浮选药剂在矿物表面的吸附。

20 世纪 30 年代表面化学和胶体化学在浮选研究中得到认可。Rehbinder 等 [5] 研究了矿物在浮选中的选择性润湿现象。Frumkin[6] 研究了气泡和颗粒间液膜的热力学，并建立了接触角与液膜表面能的关系，得到 Frumkin-Derjaguin 方程。Derjaguin 和 Qbukhov[7] 对液膜的性质进行了实验研究，并引入分离压（disjoining

pressure）的概念，用于判断液膜的稳定性。Derjaguin 和 Landau[8]、Verwey 和 Overbeek[9] 提出一种关于胶体稳定性的理论，称为 DLVO 理论（Derjaguin-Landau-Verwey-Overbeek theory）。1961 年 Derjaguin 和 Dukhin[10] 划分了浮选中颗粒与气泡相互作用的区域。20 世纪 70 年代 Derjaguin 和 Churaev[11] 提出结构表面力的概念。1982 年 Israelachvili 和 Pashley[12] 通过实验测定了疏水固体表面之间在浮选捕收剂溶液中的疏水力。2001 年 Ralston 等 [13] 定量研究了气泡表面流动性对细颗粒浮选中碰撞和黏附的影响。此后表面力仪、原子力显微镜和液膜压力平衡技术等在颗粒与气泡相互作用领域不断发展。表面力仪为双电层力和范德瓦耳斯力以及其他非 DLVO 力的测量提供了有力手段；原子力显微镜的胶体探针技术能够实现气泡与颗粒间相互作用力的直接测量；颗粒与气泡作用过程的表面力与气泡形变的同步测量也逐渐成为趋势。

在浮选过程中，固体颗粒和气泡的尺寸通常大于胶体，浮选悬浮液和泡沫很难被认为是胶体分散体系。尽管如此，浮选以界面现象为基础，是应用胶体化学和应用胶体流体力学的结合，因此浮选与界面科学和胶体科学密切相关。

参 考 文 献

[1] Sutherland K L. Physical chemistry of flotation. XI. Kinetics of the flotation process[J]. The Journal of Physical Chemistry, 1948, 52(2): 394-425.

[2] Derjaguin B V, Dukhin S S. Theory of flotation of small and medium-size particles[J]. Progress in Surface Science, 1993, 43(1-4): 241-266.

[3] Young T. An essay on the cohesion of fluids[J]. Philosophical Transactions of the Royal Society of London, 1805, 95: 65-87.

[4] Dupré A, Dupré P. Théorie Mécanique de la Chaleur[M]. Paris: Gauthier-Villars, 1869.

[5] Rehbinder P A, Lipets M E, Rimskaya M M, et al. Fiziko-khimiya Flotatsionnykh Protsessov[M]. Moscow: Metallurgizdat, 1933.

[6] Frumkin A N. On the wetting phenomena and attachment of bubbles[J]. Zhurnal Fizicheskoi Khimii, 1938, 12(4): 337-345.

[7] Derjaguin B V, Obukhov E. Anomal'nye svojstva tonkih sloev zhidkostej[J]. Kolloidnyi Zhurnal, 1935, 1: 385-398.

[8] Derjaguin B, Landau L. Theory of the stability of strongly charged lyophobic sols and of the adhesion of strongly charged particles in solutions of electrolytes[J]. Acta Physicochimica, 1941, 14: 633-662.

[9] Verwey E J W, Overbeek J T G. Theory of the Stability of Lyophobic Colloids[M]. Amsterdam: Elsevier, 1948.

[10] Derjaguin B V, Dukhin S S. Theory of flotation of small and medium size particles[J]. Transactions of the Institutions of Mining and Metallurgy, 1961, 70(5): 221-246.

[11] Derjaguin B V, Churaev N V. Structural component of disjoining pressure[J]. Journal of Colloid and Interface Science, 1974, 49(2): 249-255.

[12] Israelachvili J, Pashley R. The hydrophobic interaction is long range, decaying exponentially with distance[J]. Nature, 1982, 300(5890): 341-342.

[13] Ralston J, Fornasiero D, Mishchuk N. The hydrophobic force in flotation-a critique[J]. Colloids and Surfaces A: Physicochemical and Engineering Aspects, 2001, 192(1-3): 39-51.

第2章 颗粒与气泡动力学

浮选是在复杂液相环境中进行的，颗粒与气泡的相互作用受周围流体流动以及颗粒与气泡间相对运动的影响显著。浮选中的流体运动既存在于宏观过程，也存在于微观过程。例如，浮选槽内颗粒沉降及气泡上升中的流体运动是宏观过程，而颗粒和气泡间液膜的薄化为微观过程，等温条件下气泡上升过程中气泡内的气体流动也可视为微观过程。在研究颗粒与气泡相互作用之前，首先考虑浮选过程中颗粒和气泡的动力学。本章以流体动力学为基础，介绍颗粒和气泡的运动特性。

2.1 流体动力学基础

2.1.1 流体力学基本方程

控制方程是在流动问题中满足守恒定律的数学表达式。在流动过程中，牛顿流体由质量守恒定律和动量守恒定律控制，这两个基本定律对应的控制方程分别为连续性方程和动量方程。

1. 连续性方程

流体被视为连续介质，即流体质点在空间内是连续而无空隙分布的，且其质点具有宏观物理量，是空间和时间的连续函数。根据质量守恒定律，单位时间内流体微元体中质量的增加等于同一时间间隔内流入该微元体的净质量，可得到流体运动的连续性方程：

$$\frac{\partial \rho}{\partial t} + \frac{\partial (\rho u_x)}{\partial x} + \frac{\partial (\rho u_y)}{\partial y} + \frac{\partial (\rho u_z)}{\partial z} = 0 \tag{2-1}$$

式中，ρ 为液体密度；t 为时间；u_x、u_y、u_z 为速度在直角坐标系 x、y、z 轴的分量。

引入哈密顿算符（Hamiltonian）∇，三维情况下 $\nabla = \left(\dfrac{\partial}{\partial x}, \dfrac{\partial}{\partial y}, \dfrac{\partial}{\partial z} \right)$，将式（2-1）表示成矢量形式：

$$\frac{\partial \rho}{\partial t} + \nabla \cdot (\rho \boldsymbol{u}) = 0 \tag{2-2}$$

或用矢量符号 div( ) 表示括号内物理量的散度，式（2-1）表示为

$$\frac{\partial \rho}{\partial t} + \mathrm{div}(\rho \boldsymbol{u}) = 0 \tag{2-3}$$

式中，$\boldsymbol{u}$ 为速度矢量。

流体密度变化可忽略的流动称为不可压缩流动，通常将温度变化不明显的液体视为不可压缩流体。浮选中的液体即不可压缩流体，其密度 ρ 为常数，式（2-1）可简化为

$$\frac{\partial u_x}{\partial x} + \frac{\partial u_y}{\partial y} + \frac{\partial u_z}{\partial z} = 0 \tag{2-4}$$

其矢量形式为

$$\nabla \cdot \boldsymbol{u} = 0 \tag{2-5}$$

或：

$$\mathrm{div}(\boldsymbol{u}) = 0 \tag{2-6}$$

连续性方程是质量守恒定律对运动流体的应用，是流体运动的基本方程。连续性方程不涉及任何作用力，对理想流体和实际流体都适用。

2. 动量方程

流体流动须满足动量守恒定律，该定律可表述为微元体中流体的动量对时间的变化率等于外界作用在该微元体上的各种作用力之和。理想流体和实际流体的受力不同，因此其动量方程的形式不同。

1）欧拉方程

理想流体是没有黏性的流体，作用在流体上的表面力只有法向压力。但流体运动时，表面力一般不能平衡质量力，根据牛顿第二运动定律可知流体将产生加速度。考虑运动流体的惯性力，得到理想流体的运动微分方程为

$$\begin{cases} \dfrac{\mathrm{D}u_x}{\mathrm{D}t} = f_x - \dfrac{1}{\rho}\dfrac{\partial p}{\partial x} \\[2mm] \dfrac{\mathrm{D}u_y}{\mathrm{D}t} = f_y - \dfrac{1}{\rho}\dfrac{\partial p}{\partial y} \\[2mm] \dfrac{\mathrm{D}u_z}{\mathrm{D}t} = f_z - \dfrac{1}{\rho}\dfrac{\partial p}{\partial z} \end{cases} \tag{2-7}$$

表示成矢量形式为

$$\frac{\mathrm{D}\boldsymbol{u}}{\mathrm{D}t} = \boldsymbol{f} - \frac{1}{\rho}\nabla p \tag{2-8}$$

式中，f为单位质量力矢量；f_x、f_y和f_z分别为f在直角坐标系x、y、z轴的分量；p为压强；D/Dt称为物质导数算子或随体导数算子，表示流体质点运动时所具有的物理量对时间的全导数，等于当地导数与迁移导数的和，即

$$\frac{D}{Dt} = \frac{\partial}{\partial t} + \boldsymbol{u} \cdot \nabla = \frac{\partial}{\partial t} + u_x \frac{\partial}{\partial x} + u_y \frac{\partial}{\partial y} + u_z \frac{\partial}{\partial z} \tag{2-9}$$

式（2-7）、式（2-8）为理想流体的运动微分方程，又称欧拉方程（Euler equation），该方程适用于各种理想流体流动问题。

2）纳维–斯托克斯方程

实际流体相对于理想流体需要进一步考虑黏性切应力的作用，其运动微分方程称为纳维–斯托克斯方程（Navier-Stokes equation，简称 N-S 方程）。不可压缩流体的 N-S 方程表示为

$$\begin{cases} \dfrac{Du_x}{Dt} = f_x - \dfrac{1}{\rho}\dfrac{\partial p}{\partial x} + \nu \nabla^2 u_x \\[2mm] \dfrac{Du_y}{Dt} = f_y - \dfrac{1}{\rho}\dfrac{\partial p}{\partial y} + \nu \nabla^2 u_y \\[2mm] \dfrac{Du_z}{Dt} = f_z - \dfrac{1}{\rho}\dfrac{\partial p}{\partial z} + \nu \nabla^2 u_z \end{cases} \tag{2-10}$$

其矢量形式为

$$\frac{D\boldsymbol{u}}{Dt} = \boldsymbol{f} - \frac{1}{\rho}\nabla p + \nu \nabla^2 \boldsymbol{u} \tag{2-11}$$

式中，ν 为运动黏度，并有 $\nu = \dfrac{\mu}{\rho}$，μ 为动力黏度（简称黏度）；∇^2 为拉普拉斯算子（Laplacian），$\nabla^2 = \dfrac{\partial^2}{\partial x^2} + \dfrac{\partial^2}{\partial y^2} + \dfrac{\partial^2}{\partial z^2}$。

3. 不同坐标系下的控制方程

连续性方程和 N-S 方程是黏性流动问题的基本方程，某些情况下，这两种控制方程在非直角坐标系中使用更为方便。例如，颗粒与气泡间液膜的薄化问题适合用柱坐标系，气泡周围液体流动的建模适合用球坐标系。表 2-1～表 2-4 整理了不可压缩流体在直角坐标系（x, y, z）、柱坐标系（r, θ, z）和球坐标系（r, θ, ϕ）中的连续性方程和 N-S 方程。

表 2-1 不可压缩流体在不同坐标系中的连续性方程

直角坐标系 $(x,\ y,\ z)$	$\dfrac{\partial u_x}{\partial x}+\dfrac{\partial u_y}{\partial y}+\dfrac{\partial u_z}{\partial z}=0$
柱坐标系 $(r,\ \theta,\ z)$	$\dfrac{\partial u_r}{\partial r}+\dfrac{1}{r}\dfrac{\partial u_\theta}{\partial \theta}+\dfrac{\partial u_z}{\partial z}+\dfrac{u_r}{r}=0$
球坐标系 $(r,\ \theta,\ \phi)$	$\dfrac{\partial}{\partial r}(r^2 u_r)+\dfrac{r}{\sin\theta}\dfrac{\partial}{\partial \theta}(u_\theta \sin\theta)+\dfrac{r}{\sin\theta}\dfrac{\partial u_\phi}{\partial \phi}=0$

注: u_r、u_θ、u_ϕ 分别为 r 轴、θ 轴、ϕ 轴的速度分量。

表 2-2 不可压缩流体在直角坐标系中的动量方程

x 轴分量	$\dfrac{\partial u_x}{\partial t}+u_x\dfrac{\partial u_x}{\partial x}+u_y\dfrac{\partial u_x}{\partial y}+u_z\dfrac{\partial u_x}{\partial z}=-\dfrac{1}{\rho}\dfrac{\partial p}{\partial x}+\nu\nabla^2 u_x$
y 轴分量	$\dfrac{\partial u_y}{\partial t}+u_x\dfrac{\partial u_y}{\partial x}+u_y\dfrac{\partial u_y}{\partial y}+u_z\dfrac{\partial u_y}{\partial z}=-\dfrac{1}{\rho}\dfrac{\partial p}{\partial y}+\nu\nabla^2 u_y$
z 轴分量	$\dfrac{\partial u_z}{\partial t}+u_x\dfrac{\partial u_z}{\partial x}+u_y\dfrac{\partial u_z}{\partial y}+u_z\dfrac{\partial u_z}{\partial z}=-\dfrac{1}{\rho}\dfrac{\partial p}{\partial z}+\nu\nabla^2 u_z$
拉普拉斯算子	$\nabla^2=\dfrac{\partial^2}{\partial x^2}+\dfrac{\partial^2}{\partial y^2}+\dfrac{\partial^2}{\partial z^2}$

表 2-3 不可压缩流体在柱坐标系中的动量方程

r 轴分量	$\dfrac{\partial u_r}{\partial t}+u_r\dfrac{\partial u_r}{\partial r}+\dfrac{u_\theta}{r}\dfrac{\partial u_r}{\partial \theta}+u_z\dfrac{\partial u_r}{\partial z}-\dfrac{u_\theta^2}{r}=-\dfrac{1}{\rho}\dfrac{\partial p}{\partial r}+\nu\left(\nabla^2 u_r-\dfrac{2}{r^2}\dfrac{\partial u_\theta}{\partial \theta}-\dfrac{u_r}{r^2}\right)$
θ 轴分量	$\dfrac{\partial u_\theta}{\partial t}+u_r\dfrac{\partial u_\theta}{\partial r}+\dfrac{u_\theta}{r}\dfrac{\partial u_\theta}{\partial \theta}+u_z\dfrac{\partial u_\theta}{\partial z}+\dfrac{u_r u_\theta}{r}=-\dfrac{1}{\rho r}\dfrac{\partial p}{\partial \theta}+\nu\left(\nabla^2 u_\theta+\dfrac{2}{r^2}\dfrac{\partial u_r}{\partial \theta}-\dfrac{u_\theta}{r^2}\right)$
z 轴分量	$\dfrac{\partial u_z}{\partial t}+u_r\dfrac{\partial u_z}{\partial r}+\dfrac{u_\theta}{r}\dfrac{\partial u_z}{\partial \theta}+u_z\dfrac{\partial u_z}{\partial z}=-\dfrac{1}{\rho}\dfrac{\partial p}{\partial z}+\nu\nabla^2 u_z$
拉普拉斯算子	$\nabla^2=\dfrac{\partial^2}{\partial r^2}+\dfrac{1}{r^2}\dfrac{\partial^2}{\partial \theta^2}+\dfrac{\partial^2}{\partial z^2}+\dfrac{1}{r}\dfrac{\partial}{\partial r}$

表 2-4 不可压缩流体在球坐标系中的动量方程

r 轴分量	$\dfrac{\partial u_r}{\partial t}+u_r\dfrac{\partial u_r}{\partial r}+\dfrac{u_\theta}{r}\dfrac{\partial u_r}{\partial \theta}+\dfrac{u_\phi}{r\sin\theta}\dfrac{\partial u_r}{\partial \phi}-\dfrac{u_\theta^2+u_\phi^2}{r}$ $=-\dfrac{1}{\rho}\dfrac{\partial p}{\partial r}+\nu\left(\nabla^2 u_r-\dfrac{2}{r^2}\dfrac{\partial u_\theta}{\partial \theta}-\dfrac{2}{r^2\sin\theta}\dfrac{\partial u_\phi}{\partial \phi}-\dfrac{2u_r}{r^2}-\dfrac{2u_\theta\cot\theta}{r^2}\right)$

θ 轴分量	$\dfrac{\partial u_\theta}{\partial t}+u_r\dfrac{\partial u_\theta}{\partial r}+\dfrac{u_\theta}{r}\dfrac{\partial u_\theta}{\partial\theta}+\dfrac{u_\phi}{r\sin\theta}\dfrac{\partial u_\theta}{\partial\phi}+\dfrac{u_r u_\theta-u_\phi^2\cot\theta}{r}$ $=-\dfrac{1}{\rho r}\dfrac{\partial p}{\partial\theta}+\nu\left(\nabla^2 u_\theta+\dfrac{2}{r^2}\dfrac{\partial u_r}{\partial\theta}-\dfrac{2\cos\theta}{r^2\sin^2\theta}\dfrac{\partial u_\phi}{\partial\phi}-\dfrac{u_\theta}{r^2\sin^2\theta}\right)$
ϕ 轴分量	$\dfrac{\partial u_\phi}{\partial t}+u_r\dfrac{\partial u_\phi}{\partial r}+\dfrac{u_\theta}{r}\dfrac{\partial u_\phi}{\partial\theta}+\dfrac{u_\phi}{r\sin\theta}\dfrac{\partial u_\phi}{\partial\phi}+\dfrac{u_r u_\phi+u_\phi u_\theta\cot\theta}{r}$ $=-\dfrac{1}{\rho r\sin\theta}\dfrac{\partial p}{\partial\phi}+\nu\left(\nabla^2 u_\phi+\dfrac{2}{r^2\sin\theta}\dfrac{\partial u_r}{\partial\phi}+\dfrac{2\cos\theta}{r^2\sin^2\theta}\dfrac{\partial u_\theta}{\partial\phi}-\dfrac{u_\phi}{r^2\sin^2\theta}\right)$
拉普拉斯算子	$\nabla^2=\dfrac{1}{r^2}\dfrac{\partial}{\partial r}\left(r^2\dfrac{\partial}{\partial r}\right)+\dfrac{1}{r^2\sin\theta}\dfrac{\partial}{\partial\theta}\left(\sin\theta\dfrac{\partial}{\partial\theta}\right)+\dfrac{1}{r^2\sin^2\theta}\dfrac{\partial^2}{\partial\phi^2}$

在表 2-2～表 2-4 中，质量力为重力，为简化方程，将重力的作用归入压力梯度项。设 h 为流体微元在参考坐标系中的高度，g 为重力加速度，则表 2-2～表 2-4 内方程中的压强 p 实际上是流体动压强与静水压强（即 ρgh）的和，但静水压强相对于流体动压强较小，在 N-S 方程中通常将静水压强忽略。

2.1.2　不可压缩黏性流体流动

黏性流动主要呈两种流动形态：层流流动和湍流流动。流体流动状态的变化可以用雷诺数（Reynolds number，记作 Re）来量化。流体实验表明，当雷诺数较小时，流体作层状流动，流动是定常的，这种流动称为层流；当超过临界雷诺数时，流动呈无序混乱状态，流动是非定常的，这种流动称为湍流。

对于不可压缩黏性流体的层流流动，黏性效应会抑制流场中的扰动，使任何足够小的流动结构发生耗散，因此求解层流流动的控制方程是可行的。对于湍流流动，系统还需遵守附加的湍流输运方程。

N-S 方程的压力项和黏性项都是线性的，但惯性项是非线性的，因而方程组是二阶非线性方程组，目前没有封闭的通解。现有的求解途径分三种：解析解、近似解和数值解。N-S 方程的解析解需要在某些特殊的流动情况下得到，如运动方程中的非线性项为零。近似解是在雷诺数很小或很大的情况下，通过删改方程中的某些项求得的。当雷诺数较小时，惯性项较黏性项小得多，因此可以忽略惯性项得到线性的运动方程；当雷诺数很大时，黏性效应仅限于贴近物体的薄层内，这一薄层即边界层，边界层之外的流动按势流运动求解，边界层内部的流动按边界层求解。解析解和近似解都需要特定的情况，相比之下，利用数值方法直接求解是一种有效的途径。常用的数值求解方法包括有限差分法、有限元法、有限体积法、边界元法和多重网格法等。有限元法和有限体积法适用于直角坐标系的速度–压力方程，有限差分法通常与控制方程的涡量–流函数一起使用。

求解控制方程需要指定边界条件，对于非定常问题还需要初始条件。初始条件是所研究对象在过程开始时刻各个求解变量的空间分布情况。瞬态问题必须给定初始条件，稳态问题则不需要初始条件。边界条件是在求解区域的边界上所求解的变量或其导数随地点和时间的变化规律；任何问题都需要给定边界条件。控制方程与相应的初始条件及边界条件构成对一个物理过程完整的数学描述。

不可压缩均质黏性流体流动的初始条件和边界条件如下。

1. 初始条件

对于非定常流，在初始时刻 $t=t_0$ 时，各处速度应等于给定的值，即

$$\begin{cases} u_x(x,y,z,t_0) = f_1(x,y,z) \\ u_y(x,y,z,t_0) = f_2(x,y,z) \\ u_z(x,y,z,t_0) = f_3(x,y,z) \end{cases}$$

2. 边界条件

1）固定边界

黏性流体流过固定物面时，紧挨物面的流体与物面相对速度为零，即无滑移：

$$u_x = u_y = u_z = 0$$

2）运动边界

在流动相的界面处，垂直于界面的速度分量为零，相的切向应力在界面处平衡。

对于不混溶流体相之间的移动界面，由于速度边界条件同时适用于两个相，需要附加的边界条件。附加边界条件是由远离边界面的液体中的速度场和对称的点、线和/或平面的存在建立的。根据两种流体界面上的应力平衡分析，可以得到两个附加的边界条件。

2.1.3　湍流流动

浮选是在强烈的湍流作用下进行的。湍流过程中流体质点相互混掺，流动参数随时间和空间作不规则的脉动，造成湍流流动的高度复杂性，具体表现为物理上极宽广的尺度范围和数学上强烈的非线性。完全认识湍流流动艰巨而困难，目前解决湍流问题的主要途径是通过湍流机理建立相应的模型并进行适当的模拟。

1. 湍流流动的特征

湍流本质上是一种三维非稳态、带旋转的不规则流动，湍流中流体的各个物

理参数都随时间和空间发生随机变化。"随机"和"脉动"是湍流流场的重要物理特征。

湍流由各种不同尺度的涡旋叠合而成，这些涡的大小及旋转轴的方向分布是随机的。湍流涡的长度尺度范围非常广，其中大尺度的涡主要受惯性影响，其尺寸可能大到与流场尺度相同的量级；小尺度的涡则主要由黏性决定，其尺寸可以小到微米量级。流体在运动过程中，大尺度涡不断破裂为小尺度涡，机械能经涡间传递耗散为热能；同时由于边界、扰动及速度梯度的作用，新的涡旋不断产生。流体内涡旋的不断破裂与生成形成了湍流运动，而不同尺度的涡的随机运动造成湍流物理量的脉动。

当一个涡刚好将从上一级传递的能量全部耗散成热能时，这个涡就是最小尺度的涡，并将湍流动能耗散率 ε 定义为

$$\varepsilon = -\frac{\mathrm{d}k}{\mathrm{d}t} \tag{2-12}$$

式中，k 为湍动能。

最小涡的长度尺寸用科尔莫戈罗夫（Kolmogorov）长度尺度 l_{K} 表示：

$$l_{\mathrm{K}} = \left(\frac{\nu^3}{\varepsilon}\right)^{\frac{1}{4}} \tag{2-13}$$

小尺度涡由局部湍流能量耗散和液体运动黏度决定，其尺寸为 Kolmogorov 长度尺度的 3～4 倍。浮选中，小尺度涡的尺寸通常为 30～50 μm。粒径在 $10l_{\mathrm{K}}$ 以内的细颗粒主要受耗散区涡旋的影响，尺寸大于 $10l_{\mathrm{K}}$ 的气泡和液滴主要受惯性子区涡旋的影响。

2. 湍流的数值模拟方法

湍流的数值模拟方法分为直接数值模拟（direct numerical simulation，DNS）法和非直接数值模拟法。直接数值模拟法是指直接用瞬时 N-S 方程对湍流进行计算，其计算结果较为准确，但对计算机硬件能力要求很高，费用昂贵。非直接数值模拟法则通过对湍流进行适当的近似和简化处理，避免了 DNS 法计算量大的问题。

图2-1为湍流数值模拟方法的详细分类。非直接数值模拟法包括雷诺平均法（常用雷诺平均纳维–斯托克斯方程表示，即 Reynolds-averaged-Navier-Stokes equation，简称 RANS 方程）、大涡模拟（large eddy simulation，LES）和统计平均法。RANS 方程是目前使用最广泛的湍流数值模拟方法，它将瞬时方程平均化，在此基础上建立湍流模型，并作简化计算进行封闭。LES 从湍流结构出发，将湍流中的大尺度涡直接用瞬时 N-S 方程模拟，而小尺度涡对大尺度涡的影响则通过近似模型来考虑。LES 已成为湍流模拟中强有力的方法，但对计算机速度和内存的要求仍较

高。数值模拟中的统计平均法是基于湍流相关函数的统计理论，主要用相关函数及谱分析的方法来研究湍流结构，统计理论主要涉及小尺度涡的运动，这种方法在工程中应用较少。

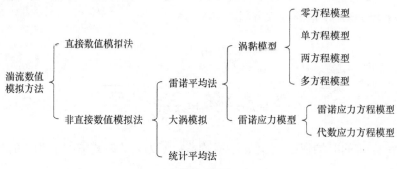

图 2-1　湍流数值模拟方法分类

3. 雷诺平均法

虽然湍流运动十分复杂，但湍流仍然遵循连续介质运动的特征和一般力学规律，流场中的瞬时参量（压力和速度分量）依然满足连续性方程和 N-S 方程。采用雷诺平均法，将湍流的瞬时参量分解为时间平均值和在时间平均值上下涨落的脉动值后，代入控制方程并取时间平均，可得到用平均量表示的湍流运动方程。

以 $\varPhi$ 表示任一变量，则其时间平均值（时均值）定义为

$$\overline{\varPhi} = \frac{1}{\Delta t}\int_{t}^{t+\Delta t}\varPhi(t)\mathrm{d}t \tag{2-14}$$

式中，$\overline{\varPhi}$ 为 $\varPhi$ 的时间平均值。

其中时间间隔 Δt 相对于湍流的随机脉动周期而言足够大，但相对于流场的各种时均量的缓慢变化周期而言应足够小。

流动变量均可视为时间平均流动与瞬时脉动的叠加，即物理量的瞬时值 $\varPhi$、时均值 $\overline{\varPhi}$ 和脉动值 $\varPhi'$ 存在如下关系：

$$\varPhi = \overline{\varPhi} + \varPhi' \tag{2-15}$$

式中，$\varPhi'$ 为 $\varPhi$ 的脉动值。

简单起见，引入张量的指标符号，将不可压缩流体流动的连续性方程（2-4）和 N-S 方程（2-10）中的下标 x、y、z 替换为 i 或 j 或 k，且 $i, j, k = (1, 2, 3)$，得到

$$\frac{\partial u_i}{\partial x_i} = 0 \tag{2-16}$$

$$\frac{\partial u_i}{\partial t} + u_j \frac{\partial u_i}{\partial x_j} = f_i - \frac{1}{\rho} \frac{\partial p}{\partial x_i} + \nu \frac{\partial^2 u_i}{\partial x_j \partial x_j} \tag{2-17}$$

将式（2-16）和式（2-17）与式（2-15）结合，并对时间取平均，得到不可压缩流体湍流时均流动的连续性方程和 N-S 方程：

$$\frac{\partial \overline{u_i}}{\partial x_i} = 0 \tag{2-18}$$

$$\frac{\partial \overline{u_i}}{\partial t} + \overline{u_j} \frac{\partial \overline{u_i}}{\partial x_j} = \overline{f_i} - \frac{1}{\rho} \frac{\partial \overline{p}}{\partial x_i} + \nu \frac{\partial^2 \overline{u_i}}{\partial x_j \partial x_j} - \frac{\partial \overline{u_i' u_j'}}{\partial x_j} \tag{2-19}$$

式中，$\overline{u_i}$ 为 u_i 的时均值；$\overline{u_j}$ 为 u_j 的时均值；$\overline{p}$ 为 p 的时均值；$\overline{f_i}$ 为 f_i 的时均值；$\overline{u_i' u_j'}$ 为附加应力项。

式（2-19）称为 RANS 方程，其与式（2-17）的基本形式相同，只是在黏性应力项中多了附加应力项。

附加应力称为雷诺应力，代表脉动速度对平均流的影响。雷诺应力定义为

$$\tau_{ij} = -\rho \overline{u_i' u_j'} \tag{2-20}$$

式中，τ_{ij} 为由 9 个分量组成的一个二阶对称张量，含有 6 个独立分量。

式（2-19）中 $\overline{u_i' u_j'}$ 包括 6 个未知量，加上 $\overline{u_i}$（$i=1, 2, 3$）和 $\overline{p}$，共 10 个未知量，而求解的方程只有 3 个运动方程和 1 个连续性方程，因此方程不封闭，需要建立新的方程使未知量数和方程数相等才能求解。

脉动方程可由瞬时方程与时均方程相减得到：

$$\frac{\partial u_i'}{\partial x_i} = 0 \tag{2-21}$$

$$\frac{\partial u_i'}{\partial t} + \overline{u_j} \frac{\partial u_i'}{\partial x_j} + u_j' \frac{\partial \overline{u_i}}{\partial x_j} = -\frac{1}{\rho} \frac{\partial p'}{\partial x_i} + \nu \frac{\partial^2 u_i'}{\partial x_j \partial x_j} + \frac{\partial \left(\overline{u_i' u_j'} - u_i' u_j' \right)}{\partial x_j} \tag{2-22}$$

式中，u_i' 为 u_i 的脉动值；u_j' 为 u_j 的脉动值；p' 为 p 的脉动值。

式（2-21）为脉动运动的连续性方程，式（2-22）为脉动运动的动量方程。脉动方程同样含有雷诺应力项，因此脉动方程也不封闭。

在脉动方程的基础上，可推导出不可压缩湍流雷诺应力输运方程，其实质是关于 $\overline{u_i' u_j'}$ 的输运方程：

$$\frac{\partial \overline{u_i'u_j'}}{\partial t} + \overline{u_k}\frac{\partial \overline{u_i'u_j'}}{\partial x_k} = -\frac{\partial}{\partial x_k}\left(\overline{u_i'u_j'u_k'} + \frac{\overline{p'u_i'}}{\rho}\delta_{jk} + \frac{\overline{p'u_j'}}{\rho}\delta_{ik}\right)$$

$$+ \frac{\partial}{\partial x_k}\left(v\frac{\partial \overline{u_i'u_j'}}{\partial x_k}\right) - \overline{u_i'u_k'}\frac{\partial \overline{u_j}}{\partial x_k} - \overline{u_j'u_k'}\frac{\partial \overline{u_i}}{\partial x_k} \quad (2\text{-}23)$$

$$+ \frac{\overline{p'}}{\rho}\left(\frac{\partial u_i'}{\partial x_j} + \frac{\partial u_j'}{\partial x_i}\right) - 2v\overline{\frac{\partial u_i'}{\partial x_k}\frac{\partial u_j'}{\partial x_k}}$$

式中，δ 为克罗内克符号（Kronecker symbol），即有

$$\delta_{ik}=\begin{cases}1, & i=k \\ 0, & i\neq k\end{cases}, \quad \delta_{jk}=\begin{cases}1, & j=k \\ 0, & j\neq k\end{cases}$$

式（2-23）中，等号左边两项代表雷诺应力在时间和平均流速下的增长率，等号右边第 1 项为湍流扩散项，第 2 项为分子扩散项，第 3 项和第 4 项为应力产生项，第 5 项为压力应变项，第 6 项为耗散项。建立雷诺应力输运方程的同时，又引入了新的脉动速度的三阶项，方程组仍然不封闭。如果进一步写出三阶相关项，则会不断引入更高阶的相关项。

为了使湍流方程组封闭，需要通过假设来建立雷诺应力的表达式或引入新的湍流方程，使湍流的脉动附加项与时均参数联系起来。基于对雷诺应力处理方式的不同，雷诺平均法分为涡黏模型（eddy viscosity model，EVM）和雷诺应力模型（Reynolds stress model，RSM）。

1）涡黏模型

EVM 引入湍流黏度（又称涡黏系数）的概念，将雷诺应力表示为湍流黏度的函数。EVM 不直接处理雷诺应力项，其关键在于确定湍流黏度。根据确定湍流黏度的微分方程的数量，EVM 分为零方程模型、单方程模型、两方程模型和多方程模型。

EVM 以布西内斯克（Boussinesq）的涡黏性假设来求解雷诺应力。Boussinesq 认为雷诺应力可以通过湍流黏度类比为黏性或分子应力，提出雷诺应力与平均速度梯度成正比的假设。对不可压缩流体，雷诺应力可表示为

$$\tau_{ij} = -\rho\overline{u_i'u_j'} = \mu_t\left(\frac{\partial \overline{u_i}}{\partial x_j} + \frac{\partial \overline{u_j}}{\partial x_i}\right) - \frac{2}{3}\rho k\delta_{ij} \quad (2\text{-}24)$$

$$\delta_{ij}=\begin{cases}1, & i=j \\ 0, & i\neq j\end{cases}$$

式中，μ_t 为湍流黏度；k 为湍动能，代表单位质量流体湍流脉动动能平均值：

$$k = \frac{1}{2}\left(\overline{u_x'^2} + \overline{u_y'^2} + \overline{u_z'^2}\right) = \frac{1}{2}\overline{u_i'u_i'} \tag{2-25}$$

湍流黏度 μ_t 是空间坐标的函数，取决于流动状态，而不是物性参数。确定 μ_t 通常使用两方程模型，包括标准 $k\text{-}\varepsilon$ 模型、重正化群 $k\text{-}\varepsilon$ 模型（renormalization group $k\text{-}\varepsilon$ model，RNG $k\text{-}\varepsilon$ 模型）、可实现 $k\text{-}\varepsilon$ 模型（realizable $k\text{-}\varepsilon$ model，realizable $k\text{-}\varepsilon$ 模型）以及低雷诺数 $k\text{-}\varepsilon$ 模型等。

a. 标准 $k\text{-}\varepsilon$ 模型 [1]

将湍流动能耗散率 ε 表示为

$$\varepsilon = -\frac{\mathrm{d}k}{\mathrm{d}t} = \nu \overline{\frac{\partial u_j'}{\partial x_i}\frac{\partial u_j'}{\partial x_i}} \tag{2-26}$$

湍流黏度 μ_t 为 k 和 ε 的函数：

$$\mu_t = \rho C_\mu \frac{k^2}{\varepsilon} \tag{2-27}$$

式中，C_μ 为经验常数。

k 和 ε 是标准 $k\text{-}\varepsilon$ 模型中两个基本未知量，不可压缩流的 k 和 ε 的输运方程分别为

$$\frac{\partial(\rho k)}{\partial t} + \overline{u_i}\frac{\partial(\rho k)}{\partial x_i} = \frac{\partial}{\partial x_i}\left[\left(\mu + \frac{\mu_t}{\sigma_k}\right)\frac{\partial k}{\partial x_i}\right] + G_k - \rho\varepsilon \tag{2-28}$$

$$\frac{\partial(\rho\varepsilon)}{\partial t} + \overline{u_i}\frac{\partial(\rho\varepsilon)}{\partial x_i} = \frac{\partial}{\partial x_i}\left[\left(\mu + \frac{\mu_t}{\sigma_\varepsilon}\right)\frac{\partial\varepsilon}{\partial x_i}\right] + C_{1\varepsilon}\frac{\varepsilon}{k}G_k - C_{2\varepsilon}\rho\frac{\varepsilon^2}{k} \tag{2-29}$$

式中，G_k 为由平均速度梯度引起的湍动能 k 的产生项，$G_k = \mu_t\left(\dfrac{\partial\overline{u_j}}{\partial x_i} + \dfrac{\partial\overline{u_i}}{\partial x_j}\right)\dfrac{\partial\overline{u_j}}{\partial x_i}$；$C_{1\varepsilon}$ 和 $C_{2\varepsilon}$ 为经验常数；σ_k、σ_ε 分别为与 k 和 ε 对应的普朗特数（Prandtl number）。通常，$C_{1\varepsilon}=1.44$，$C_{2\varepsilon}=1.92$，$C_\mu=0.09$，$\sigma_k=1.0$，$\sigma_\varepsilon=1.3$。模型中的经验常数主要是根据一些特殊条件下的实验结果而确定的，不同问题的取值可能有所区别，但总体而言取值较一致。

联立连续性方程（2-18）、3 个动量方程（2-19）、式（2-24）、k 方程（2-28）、ε 方程（2-29）共 7 个方程，相对 $\overline{u_i}$（i=1, 2, 3）、$\overline{p}$、μ_t、k、ε 共 7 个未知量，模型的方程组封闭，可以得到确定解。

标准 $k\text{-}\varepsilon$ 模型形式简单，适合大多情况使用，但 Boussinesq 假设中 μ_t 是各向同性的标量，而流线弯曲时 μ_t 应该是各向异性的张量，所以对一些复杂流动，标

准 k-ε 模型会产生一定程度的失真。

b. RNG k-ε 模型 [2]

RNG k-ε 模型是对标准 k-ε 模型的修正，考虑了平均流动中的旋转及旋流等情况，同时改变了常数 $C_{1\varepsilon}$，能够更好地处理高应变率或流线弯曲程度较大的流动。

RNG k-ε 模型的 k 和 ε 的输运方程分别为

$$\frac{\partial(\rho k)}{\partial t} + \frac{\partial(\rho k \overline{u_i})}{\partial x_i} = \frac{\partial}{\partial x_i}\left(\alpha_k \mu_{\text{eff}} \frac{\partial k}{\partial x_i}\right) + G_k - \rho\varepsilon \tag{2-30}$$

$$\frac{\partial(\rho \varepsilon)}{\partial t} + \frac{\partial(\rho \varepsilon \overline{u_i})}{\partial x_i} = \frac{\partial}{\partial x_i}\left(\alpha_\varepsilon \mu_{\text{eff}} \frac{\partial \varepsilon}{\partial x_i}\right) + C_{1\varepsilon}^* \frac{\varepsilon}{k} G_k - C_{2\varepsilon}\rho \frac{\varepsilon^2}{k} \tag{2-31}$$

其中：

$$\begin{cases} \mu_{\text{eff}} = \mu + \mu_t = \mu + \rho C_\mu \dfrac{k^2}{\varepsilon} \\[2mm] C_{1\varepsilon}^* = C_{1\varepsilon} - \dfrac{\eta(1-\eta)/\eta_0}{1+\beta\eta^3} \\[2mm] \eta = (2E_{ij}E_{ij})^{1/2} \dfrac{k}{\varepsilon} \\[2mm] E_{ij} = \dfrac{1}{2}\left(\dfrac{\partial u_i}{\partial x_j} + \dfrac{\partial u_j}{\partial x_i}\right) \end{cases}$$

式中，E_{ij} 为沿 x_{ij} 方向的速度应变率；η_0、β 为经验常数。常数项取值：$\alpha_k = \alpha_\varepsilon = 1.39$，$C_{1\varepsilon} = 1.42$，$C_{2\varepsilon} = 1.68$，$C_\mu = 0.0845$，$\eta_0 = 4.377$，$\beta = 0.012$。

标准 k-ε 模型和 RNG k-ε 模型都是针对湍流发展非常充分的湍流流动建立的，其假设分子黏性的影响可以忽略，是针对高雷诺数湍流的计算模型。而当雷诺数较低时，湍流的脉动影响不如分子黏性的影响大，近壁区内湍流发展不充分，此时需要使用低雷诺数的 k-ε 模型或壁面函数（wall function）。

c. realizable k-ε 模型 [3]

realizable k-ε 模型引入了与旋转和曲率相关的修正，也对 ε 的输运方程做了较大变更，可用于射流、混合流、分离流、边界层流动等各种类型的流动。

realizable k-ε 模型的 k 和 ε 的输运方程分别为

$$\frac{\partial(\rho k)}{\partial t} + \frac{\partial(\rho k \overline{u_i})}{\partial x_i} = \frac{\partial}{\partial x_i}\left[\left(\mu + \frac{\mu_t}{\sigma_k}\right)\frac{\partial k}{\partial x_i}\right] + G_k - \rho\varepsilon \tag{2-32}$$

$$\frac{\partial(\rho\varepsilon)}{\partial t} + \frac{\partial(\rho\varepsilon\overline{u_i})}{\partial x_i} = \frac{\partial}{\partial x_i}\left[\left(\mu + \frac{\mu_t}{\sigma_\varepsilon}\right)\frac{\partial\varepsilon}{\partial x_i}\right] + \rho C_1 E\varepsilon - \rho C_2\frac{\varepsilon^2}{k + \sqrt{\nu\varepsilon}} \qquad (2\text{-}33)$$

其中：

$$\begin{cases} C_1 = \max\left(0.43, \dfrac{\eta}{\eta + 5}\right) \\[2mm] \eta = E\dfrac{k}{\varepsilon} \\[2mm] E = \sqrt{2E_{ij}E_{ij}} \\[2mm] E_{ij} = \dfrac{1}{2}\left(\dfrac{\partial u_i}{\partial x_j} + \dfrac{\partial u_j}{\partial x_i}\right) \end{cases}$$

式中，常数项取值 $\sigma_k=1.0$，$\sigma_\varepsilon=1.2$，$C_2=1.9$。$\mu_t = \rho C_\mu\dfrac{k^2}{\varepsilon}$ 中的 C_μ 是与应变率有关的函数：

$$C_\mu = \frac{1}{A_0 + A_S U^* k/\varepsilon} \qquad (2\text{-}34)$$

其中：

$$\begin{cases} A_0 = 4.0 \\[2mm] A_S = \sqrt{6}\cos\phi \\[2mm] \phi = \dfrac{1}{3}\cos^{-1}(\sqrt{6}W) \\[2mm] U^* = \sqrt{E_{ij}E_{ij} + \widetilde{\boldsymbol{\Omega}}_{ij}\widetilde{\boldsymbol{\Omega}}_{ij}} \\[2mm] \widetilde{\boldsymbol{\Omega}}_{ij} = \boldsymbol{\Omega}_{ij} - 2\varepsilon_{ijk}\omega_k \\[2mm] \boldsymbol{\Omega}_{ij} = \widetilde{\boldsymbol{\Omega}}_{ij} - \varepsilon_{ijk}\omega_k \\[2mm] W = \dfrac{E_{ij}E_{jk}E_{ki}}{\widetilde{E}^3} \\[2mm] \widetilde{E} = \sqrt{E_{ij}E_{ij}} \end{cases}$$

式中，A_0 为经验常数；A_S 为与 ϕ 有关的函数；E_{jk}、E_{ki} 分别为沿 x_{jk}、x_{ki} 方向的速度应变率；ω_k 为角速度；$\widetilde{\boldsymbol{\Omega}}_{ij}$ 为从角速度为 ω_k 的参考系中观察到的时均转动速率张量；$\boldsymbol{\Omega}_{ij}$ 为从角速度为 ω_k 的参考系中观察到的转动速率张量；ε_{ijk} 为耗散率函数。

2）雷诺应力模型

RSM 是求解雷诺应力张量的各个分量的输运方程。RSM 从雷诺应力输运方程（2-23）出发，摒弃 Boussinesq 的湍流黏度的概念，直接建立以雷诺应力为因变量的微分方程，然后通过适当简化和假设使方程封闭。RSM 分为雷诺应力方程模型和代数应力方程模型。

a. 雷诺应力方程模型 [4]

在雷诺应力方程模型中，对两个脉动值乘积的时均值方程直接求解，而对三个脉动值乘积的时均值方程采用模拟方式计算。将雷诺应力输运方程（2-23）模型化后，得到

$$
\frac{\partial \rho \overline{u_i' u_j'}}{\partial t} + \overline{u}_k \frac{\partial \rho \overline{u_i' u_j'}}{\partial x_k} = \frac{\partial}{\partial x_k}\left(\rho C_k \frac{k^2}{\varepsilon} \frac{\partial \overline{u_i' u_j'}}{\partial x_k} + \mu \frac{\partial \overline{u_i' u_j'}}{\partial x_k} \right)
$$
$$
- \rho \left(\overline{u_i' u_k'} \frac{\partial \overline{u_j}}{\partial x_k} + \overline{u_j' u_k'} \frac{\partial \overline{u_i}}{\partial x_k} \right) - C_1 \rho \frac{\varepsilon}{k} \left(\overline{u_i' u_j'} - \frac{2}{3} k \delta_{ij} \right) \qquad (2\text{-}35)
$$
$$
- C_2 \rho \frac{\varepsilon}{k} \left(\overline{u_i' u_k'} \frac{\partial \overline{u_j}}{\partial x_k} + \overline{u_j' u_k'} \frac{\partial \overline{u_i}}{\partial x_k} - \frac{2}{3} \delta_{ij} \overline{u_i' u_k'} \frac{\partial \overline{u_i}}{\partial x_k} \right) - \frac{2}{3} \rho \varepsilon \delta_{ij}
$$

式中，$C_k=0.09$，$C_1=2.3$，$C_2=0.4$。

联立 6 个雷诺应力输运方程、连续性方程（2-18）、3 个动量方程（2-19）、k 方程（2-28）和 ε 方程（2-29）共 12 个方程，相对 $\overline{u_i u_j}$、$\overline{u_i}$、$\overline{p}$、k、ε 共 12 个未知量，模型的方程组封闭。

对于涉及各向异性的问题，雷诺应力方程模型能得出比 k-ε 模型更好的结果，但由于雷诺应力方程模型多出 5 个方程，计算量大。

b. 代数应力方程模型

为减轻计算工作量，代数应力方程模型将雷诺应力的微分方程简化为代数式，保持原微分方程能描述湍流输运过程的基本性质，再与 k 方程及 ε 方程联立求解，从而得到雷诺应力和湍流扩散通量的各个分量。

雷诺代数应力方程如下：

$$
\overline{u_i' u_j'} = -\frac{k}{C_1 \varepsilon}\left(\overline{u_j' u_k'} \frac{\partial \overline{u_j}}{\partial x_k} + \overline{u_j' u_k'} \frac{\partial \overline{u_i}}{\partial x_k} \right)
$$
$$
- \frac{k C_2}{C_1 \varepsilon}\left(\overline{u_i' u_k'} \frac{\partial u_j}{\partial x_k} + \overline{u_j' u_k'} \frac{\partial u_i}{\partial x_k} - \frac{1}{3} \overline{u_i' u_k'} \frac{\partial u_i}{\partial x_k} \delta_{ij} \right) + \frac{2}{3} k \delta_{ij}\left(1 - \frac{1}{C_1} \right) \qquad (2\text{-}36)
$$

　　该模型简化计算的同时保留了湍流各向异性的基本特点，但由于在封闭方程组时引入了较多的假设条件，在各自不同流动下所引用的经验常数是一个值得研究的问题。

4. 大涡模拟

　　LES 是介于直接数值模拟法与 RANS 之间的数值模拟方法。按照湍流机理，湍流流动由大尺度涡和小尺度涡构成。在 LES 中，大尺度涡的流动用瞬时 N-S 方程直接计算，而小尺度涡的影响则通过在大涡运动方程中引入附加应力项来体现。因此，实现大涡模拟的第一步是把小尺度涡过滤掉，即将 N-S 方程过滤，建立描述大涡流动的运动方程，然后对小尺度脉动项进行封闭。

　　不可压缩 LES 的控制方程为

$$\frac{\partial \overline{u_i}}{\partial x_i} = 0 \tag{2-37}$$

$$\frac{\partial \left(\rho \overline{u_i} \right)}{\partial t} + \frac{\partial \left(\rho \overline{u_i u_j} \right)}{\partial x_j} = \frac{\partial}{\partial x_j} \left(\mu \frac{\partial \overline{u_i}}{\partial x_j} \right) - \frac{\partial \overline{p}}{\partial x_i} - \frac{\partial \tau_{ij}}{\partial x_{ji}} \tag{2-38}$$

式中，τ_{ij} 为亚格子尺度（sub-grid scale，SGS）应力，表示亚格子尺度对求解尺度的影响，定义为 $\tau_{ij} = \rho \overline{u_i u_j} - \rho \overline{u_i} \, \overline{u_j}$。式（2-38）与雷诺时均方程很相似，区别在于湍流应力不同，且 LES 中的变量是过滤后的量，仍为瞬时量，而非时均量。

　　要使 LES 控制方程组封闭，须建立 SGS 模型。SGS 模型包括 Smagorinsky-Lilly 模型、尺度相似模型、混合模型、动力涡黏模型、谱空间涡黏模型和结构模型等，常用的是 Smagorinsky-Lilly 模型。

　　LES 通常比 RANS 更精确，但必须始终在三维模式下进行瞬态仿真，即使流动本质上是二维的也是如此。除此之外，为了建立有效的 SGS 模型，通常需要使用非常高的分辨率，一般只有在使用最先进的 RANS 模型也无法捕捉流动的基本特征时才需要使用 LES。

5. 近壁区处理方法

　　对于有固体壁面充分发展的湍流流动，按照沿壁面法线的不同距离，可将流动划分为近壁区和湍流核心区。湍流核心区内的流动视为完全湍流，而近壁区内的流动受壁面流动条件的影响较明显。

　　近壁区可分为三个子层：层流层、过渡层和湍流层。最内层为层流层，又称黏性底层，该层以黏性应力为主导，流动基本上属于层流。最外层为湍流层，又称对数律层，该层雷诺应力和湍流扩散起主导作用，其速度分布服从对数律。对处于中间的过渡层，黏性应力和雷诺应力同等重要，分子扩散和湍流扩散并重。由于过渡层相对很薄，在计算中常被忽略或与另外两层合并。

对于近壁区的处理，通常采用壁面函数法或低雷诺数 k-ε 模型。

1）壁面函数法

壁面函数法的基本思想：对湍流核心区的流动使用 k-ε 模型求解，对壁面区不进行求解，而是通过使用半经验公式（壁面函数）将壁面上的物理量与湍流核心区内的求解变量联系起来。

为描述层流层和湍流层内的流动，引入无量纲速度 u^+ 和无量纲距离 n^+：

$$u^+ = \frac{\bar{u}}{u_\tau} = \frac{\bar{u}}{\sqrt{\tau_\omega/\rho}} \tag{2-39}$$

$$n^+ = \frac{n\rho u_\tau}{\mu} = \frac{n}{\nu}\sqrt{\frac{\tau_\omega}{\rho}} \tag{2-40}$$

式中，$\bar{u}$ 为流体的时均速度；u_τ 为壁面摩擦速度，$u_\tau = \sqrt{\tau_\omega/\rho}$；$\tau_\omega$ 为壁面切应力；n 为壁面法向距离。

对于层流层，速度沿壁面法线方向呈线性分布，$u^+=n^+$。

对于湍流层，速度沿壁面法线方向呈对数律分布，由流体力学可知：

$$u^+ = \frac{1}{\kappa}\ln n^+ + B = \frac{1}{\kappa}\ln(En^+) \tag{2-41}$$

式中，κ 为卡门（Karman）常数；B 和 E 为与表面粗糙度有关的常数。对光滑壁面有 $\kappa=0.418$、$B=5.5$、$E=9.8$，粗糙度增大，B 值将减小。

应用式（2-41）时，需要计算 u^+ 和 n^+ 的数值，而式（2-39）和式（2-40）中定义的 u^+ 和 n^+ 只有时均值而无湍流参数，为了反映湍流脉动的影响，需要对 u^+ 和 n^+ 进行扩展：

$$u^+ = \frac{\bar{u}}{C_\mu^{1/4}k^{1/2}} \tag{2-42}$$

$$n^+ = \frac{n\left(C_\mu^{1/4}k^{1/2}\right)}{\nu} \tag{2-43}$$

近壁面第一个内节点 P 上的 k_P 和 ε_P 的确定如下。

（1）k_P 按 k 方程计算给出，边界条件取 $\left(\dfrac{\partial k}{\partial n}\right)_\omega = 0$；

（2）ε_P 值不需要求解离散方程，采用代数方程计算：

$$\varepsilon_P = \frac{C_\mu^{3/4} k_P^{3/2}}{\kappa n_P} \tag{2-44}$$

式中，n_P 为 P 点的壁面法向距离。

壁面函数法对各种壁面流动都非常有效。相对于下述低雷诺数 $k\text{-}\varepsilon$ 模型，壁面函数法计算效率高，工程实用性强。但是当流动分离过大或近壁面流动处于高压之下时，壁面函数法不是很理想。

2）低雷诺数 $k\text{-}\varepsilon$ 模型 [5]

低雷诺数 $k\text{-}\varepsilon$ 模型适用于局部湍流 $Re_t \leqslant 150$ 的情况。此模型加入了分子扩散系数，引入湍流雷诺数 Re_t，并且考虑了壁面附近湍动能的耗散不是各向同性这个因素。$k\text{-}\varepsilon$ 方程的形式如下：

$$\frac{\partial(\rho k)}{\partial t} + \frac{\partial(\rho k \overline{u_i})}{\partial x_i} = \frac{\partial}{\partial x_i}\left[\left(\mu + \frac{\mu_t}{\sigma_k}\right)\frac{\partial k}{\partial x_i}\right] + G_k - \rho\varepsilon - 2\mu\left(\frac{\partial k^{1/2}}{\partial n}\right)^2 \tag{2-45}$$

$$\frac{\partial(\rho\varepsilon)}{\partial t} + \frac{\partial(\rho\varepsilon \overline{u_i})}{\partial x_i} = \frac{\partial}{\partial x_i}\left[\left(\mu + \frac{\mu_t}{\sigma_\varepsilon}\right)\frac{\partial\varepsilon}{\partial x_i}\right] + f_1 C_{1\varepsilon}\frac{\varepsilon}{k}G_k - f_2 C_{2\varepsilon}\rho\frac{\varepsilon^2}{k} + 2\frac{\mu\mu_t}{\rho}\left(\frac{\partial^2 u}{\partial n^2}\right)^2 \tag{2-46}$$

式中，u 为壁面平行流速。湍流黏度修正为

$$\mu_t = f_\mu C_\mu \rho \frac{k^2}{\varepsilon} \tag{2-47}$$

其中：

$$\begin{cases} f_1 = 1.0 \\ f_2 = 1.0 - 0.3\exp\left(-Re_t^2\right) \\ f_\mu = \exp\left(-\frac{2.5}{1 + Re_t/50}\right) \\ Re_t = \frac{\rho k^2}{\eta\varepsilon} \end{cases}$$

2.2 颗粒的运动特性

2.2.1 球形单颗粒的沉降

沉降是在某种力场中利用分散相和连续相之间的密度差异，使之发生相对运动而实现分离的过程。沉降分为重力沉降和离心沉降，重力沉降用于分离较大的颗粒，适用于选矿过程。当颗粒不受其他颗粒干扰及器壁影响，在静止流体中沉降时，称为自由沉降。

1. 球形颗粒的沉降速度

一个表面光滑的刚性球形颗粒在重力作用下自由沉降的过程中受到 3 个力的作用：重力（垂直向下，取正值）、浮力（垂直向上）和阻力（垂直向上）。颗粒的初始沉降速度为 0，加速度最大；颗粒开始沉降后，速度增加，阻力也随之增大，直到速度增大到一定值后，重力、浮力、阻力三者达到平衡，加速度为 0，颗粒向下做匀速直线运动；此时颗粒（分散相）相对于连续相的运动速度称为沉降速度或终端速度。根据力的平衡条件，有

$$\frac{4\pi R_p^3 \rho_p g}{3} - \frac{4\pi R_p^3 \rho g}{3} - \frac{\pi R_p^2 v^2 C_d \rho}{2} = 0 \tag{2-48}$$

式中，R_p 为颗粒半径；ρ_p 为颗粒密度；g 为重力加速度；ρ 为液体密度；v 为颗粒的沉降速度；C_d 为沉降阻力系数。求解式（2-48）得到颗粒的沉降速度：

$$v = \sqrt{\frac{8R_p(\rho_p - \rho)g}{3C_d \rho}} \tag{2-49}$$

对于微小颗粒，沉降的加速阶段时间很短，可将整个沉降过程视为加速度为 0 的匀速运动。这种情况下式（2-49）可直接应用于重力沉降速度的计算。

式（2-49）中的沉降阻力系数 C_d 是颗粒雷诺数 Re_p 的函数，颗粒雷诺数定义为

$$Re_p = \frac{2R_p v \rho}{\mu} \tag{2-50}$$

由式（2-49）和式（2-50）可知，根据沉降阻力系数和颗粒雷诺数可以确定沉降速度。

对于非常小的颗粒雷诺数，Stokes 确定了沉降阻力系数与颗粒雷诺数的关系：$C_d = 24Re_p^{-1}$，该式称为 Stokes 阻力系数。但对于较大的颗粒雷诺数，沉降阻力系数与颗粒雷诺数的关系式一般通过实验数据进行拟合，现有的表达式多达数十种，

且形式复杂。图 2-2 为沉降阻力系数与颗粒雷诺数的大致关系曲线，可根据运动状态简单地分为三个区域，不同的区域内沉降阻力系数不同，对应的沉降速度表达式不同。

（1）层流区（Stokes 定律区）。$Re_p \leqslant 2$，$C_d = 24Re_p^{-1}$，Stokes 阻力方程为

$$F_d = 6\pi\mu R_p v \tag{2-51}$$

Stokes 沉降速度公式为

$$v_{Stokes} = \frac{2gR_p^2(\rho_p - \rho)}{9\mu} \tag{2-52}$$

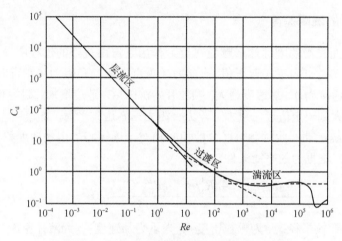

图 2-2　沉降阻力系数与颗粒雷诺数关系图

（2）过渡区（Allen 定律区）。$2 < Re_p \leqslant 500$，$C_d = 10Re_p^{-1/2}$，沉降速度为

$$v_{Allen} = 2R_p\sqrt[3]{\frac{4g^2(\rho_p - \rho)^2}{225\mu\rho}} \tag{2-53}$$

（3）湍流区（Newton 定律区）。$500 < Re_p < 2\times10^5$，$C_d \approx 0.44$，沉降速度为

$$v_{Newton} = 2.46\sqrt{\frac{gR_p(\rho_p - \rho)}{\rho}} \tag{2-54}$$

另外，为方便表示，可在 Stokes 阻力系数的基础上乘以阻力校正因子 f_d，将沉降阻力系数记为

$$C_d = \frac{24}{Re_p} \times f_d \tag{2-55}$$

在 $0 < Re_p \leqslant 1000$ 范围内，可拟合得到

$$f_d = 1 + 0.216Re_p^{1/2} + 0.0118Re_p \tag{2-56}$$

2. 试差法计算颗粒沉降速度

式（2-52）～式（2-54）为单个球形颗粒在不同颗粒雷诺数时的沉降速度公式。需要注意的是，当需要计算一个颗粒的沉降速度时，还未知其雷诺数，可任取以上 3 个公式中的一个，得到沉降速度后再代入颗粒雷诺数公式（2-50），看其 Re_p 是否符合相应的范围，以此验证直至符合条件为止，该方法称为试差法。

下面用试差法计算半径为 100 μm 的球形石英颗粒（密度为 2650 kg/m³）在 20℃的水中（水的黏度为 1.01×10^{-3} Pa·s）自由沉降的沉降速度。

先假设该石英颗粒的沉降速度符合 Stokes 公式，根据式（2-52）得到

$$v = \frac{2gR_p^2(\rho_p - \rho)}{9\mu} = \frac{2 \times 9.81 \times \left(100 \times 10^{-6}\right)^2 \times (2650 - 1000)}{9 \times 1.01 \times 10^{-3}} \approx 3.56 \times 10^{-2} \ (\text{m/s})$$

将该结果代入式（2-50），得到对应的颗粒雷诺数为

$$Re_p = \frac{2R_p v\rho}{\mu} = \frac{2 \times 100 \times 10^{-6} \times 3.56 \times 10^{-2} \times 1000}{1.01 \times 10^{-3}} \approx 7.05$$

发现该颗粒雷诺数大于 Stokes 公式的范围，遂再用式（2-53）验算：

$$v = 2R_p \sqrt[3]{\frac{4g^2(\rho_p - \rho)^2}{225\mu\rho}} = 2 \times 100 \times 10^{-6} \times \sqrt[3]{\frac{4 \times 9.81^2 \times (2650 - 1000)^2}{225 \times 1.01 \times 10^{-3} \times 1000}} \approx 3.27 \times 10^{-2} \ (\text{m/s})$$

此时的颗粒雷诺数为

$$Re_p = \frac{2R_p v\rho}{\mu} = \frac{2 \times 100 \times 10^{-6} \times 3.27 \times 10^{-2} \times 1000}{1.01 \times 10^{-3}} \approx 6.48$$

该值符合式（2-53）的颗粒雷诺数范围，因此颗粒的沉降速度为 33.3 mm/s。

如图 2-3 所示，浮选中的颗粒雷诺数通常不超过 100。

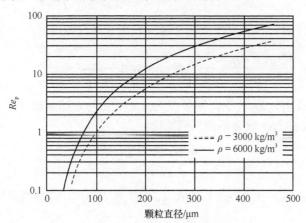

图 2-3　水中颗粒雷诺数与颗粒直径的关系

2.2.2 非球形单颗粒的沉降

实际上，浮选的颗粒并不总是球形的。在计算沉降速率时，非球形颗粒的大小可以用当量半径（即与非球形颗粒等体积的球体的半径）表示。然而在某些情况下，颗粒的形状和取向会显著地影响非球形颗粒上的阻力，因此在液体中沉降的非球形颗粒往往并非直线运动。

1. 椭球体的沉降速度

设椭球的三个半轴为 a、b、c，且在平行于 a 轴的方向上沉降，那么椭球体上的阻力可以表示为

$$F_d = \frac{48\pi\mu v_e/3}{\displaystyle\int_0^\infty \frac{2a^2+\lambda}{(a^2+\lambda)^{3/2}} \frac{d\lambda}{(b^2+\lambda)^{1/2}(c^2+\lambda)^{1/2}}} \tag{2-57}$$

式中，v_e 为椭球体的沉降速度；λ 为积分变量。椭球体的体积为 $4\pi abc/3$，根据受力平衡，得到椭球体的沉降速度方程：

$$v_e = \frac{abc(\rho_p-\rho)g}{12\mu} \int_0^\infty \frac{2a^2+\lambda}{(a^2+\lambda)^{3/2}} \frac{d\lambda}{(b^2+\lambda)^{1/2}(c^2+\lambda)^{1/2}} \tag{2-58}$$

有的颗粒会在沉降过程中旋转，如近似扁球体的片状颗粒、近似长椭球体的针状或纤维状颗粒。对于旋转椭球体，可以取半轴 $b=c$，并将纵横比 I 定义为长径比，$I=a/b$。根据 I 的取值不同，处于 Stokes 状态时沉降速度的表达式如下。

（1）当 $I>1$ 时，由积分方程（2-58）得到长椭球体在 Stokes 状态下的沉降速度：

$$v_e = \frac{ab(\rho_p-\rho)g}{6\mu} \left[\frac{2I^2-1}{(I^2-1)^{3/2}} \operatorname{arccot} \frac{I}{\sqrt{I^2-1}} - \frac{I}{I^2-1} \right] \tag{2-59}$$

（2）当 $I<1$ 时，得到扁球体在 Stokes 状态下的沉降速度：

$$v_e = \frac{ab(\rho_p-\rho)g}{6\mu} \left[-\frac{2I^2-1}{(1-I^2)^{3/2}} \operatorname{arccot} \frac{I}{\sqrt{1-I^2}} + \frac{I}{1-I^2} \right] \tag{2-60}$$

（3）当 $I\to 0$ 时，扁球体变为厚度为 a、半径为 b 的扁平圆盘，由式（2-60）得到扁平圆盘在 Stokes 状态下的沉降速度：

$$v_e = \frac{\pi ab(\rho_p-\rho)g}{12\mu} \tag{2-61}$$

（4）当 $I\to 1$ 时，式（2-59）与式（2-60）简化为球形颗粒沉降的 Stokes 方程（2-52）。

（5）当 $I \to \infty$ 时，椭球体类似细长的杆，此时有

$$v_e = \frac{b^2(\rho_p - \rho)g}{3\mu}\left(\ln I + \ln 2 - \frac{1}{2}\right) \tag{2-62}$$

2. 中间雷诺数时非球形颗粒的沉降速度

非球形颗粒的几何形状及投影面积对沉降速度都有影响。一般情况下，对于相同密度的颗粒，球形或近球形颗粒的沉降速度大于同体积非球形颗粒的沉降速度。

非球形颗粒几何形状与球形颗粒的差异程度用球形度 $\varphi_s = S/S_p$ 表示，即一个任意几何形体的球形度等于体积与之相同的球形颗粒的表面积 S 与这个任意形状颗粒的表面积 S_p 之比。当体积相同时，球形颗粒的表面积最小，因此，球形度越小，颗粒形状与球形的差异越大，阻力系数越大，当颗粒为球形时，球形度为 1。

引入两个无量纲数——阿基米德（Archimedes）数 Ar 和 Best 数 Be：

$$Ar \equiv \frac{3Re_p^2 C_d}{4} \tag{2-63}$$

$$Be \equiv \frac{4Re_p}{3C_d} \tag{2-64}$$

结合雷诺数公式（2-50），并根据非球形颗粒的特点，定义非球形颗粒的无量纲数：

$$Ar_{ns} = Ar \times K_1 = \frac{8R_v^3(\rho_p - \rho)\rho g}{\mu^2} \times K_1 \tag{2-65}$$

$$Be_{ns} = \frac{v_{ns}^3 \rho_p^2}{(\rho_p - \rho)g\mu} \tag{2-66}$$

式中，下标 ns 代表非球形颗粒；R_v 为当量半径；v_{ns} 为非球形颗粒的沉降速度；K_1 为颗粒球形度 φ_s 的函数。这两个无量纲数可以通过 R_v 与 v_{ns} 的实验数据来确定，然后用于预测沉降速度。

通过对大量实验数据的非线性最佳拟合，得到[6]：

$$K_1 = \varphi_s^{0.544} \tag{2-67}$$

$$(Be_{ns})^{1/3} = \frac{(Ar_{ns})^{2/3}}{18} \times \left\{1 + K_2 \times \frac{Ar_{ns}}{96}\left[1 + 0.079(Ar_{ns})^{0.749}\right]^{-0.755}\right\}^{-1} \tag{2-68}$$

式中，K_2 为 φ_s 的函数：

$$K_2 = 2.066\varphi_s^2 - 4.462\varphi_s + 3.396 \tag{2-69}$$

式（2-67）～式（2-69）是基于实验数据的拟合结果，只适用于 $0.67 < \varphi_s < 1$

且 $Re_p \leqslant 200$（即 $Ar \leqslant 27000$）的情况。

由方程（2-68）可得到非球形颗粒的沉降速度：

$$v_{ns} = \frac{2R_v^2(\rho_p - \rho)g}{9\mu} \times K_1 \times \left\{1 + K_2 \times \frac{Ar_{ns}}{96}\left[1 + 0.079(Ar_{ns})^{0.749}\right]^{-0.755}\right\}^{-1} \quad (2-70)$$

式（2-70）的适用条件（$Re_p \leqslant 200$）已经涵盖了浮选中颗粒的应用范围。

2.2.3 浮选体系中颗粒的沉降

在浮选过程中，单颗粒的沉降速度受矿浆及矿浆中其他颗粒和气泡的影响。矿浆浓度可以改变悬浮液的黏度和液体的流动，从而改变颗粒上的阻力。颗粒间相互作用可能成为决定悬浮液的沉降行为及其结构的重要因素。互相吸引的颗粒间相互作用引发凝聚，使两个或多个颗粒聚集为一体共同沉降，沉降速度增大；排斥的颗粒间相互作用引起分散，阻碍颗粒沉降。

在多相流中，任一特定相所占据的体积不能同时被其他相占据。由此引入相的体积分数，也称为相分率，用 δ_a（a=l、s、g，分别对应液相、固相和气相）表示：

$$\delta_a = \frac{\text{相 } a \text{ 的体积}}{\text{全部相的体积}} \quad (2-71)$$

1. 固-液两相悬浮液中颗粒的沉降速度

浮选中悬浮液的固体浓度较高，颗粒沉降速度的确定通常采用经验关系式：

$$v_\delta = v(\delta_1)^{n_{R-Z}} \quad (2-72)$$

式中，v 为颗粒沉降速度；δ_1 为液相分率；n_{R-Z} 为 Richardson-Zaki 指数，是颗粒雷诺数的函数：

$$n_{R-Z} = \frac{1.791 + 0.133Re_p^{0.456}}{0.359 + 0.093Re_p^{0.456}} \quad (2-73)$$

2. 气-液-固三相悬浮液中颗粒的沉降速度

多分散悬浮液（如浮选矿浆）中颗粒的密度和大小存在差异。在这种情况下，颗粒种类和流体相之间的相对速度需要基于质量平衡和动量平衡来确定。

浮选矿浆等多分散悬浮液的密度与颗粒的密度和相分率有关，将悬浮液的密度表示为

$$\rho_{susp} = \rho\delta_1 + \rho_g\delta_g + \sum \rho_s\delta_s \quad (2-74)$$

式中，ρ_g 为气体密度；ρ_s 为固体密度；δ_g 为气相分率；δ_s 为固相分率。

式（2-74）中的总和涵盖所有颗粒，其中相分率满足如下平衡：

$$\delta_l + \delta_g + \sum \delta_s = 1 \tag{2-75}$$

悬浮液中的颗粒沉降速度可以根据 2.2.1 节所示的受力平衡（重力、浮力、阻力三者平衡）来计算。其中，颗粒的浮力类似于方程（2-48）中的第二项，用悬浮液密度 ρ_{susp} 代替液体密度 ρ；颗粒重力保持不变；悬浮液中颗粒的阻力表示为

$$F_{d\delta} = 6\pi\mu R_p v_\delta \frac{f_d(Re_\delta)}{F(\delta)} \tag{2-76}$$

该阻力公式与 Stokes 定律的偏差通过 $f_d(Re_\delta)$ 和 $F(\delta)$ 两个因子进行校正。

（1）f_d（Re_δ）为悬浮液的阻力系数校正因子，是雷诺数 Re_δ 的函数，在 $0 < Re_\delta \leqslant 1000$ 时，根据式（2-56）：$f_d=1+0.216Re_p^{1/2}+0.118Re_p$，又因 $0.118 \cong (0.216/2)^2$，故有

$$f_d(Re_\delta) = \left(1 + 0.108\sqrt{Re_\delta}\right)^2 \tag{2-77}$$

此处的雷诺数 Re_δ 受液相分率的影响，公式为

$$Re_\delta = \frac{2R_p v_\delta \rho}{\mu}\delta_l \tag{2-78}$$

如果液相分率 $\delta_l \to 1$，则方程（2-78）简化为颗粒雷诺数。

（2）$F(\delta)$ 是相分率的函数，通常采用由 Richardson-Zaki 改写的关系式：

$$F(\delta) = \left(\frac{\delta_l}{\delta_l + \delta_s}\right)^{n_{R-Z}} \tag{2-79}$$

Richardson-Zaki 指数 n_{R-Z} 的表达式见式（2-73）。对于两相固液系统，$\delta_l + \delta_s = 1$，式（2-79）简化为原本的 Richardson-Zaki 关联式。

通过重力、浮力和阻力的受力平衡，可以得到半径为 R_p、密度为 ρ_s 的颗粒在密度为 ρ_{susp} 的多分散悬浮液中的沉降速度方程：

$$v_\delta = \frac{2R_p^2(\rho_s - \rho_{susp})}{9\mu}\frac{F(\delta)}{f_d(Re_\delta)} \tag{2-80}$$

方程（2-80）可以应用于任何多相悬浮液中颗粒的沉降。而且对于固–液两相悬浮液，方程（2-80）比方程（2-72）更为精确。此外，如果修正因子 $f_d(Re_\delta)$ 已知，则方程（2-80）可用于计算浮选矿浆中气泡的运动速度。

在 Stokes 区域，$f_d=1$，由式（2-80）得到矿浆中颗粒的沉降速度为

$$v_{\delta\text{-Stokes}} = \frac{2R_p^2(\rho_s - \rho_{susp})g}{9\mu}F(\delta) \tag{2-81}$$

联合式（2-77）、式（2-80）和式（2-81），求解得到悬浮液中颗粒的沉降速度为

$$v_\delta = \frac{4v_{\delta\text{-Stokes}}}{\left(1+\sqrt{1+4\beta}\right)^2} \tag{2-82}$$

式中，无量纲参数 β 为

$$\beta = \frac{0.216\delta_1 R_p \rho v_{\delta\text{-Stokes}}}{\mu} \tag{2-83}$$

方程（2-82）可用于直接计算颗粒在浮选矿浆等多分散悬浮液中的沉降速度，并且不涉及任何非线性方程的数值计算解。

2.2.4 颗粒的广义运动方程

浮选中颗粒、气泡和流体的速度在大小和方向上都存在着显著差异，并且相互影响。浮选槽中的颗粒受到多种不同类型的力，包括为使颗粒悬浮和气泡弥散所需的液体运动造成的力、气泡上升导致液体扰动引起的力、颗粒与气泡间表面相互作用的力、浮力，以及重力。因此，浮选中颗粒速度在大小和方向上时刻发生变化，不同于自由沉降时的匀速直线运动。本节讨论描述颗粒运动的相关微分方程。

假设一个浸没在水中的颗粒的质量为 m_p、表面积为 S。$\mathrm{d}S$ 为垂直于颗粒并向外指向流体的无限小的表面积向量。颗粒的表面力通过对 $\mathrm{d}S$ 上的液体应力进行积分来计算，然后考虑惯性力和重力，由动量平衡得到颗粒的运动方程：

$$m_p \frac{\mathrm{d}v}{\mathrm{d}t} = m_p g + \oint T \cdot \mathrm{d}S \tag{2-84}$$

式中，$\mathrm{d}v/\mathrm{d}t = \partial v/\partial t + v \cdot \nabla v$；$T$ 为液体应力张量。

液体应力张量 T 是一种将单位法向量转化为应力向量的线性算子，具有多个分量，包括静水压强 P_h、分离压 Π，以及颗粒存在导致流场局部液体流动引起的分量。分离压是颗粒和气泡间的表面力相互作用造成的，在颗粒与气泡的黏附过程中起重要作用。在直角坐标系中，应力张量可以简单地以分量形式表示为

$$T_{ik} = (P_h + \Pi)\delta_{ik} + \mu\left(\frac{\partial u_i^*}{\partial x_k} + \frac{\partial u_k^*}{\partial x_i}\right) - p^*\delta_{ik}, \quad (i=1,2,3；k=1,2,3) \tag{2-85}$$

其中：

$$\delta_{ik} = \begin{cases} 1, & i=k \\ 0, & i \neq k \end{cases}$$

式中，p^* 为各向同性压强；u^* 为局部液体速度。

经过简化推导，由运动方程（2-84）得到颗粒的广义运动微分方程：

$$m_p \frac{\mathrm{d}\boldsymbol{v}}{\mathrm{d}t} = \boldsymbol{F}_{\mathrm{drag}}(t) + m_f \frac{\mathrm{D}\boldsymbol{u}}{\mathrm{D}t} + (m_p - m_f)\boldsymbol{g} \tag{2-86}$$

式中，$\mathrm{D}\boldsymbol{u}/\mathrm{D}t = \partial\boldsymbol{u}/\partial t + \boldsymbol{u}\cdot\nabla\boldsymbol{u}$；$m_f$ 为颗粒排开的液体质量；$\boldsymbol{F}_{\mathrm{drag}}(t)$ 为动态阻力，由颗粒运动产生的扰动流引起，表示为

$$\boldsymbol{F}_{\mathrm{drag}}(t) = \oint\left[-p^{\mathrm{d}}\delta_{ik} + \mu\left(\frac{\partial u_i^{\mathrm{d}}}{\partial x_k} + \frac{\partial u_k^{\mathrm{d}}}{\partial x_i}\right)\right]\mathrm{d}S_k \tag{2-87}$$

式中，u^{d} 和 p^{d} 为受颗粒影响的局部流体扰动的变化量，$u^{\mathrm{d}} = u^* - u$，$p^{\mathrm{d}} = p^* - p$。

2.2.5　浮选体系中颗粒的运动

1. 颗粒在静止液体中的运动

1）稳定直线运动

静止液体中的稳定直线运动（如自由沉降）是颗粒运动的最简单形式。在这种情况下，扰动流与时间无关，力 $\boldsymbol{F}_{\mathrm{drag}}(t)$ 只有一个分量，即稳态黏性阻力，表示为 Stokes 阻力方程式（2-51）：$F_d = 6\pi\mu R_p v$。

2）直线振荡运动

颗粒与气泡碰撞时，可认为颗粒做直线振荡运动，颗粒上的动态阻力为

$$\boldsymbol{F}_{\mathrm{drag}} = -6\pi\mu R_p \boldsymbol{v}\left(1 + \frac{1}{\nu_n}\right) - \frac{m_f}{2}\frac{\mathrm{d}\boldsymbol{v}}{\mathrm{d}t}\left(1 + \frac{9\nu_n}{2}\right) \tag{2-88}$$

式中，$\nu_n = \left(\dfrac{2\mu}{\rho\omega R_p^2}\right)^{1/2}$。

3）任意直线运动

通过应用傅里叶变换，上述结果可以推广到颗粒的任意直线运动，得到动态阻力为

$$\boldsymbol{F}_{\mathrm{drag}} = -6\pi\mu R_p \boldsymbol{v} - \frac{m_f}{2}\frac{\mathrm{d}\boldsymbol{v}}{\mathrm{d}t} - 6R_p^2\sqrt{\pi\rho\mu}\int_{-\infty}^{t}\frac{\mathrm{d}\boldsymbol{v}}{\mathrm{d}\xi}\frac{\mathrm{d}\xi}{\sqrt{t-\xi}} \tag{2-89}$$

式中，ξ 为时间积分变量。

将式（2-89）代入式（2-86）得到颗粒的运动微分方程为

$$m_p \frac{\mathrm{d}v}{\mathrm{d}t} = -6\pi\mu R_p v - \frac{m_f}{2} \frac{\mathrm{d}v}{\mathrm{d}t} - 6R_p^2 \sqrt{\pi\rho\mu} \int_{-\infty}^{t} \frac{\mathrm{d}v}{\mathrm{d}\xi} \frac{\mathrm{d}\xi}{\sqrt{t-\xi}} + (m_p - m_f)g \tag{2-90}$$

式（2-90）称为巴塞特–布西内斯克–奥辛（Basset-Boussinesq-Oseen，BBO）方程，适用于静止流体中颗粒的任意直线运动。式（2-90）等号右边的第一项为 Stokes 黏性阻力，第二项和第三项由颗粒加速度引起。第二项为附加质量力，表示周围流体对加速颗粒的阻力，相当于将 $m_f/2$ 加到颗粒的质量上。第三项为 Basset 力，是由于颗粒与流体存在相对加速度时颗粒表面附面层发展滞后所产生的一种附加非恒定作用力，反映了非稳态流动对颗粒运动的影响。

2. 颗粒在运动液体中的运动

由于 BBO 方程仅在静止液体中适用，针对浮选矿浆中的颗粒，需要考虑局部液体的速度，从而对运动方程进行修正。该问题的精确解析解只有在特定情况下才能得到，如小颗粒（Stokes 颗粒）的滑移雷诺数［即用颗粒和移动介质之间的相对（滑移）速度计算的雷诺数］小于 1 的情况；在其他情况下，需要借助实验获取关系式。

Stokes 颗粒在运动液体中的运动阻力可以通过将动态阻力方程（2-89）中的速度 v 改为颗粒滑移速度（$v-u$）得到：

$$F_{\mathrm{drag}} = -6\pi\mu R_p(v-u) - \frac{m_f}{2} \frac{\mathrm{d}(v-u)}{\mathrm{d}t} - 6R_p^2 \sqrt{\pi\rho\mu} \int_{-\infty}^{t} \frac{\mathrm{d}(v-u)}{\mathrm{d}\xi} \frac{\mathrm{d}\xi}{\sqrt{t-\xi}} \tag{2-91}$$

将式（2-91）代入式（2-86）得到扩展的 BBO 方程：

$$\begin{aligned}
m_p \frac{\mathrm{d}v}{\mathrm{d}t} = &\, m_f \frac{\mathrm{D}u}{\mathrm{D}t} - 6\pi\mu R_p(v-u) - \frac{m_f}{2} \frac{\mathrm{d}u}{\mathrm{d}t} \\
&- 6R_p^2 \sqrt{\pi\rho\mu} \int_{-\infty}^{t} \frac{\mathrm{d}(v-u)}{\mathrm{d}\xi} \frac{\mathrm{d}\xi}{\sqrt{t-\xi}} + (m_p - m_f)g
\end{aligned} \tag{2-92}$$

式中，$\mathrm{d}u/\mathrm{d}t = \partial u/\partial t + v \cdot \nabla u$。

压力和附加质量力在气体–颗粒流中经常被忽略，因为气体与颗粒密度之比约为 10^{-3}；而水与颗粒的密度数量级相同，因此在浮选过程中不应忽略压力和附加质量力。浮选中的颗粒粒度为 1 μm～0.5 mm，通常 Basset 力在粗颗粒浮选中需要考虑，而在细颗粒浮选中可以忽略，因为细颗粒的 Basset 力明显小于黏性阻力。

一般来说，式（2-92）中最重要的为黏性阻力。对于轨迹始终遵循 Stokes 定律的 Stokes 颗粒，颗粒速度大约等于流体速度加上沉降末速。对于较大的颗粒，颗粒产生的扰动流较大，Stokes 定律无法成立。为考虑扰动流的变化，基于 2.2.1 节中的阻力校正因子 f_d，将黏性阻力修正为

$$F_d = 6\pi\mu R_p(\boldsymbol{v} - \boldsymbol{u})f_d \tag{2-93}$$

采用与修正黏性阻力类似的方法，考虑附加质量力和 Basset 力与蠕动流的差，得到修正的附加质量力为

$$F_m = f_m \frac{m_f}{2} \frac{\mathrm{d}(\boldsymbol{v} - \boldsymbol{u})}{\mathrm{d}t} \tag{2-94}$$

式中，f_m 为附加质量力校正因子。

修正的 Basset 力为

$$F_B = f_B 6R_p^2 \sqrt{\pi\rho\mu} \int_{-\infty}^{t} \frac{\mathrm{d}(\boldsymbol{v} - \boldsymbol{u})}{\mathrm{d}\xi} \frac{\mathrm{d}\xi}{\sqrt{t - \xi}} \tag{2-95}$$

式中，f_B 为 Basset 力校正因子。

f_m、f_B 是加速度模量 M 的函数，关系如下：

$$f_m = \frac{2.1 + 0.12M^2}{1 + 0.12M^2} \tag{2-96}$$

$$f_B = 0.48 + \frac{0.52M^3}{(1 + M)^3} \tag{2-97}$$

$$M = \frac{2R_p}{(\boldsymbol{v} - \boldsymbol{u})^2} \frac{\mathrm{d}(\boldsymbol{v} - \boldsymbol{u})}{\mathrm{d}t} \tag{2-98}$$

在由静止的初始颗粒运动引起的蠕变扰动流的情况下，f_m 和 f_B 都接近 1。

最终，修正后的运动液体中颗粒的运动微分方程表示为

$$m_p \frac{\mathrm{d}\boldsymbol{v}}{\mathrm{d}t} = m_f \frac{\mathrm{D}\boldsymbol{u}}{\mathrm{D}t} - 6\pi\mu R_p f_d(\boldsymbol{v} - \boldsymbol{u}) - f_m \frac{m_f}{2} \frac{\mathrm{d}(\boldsymbol{v} - \boldsymbol{u})}{\mathrm{d}t}$$

$$- f_B 6R_p^2 \sqrt{\pi\rho\mu} \int_{-\infty}^{t} \frac{\mathrm{d}(\boldsymbol{v} - \boldsymbol{u})}{\mathrm{d}\xi} \frac{\mathrm{d}\xi}{\sqrt{t - \xi}} + (m_p - m_f)\boldsymbol{g} \tag{2-99}$$

应该注意，颗粒的扰动流也受到其他颗粒或气泡存在的强烈影响。上述对稳态和非稳态 Stokes 扰动流的修正没有考虑表面之间短程流体动力的相互作用。表面力的影响将在颗粒与气泡的黏附过程中讨论。

2.3 气泡的运动特性

2.3.1 气泡的物理化学性质

浮选通过借助气泡浮力实现矿物分选，气泡在液体中的运动涉及气泡几何形

状、介质物理性质以及气–液界面物理化学性质等问题。气泡的形状受到流体动力、液体黏度和界面力的影响。表面不可移动的小气泡受到的阻力与其等效固体颗粒所受的阻力相等。而表面可移动的气泡与固体颗粒相比，其气–液界面上存在切向速度。此外，气泡内部存在气体循环，使气泡受到的阻力减小。

计算表面不可移动的气泡的上升速度可以用 2.2.1 节中求球形颗粒沉降速度的方法。对于表面可移动气泡，可假定气泡与液体界面处的切向速度和应力相等，得到半径为 R_b 的气泡上升的终端速度为

$$w = \frac{R_b^2 \rho g}{3\mu} \tag{2-100}$$

式（2-100）所得的气泡终端速度是 Stokes 沉降速度［式（2-52）］的 1.5 倍。

假设流体与液体界面附近存在一层黏度较高的液体薄层，这种在界面附近的宏观薄层中增加的黏度称为界面黏度，它表示界面张力与界面变化速率之间的关系。由此得到气泡上升的终端速度为

$$w = \frac{2R_b^2 \rho g}{9\mu} \frac{3 + 2Bou}{2 + 2Bou} \tag{2-101}$$

式中，Bou 为 Boussinesq 数，代表界面黏性力与体积黏性力之比，$Bou = \mu_s/(\mu R_b)$，μ_s 为界面黏度。Bou 反映了界面对体积流变学的重要性。对于小气泡，Bou 很大，式（2-101）简化为 Stokes 方程，此时小气泡类似固体颗粒；如果 Bou 很小，则式

（2-101）简化为 Hadamard-Rybczynski 方程，即 $w = \frac{2}{3} \frac{R_b^2 \rho g}{\mu} \frac{\mu + \mu_s}{2\mu + 3\mu_s}$。

表面活性剂能够改变界面黏度，表面活性剂在气–液界面的吸附或解吸对气泡运动有显著影响。在运动的气泡表面上，表面活性剂的浓度分布不均匀，气泡表面形成界面梯度，造成气泡表面滞后，强烈影响气泡与溶液边界处的局部应力平衡。

控制表面活性剂在气泡上分布的三个速率过程：表面活性剂的吸附和解吸、表面活性剂向连续相扩散、表面活性剂在界面处的表面扩散。考虑到表面活性剂的影响，可将式（2-101）中的 Bou 表示为连续相的阻滞系数与体积黏度之比，其中阻滞系数是表面活性剂浓度和表面张力梯度的函数。

如图 2-4 所示，气泡在表面活性剂溶液上升过程中，表面污染物（表面活性剂分子或其他杂质）通常会在停滞点周围的后表面形成一个不动的帽，称为停滞帽 [7]。气泡表面的前部仍然是可移动的，移动表面的前部被拉伸，最低部被压缩。拉伸部分的表面浓度较低，可持续从体相中吸附物质。压缩部分的表面浓度较高，会引起表面活性剂的解吸。如果界面对流比界面扩散和体相扩散快，表面活性剂的吸附和解吸存在速率差，就会形成停滞帽。内部气体循环部分因停滞帽的形成而受到阻碍。气泡内部再循环涡的中心向气泡上升方向移动。表面活性剂溶液中

气泡的阻力小于固体颗粒的阻力，但大于纯水中气泡的阻力。在低雷诺数情况下，理论上可以将气泡终端速度的变化与固体球体的速度和停滞角联系起来。

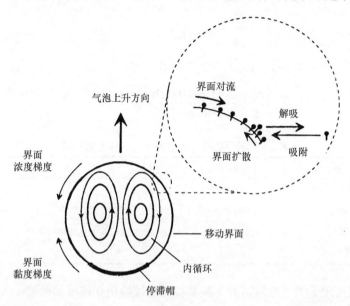

图 2-4　通过表面活性剂溶液上升的气泡和界面表面活性剂传输过程的横截面径向平面视图

表面活性剂质量传递和动量传递之间的耦合使表面活性剂浓度在气泡运动中的作用难以量化。大多数解析解是基于极限情况，如小气泡雷诺数和大气泡雷诺数，或者小佩克莱数（Peclet number）和大佩克莱数。对于其余中间变量范围的情况，需要用数值计算方法来求解控制液相和表面活性剂的质量和动量传递的方程，通常采用经验模型预测气泡的终端速度。

2.3.2　气泡上升速度

对于浮选过程中气泡上升速度的计算与固体颗粒不同，气泡上升速度很大程度上取决于表面污染和气泡变形。浮选过程中的气泡上升速度很难进行解析，通常使用经验函数预测。

1. 可变形气泡的上升速度

气泡形状是浮选中影响气泡终端速度的重要参数。对于一个可变形的气泡，假设气泡的体积等效半径 R_b、气泡横截面积垂直于其路径投影的半径 L、Tadaki 数 Ta、气泡雷诺数 Re_b、莫顿数（Morton number）Mo，这些与气泡变形相关的参数之间存在如下关系：

$$Ta=Re_b Mo^{0.23}$$

$$(2-102)$$

$$Mo = \frac{g\mu^4}{\rho\sigma^3} \qquad (2\text{-}103)$$

$$\frac{R_b}{L} = aTa^b \qquad (2\text{-}104)$$

式中，σ 为气–液界面张力；a、b 为数值常数（表 2-5）。经过拟合可以表示为

$$\frac{R_b}{L} = \frac{1.488 + 0.025Ta^{1.908}}{1.488 + 0.042Ta^{1.908}} \qquad (2\text{-}105)$$

表 2-5　不同形状的气泡的 Ta、a 和 b 的取值

气泡形状	Ta	a	b
球形	$Ta \leqslant 2$	1	0
类球形	$2 < Ta \leqslant 6$	1.14	-0.176
椭圆形	$6 < Ta \leqslant 16.5$	1.36	-0.28
帽形	$16.5 < Ta$	0.62	0

该方程可用于大气泡雷诺数下颗粒与气泡碰撞相互作用的模拟。

用 R_b 与 L 的比值改写式（2-49），得到气泡上升速度：

$$w = \left(\frac{8R_b g}{3C_d}\right)^{1/2}\left(\frac{L}{R_b}\right)^{1/2} \qquad (2\text{-}106)$$

由于式（2-106）涉及非线性方程，使用起来很烦琐。考虑到式（2-106）涉及形状因子，可以定义修正的 Archimedes 数 Ar^* 和 Best 数 Be^*：

$$Ar^* \equiv \frac{3Re^{2-2b}C_d}{4} \qquad (2\text{-}107)$$

$$Be^* \equiv \frac{4Re^{2b+1}}{3C_d} \qquad (2\text{-}108)$$

得到：

$$Ar^* = \frac{8R_b^3\rho^2 g}{\mu^2} \times (a^2 Mo^{0.46b}) \qquad (2\text{-}109)$$

$$Be^* = \frac{w^3\rho}{g\mu} \times \frac{1}{a^2 Mo^{0.46b}} \qquad (2\text{-}110)$$

修正后的 Ar^* 取决于气泡当量直径，与气泡终端速度无关；而修正后的 Be^* 则完全依赖于气泡的终端速度。

通过式（2-107）和式（2-108），可以根据阻力系数 C_d 与气泡雷诺数 Re_b 的

关系，计算修正的 Ar^* 和 Be^*，并找出两者之间的相关性。通过式（2-109）和式（2-110），可以根据 Ar^* 和 Be^* 的相关性来预测终端速度。该方法可用于任何液体体系中气泡上升速度的测定。

2. 污染水中小气泡的上升速度

由于气体的黏度明显小于水的黏度，气泡内的气体循环几乎没有黏性阻力，气泡上的阻力对表面污染物的存在相当敏感，影响气泡终端速度的最大原因是表面污染。即使污染物的量不大（无法测量出水体性质的变化），污染物仍可以阻止气泡内的循环，从而显著增加阻力，并显著降低气泡上升速度。在更低的污染浓度下，气泡上升速度几乎不受表面活性剂浓度的影响。这种情况在浮选中很常见，可以极大简化气泡终端速度的预测。

对于污染水中的小气泡，气泡形状为球形，气泡阻力系数与固体颗粒一致。根据 2.2.2 节，可以直接得到小气泡的终端速度：

$$w = w_{\text{Stokes}} \left[1 + \frac{Ar}{96} \left(1 + 0.079 Ar^{0.749} \right)^{-0.755} \right]^{-1} \tag{2-111}$$

式中，$w_{\text{Stokes}} = \dfrac{2R_b^2 \rho g}{9\mu}$；$Ar = \dfrac{8R_b^3 \rho^2 g}{\mu^2}$。

3. 污染水中高雷诺数时气泡的上升速度

污染水中气泡上升的阻力系数在雷诺数为 130 左右时开始偏离固体球的标准曲线。在这种情况下，气泡通常是非球形的。如果考虑形状因素，发现污染水中气泡上升的阻力系数几乎是恒定的，$C_d = k$，取 $k = 0.95$。

将恒阻力系数代入式（2-107）和式（2-108），消去 Re 得到

$$Be^* = \left(Ar^* \right)^{\frac{2b+1}{2-2b}} \left(\frac{4}{3k} \right)^{\frac{3}{2b+1}} \tag{2-112}$$

将方程（2-109）和方程（2-110）代入式（2-112）得到

$$w = 18 w_{\text{Stokes}} \left(\frac{4a^2 Ar^{2b-1} Mo^{0.46b}}{3k} \right)^{\frac{1}{2-2b}} \tag{2-113}$$

方程（2-113）将气泡上升速度描述为介质和气泡特性的函数。

经验方程（2-111）和方程（2-113）可用于确定浮选污染水中单个气泡的上升速度。不同 Ar 和 Mo 取值范围下方程（2-111）和方程（2-113）中 a、b 的取值见表 2-6。

表 2-6　方程（2-111）和方程（2-113）的使用条件及 a、b 的取值

方程	条件	a	b
$w=w_{\text{Stokes}}\left[1+\dfrac{Ar}{96}\left(1+0.079Ar^{0.749}\right)^{-0.755}\right]^{-1}$	$Ar\leqslant12332$	—	
	$12332<Ar\leqslant3.158Mo^{-0.46}$	1	0
$w=18w_{\text{Stokes}}\left(\dfrac{4a^2Ar^{2b-1}Mo^{0.46b}}{3k}\right)^{\frac{1}{2-2b}}$	$3.158Mo^{-0.46}<Ar\leqslant29.654Mo^{-0.46}$	1.14	−0.176
	$29.654Mo^{-0.46}<Ar\leqslant506.719Mo^{-0.46}$	1.36	−0.280
	$506.719Mo^{-0.46}\leqslant Ar$	0.62	0

应当注意，对于起泡剂污染的水，Mo 通常在 $10^{-11}\sim10^{-9}$。浮选中常用的气泡直径通常小于 2.5 mm，因此满足条件 $Ar\leqslant3.158Mo^{-0.46}$。在这些条件下，方程（2-113）简化为

$$w=\sqrt{\frac{8gR_{\text{b}}}{3}}\tag{2-114}$$

式（2-114）预测的气泡上升速度是著名的 Davies 和 Taylor 公式 $w=\sqrt{8gR_{\text{b}}}/3$ 的 $\sqrt{3}$ 倍，Davies 和 Taylor 公式是通过将气泡视为球体的一小部分推导得出的。需要注意的是，方程（2-114）在球形气泡状态下有效，因此比 Davies 和 Taylor 方程更适合浮选，因为浮选中遇到的小气泡没有球帽形状的。

4. 多相浮选体系中气泡的上升速度

根据 2.2.3 节的式（2-80），推导出多相、多组分浮选矿浆中气泡上升速度的表达式：

$$w_\delta=\frac{2R_{\text{b}}^2(\rho_{\text{susp}}-\rho_{\text{g}})}{9\mu}\frac{F(\delta_1)}{f_{\text{d}}(Re_\delta)}\cong\frac{2R_{\text{b}}^2\rho_{\text{susp}}}{9\mu}\frac{F(\delta_1)}{f_{\text{d}}(Re_\delta)}\tag{2-115}$$

与固体颗粒的沉降速度不同的是，式（2-115）中气泡的两个校正因子难以量化。气泡在浮选中的滑移速度 v_{bs} 可以用漂移通量法确定，漂移通量定义为

$$J_{\text{gl}}=\delta_1J_{\text{g}}-\delta_{\text{g}}J_1\tag{2-116}$$

式中，J_{g} 和 J_1 为表观气体和液体速度。漂移通量与静止液体中单个气泡的上升速度有关：

$$J_{\text{gl}}=wf(\delta_{\text{g}},\delta_1,v_{\text{b}})\tag{2-117}$$

其中经验表达式 $f(\delta_g, \delta_l, \nu_b)$ 通常简化为

$$f = \delta_g(\delta_l)^{n_{R\text{-}Z}} \tag{2-118}$$

滑移速度定义为气液两相实际速度的差值：

$$w_s = \frac{J_g}{\delta_g} - \frac{J_l}{\delta_l} = \frac{J_{gl}}{\delta_g \delta_l} \tag{2-119}$$

将方程（2-117）和方程（2-118）代入方程（2-119）得到：

$$w_s = w(\delta_l)^{n_{R\text{-}Z}-1} \tag{2-120}$$

漂移通量表示为

$$J_{gl} = w\delta_g(\delta_l)^{n_{R\text{-}Z}} \tag{2-121}$$

对于多相浮选矿浆和泡沫系统，可以使用漂移通量分析并得出式（2-120），即气泡上升的滑移速度是单个气泡上升速度、相分率和 Richardson-Zaki 指数的函数。

2.3.3　气泡周围的流体动力学方程

气泡周围液体的速度是控制气泡周围颗粒运动的重要参数，它控制着颗粒与气泡的碰撞和滑动，进而控制着颗粒与气泡的黏附和脱附作用。

液体流过气泡表面的示意图如图 2-5 所示。液体密度为 ρ，液体黏度为 μ，气泡半径为 R_b，气泡上升速度（又称为气泡滑移速度）为 w。考虑上升气泡周围液体的速度，可以看成气泡静止，液体以速度 w 均匀流过气泡。

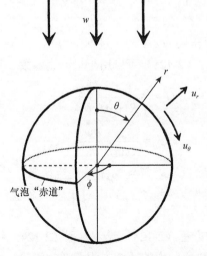

图 2-5　以滑移速度 w 流过气泡的流体

上升气泡周围液体流动的特征速度为气泡的滑移速度 w，特征长度为气泡直

径 $2R_b$。因此，气泡雷诺数定义为

$$Re = \frac{2wR_b\rho}{\mu} \tag{2-122}$$

在图 2-5 中建立球坐标系，r、θ、ϕ 分别为径向距离、极角、方位角，u_r、u_θ、u_ϕ 分别为流体速度 u 在 r、θ、ϕ 方向的速度分量。流动关于气泡上升的方向是旋转对称的，U_r、U_θ、U_ϕ 分别为 u_r、u_θ、u_ϕ 除以 w 的无量纲速度。可以假设 ϕ 方向对称，因此有 $\partial/\partial\phi=0$ 以及 $U_\phi=0$，因此可将流体动力学方程简化。

用无量纲速度 U_r 和 U_θ 表示的连续性方程为

$$\frac{1}{R^2}\frac{\partial}{\partial R}(R^2 U_r) + \frac{1}{R\sin\theta}\frac{\partial}{\partial\theta}(U_\theta\sin\theta) = 0 \tag{2-123}$$

径向和切向的 N-S 方程可简化为

$$\frac{\partial U_r}{\partial\tau} + U_r\frac{\partial U_r}{\partial R} + \frac{U_\theta}{R}\frac{\partial U_r}{\partial\theta} - \frac{U_\theta^2}{R} = -\frac{1}{2}\frac{\partial P}{\partial R} + \frac{2}{Re_b}\frac{1}{R^2}\left(R^2\nabla^2 U_r - 2U_r - 2U_\theta\cot\theta - 2\frac{\partial U_\theta}{\partial\theta}\right) \tag{2-124}$$

$$\frac{\partial U_\theta}{\partial\tau} + U_r\frac{\partial U_\theta}{\partial R} + \frac{U_\theta}{R}\frac{\partial U_\theta}{\partial\varphi} + \frac{U_\theta U_r}{R} = -\frac{1}{2R}\frac{\partial P}{\partial\theta} + \frac{2}{Re_b}\frac{1}{R^2}\left(R^2\nabla^2 U_\theta - \frac{U_\theta}{\sin^2\theta} + 2\frac{\partial U_r}{\partial\theta}\right) \tag{2-125}$$

拉普拉斯算子为

$$\nabla^2 \equiv \frac{1}{R^2}\frac{\partial}{\partial R}\left(R^2\frac{\partial}{\partial R}\right) + \frac{1}{R^2\sin\theta}\frac{\partial}{\partial\theta}\left(\sin\theta\frac{\partial}{\partial\theta}\right) \tag{2-126}$$

式中，τ 为无量纲时间，对气泡而言，$\tau=tw/R_b$；R 为径向距离 r 除以 R_b 的无量纲径向距离；P 为压强 p 除以压头 $w^2\rho/2$ 的无量纲压力。

方程（2-123）～方程（2-125）可以用无量纲流函数 ψ 进一步简化，得到：

$$U_r = -\frac{1}{R^2\sin\theta}\frac{\partial\psi}{\partial\theta} \tag{2-127}$$

$$U_\theta = \frac{1}{R\sin\theta}\frac{\partial\psi}{\partial R} \tag{2-128}$$

式中，ψ 为量纲流函数除以 wR_b^2 得到的无量纲流函数。使用变量 ψ 来代替 U_r 和 U_θ，同样可以满足连续性方程（2-123）。对于轴对称流，无量纲流函数 ψ 称为 Stokes 流函数。

将方程（2-127）和方程（2-128）代入方程（2-124）和方程（2-125）给出的动量方程中，得到流函数和压力的两个方程，通常消除压力项得到由 ψ 表示的单个方程。具体地，在简化的球坐标中，将动量方程的 r 分量相对于 θ 微分，再将

动量方程的 θ 分量相对于 r 微分，然后将得到的方程相减以消除压力项，从而得到 ψ 的单个四阶微分方程，即

$$\frac{\partial}{\partial \tau} E^2 \psi + J\left[\psi, \frac{E^2 \psi}{(R \sin \theta)^2}\right] = \frac{2}{Re} \frac{E^2(E^2 \psi)}{\sin \theta} \tag{2-129}$$

式中，$J(a, b)$ 和 E^2 分别为雅可比（Jacobian）算子和微分算子，定义为

$$J(a,b) \equiv \frac{\partial a}{\partial R} \frac{\partial b}{\partial \theta} - \frac{\partial b}{\partial R} \frac{\partial a}{\partial \theta} \tag{2-130}$$

$$E^2 \equiv \frac{\partial^2}{\partial R^2} + \frac{\sin \theta}{R^2} \frac{\partial}{\partial \theta}\left(\frac{1}{\sin \theta} \frac{\partial}{\partial \theta}\right) \tag{2-131}$$

为了通过数值计算来求解，可以将式（2-129）改写为涡量和流函数变量。液体通过气泡的流体力学方程的涡量–流函数公式为

$$\frac{\partial}{\partial \tau} E^2 \psi + J\left(\psi, \frac{\Omega}{R \sin \theta}\right) = \frac{2}{Re} \frac{E^2(\Omega R \sin \theta)}{\sin \theta} \tag{2-132}$$

$$E^2 \psi = \Omega R \sin \theta \tag{2-133}$$

式中，Ω 为量纲涡量除以 w/R_b 得到的无量纲涡量。涡量表示速度场的旋度，定义为 $\Omega = \nabla \times \boldsymbol{U}$（$\boldsymbol{U}$ 为无量纲速度），在旋转对称流动条件下，有

$$\Omega = \frac{1}{R}\left(\frac{\partial R U_\theta}{\partial R} - \frac{\partial U_r}{\partial \theta}\right) \tag{2-134}$$

以下边界条件对固定的或可移动的气泡表面都适用。在气泡表面，$U_r=0$，即没有液体穿过气泡界面，由方程（2-127）得到，在 $R=1$ 时，有

$$\psi = 0 \tag{2-135}$$

在远离气泡表面处，水流是不受干扰的，因此，$|\boldsymbol{U}|=1$，得到 $U_r=-\cos\theta$ 以及 $U_\theta=\sin\theta$。将 U_r、U_θ 代入方程（2-127）、方程（2-128）和方程（2-134），于是在远离气泡表面的流体流动位置得到另外两个边界条件，即

$$\psi = \frac{R^2 \sin^2 \theta}{2} \tag{2-136}$$

$$\Omega = 0 \tag{2-137}$$

偏微分方程（2-129）～方程（2-133）是高度非线性的，只有在气泡雷诺数很小或很大时，才能求得解析解。对于中间范围的雷诺数，必须用数值方法同时求解方程组。

参 考 文 献

[1] Launder B E, Spalding D B. Mathematical Methods of Turbulence[M]. New York: Academic Press, 1972.

[2] Speziale C G, Gatski T B, Fitzmaurice N. An analysis of RNG-based turbulence models for homogeneous shear flow[J]. Physics of Fluids A: Fluid Dynamics, 1991, 3(9): 2278-2281.

[3] Shih T H, Liou W W, Shabbir A Z, et al. A new k-ε eddy viscosity model for high Reynolds number turbulent flow[J]. Computer Fluids, 1995, 24(3): 227-238.

[4] Chen C J, Jaw S Y. Fundamentals of Turbulence Modeling[M]. New York: Taylor and Francis, 1998.

[5] Jones W P, Launder B E. The calculation of low-Reynolds-number phenomena with a two-equation model of turbulence[J]. International Journal of Heat and Mass Transfer, 1973, 16: 1119-1130.

[6] Pettyjohn E, Christiansen E B. Effect of particle shape on free-settling rates of isometric particles[J]. Chemical Engineering Progress, 1948, 44(2): 157-172.

[7] Clift R, Grace J R, Weber M E. Bubbles, Drops, and Particles[M]. New York: Dover Publications, 2005.

第3章 颗粒与气泡的碰撞作用

3.1 碰 撞 作 用

3.1.1 碰撞作用过程

浮选中为了有效捕获收集疏水颗粒和气泡，首先必须使其产生碰撞作用。碰撞过程由流体动力学控制，受到颗粒粒度、气泡大小以及颗粒与气泡间相对运动等因素的影响。

图 3-1 为静水环境中颗粒与气泡碰撞的颗粒运动轨迹示意图，图中采用直角坐标系。如图 3-1 所示，与气泡碰撞颗粒的运动轨迹并非直线。在颗粒与气泡接触前，颗粒运动轨迹可分为两个阶段：①自由沉降阶段；②绕流运动阶段。在自由沉降阶段，颗粒经过短暂的加速后可达到自由沉降速度（颗粒距气泡足够远时），然后以该速度接近气泡。在与气泡碰撞前，颗粒会沿气泡上半球做绕流运动，此过程中颗粒速度的大小和方向均会发生改变。

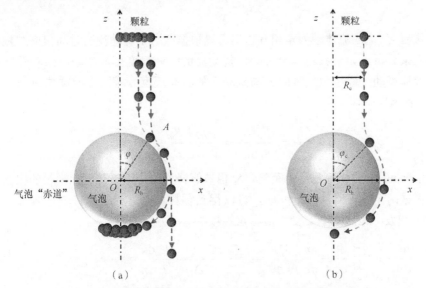

图 3-1 静水环境中颗粒与气泡碰撞的颗粒运动轨迹示意图

在图 3-1（a）中，颗粒与气泡的碰撞点为 A，可将 OA 与 z 轴的夹角定义为碰撞角 φ。由于绕流运动的存在，能与气泡发生碰撞的颗粒距 z 轴的距离小于气泡半径 R_b。将能与气泡发生碰撞的颗粒距 z 轴的最大距离定义为临界碰撞半径 R_c。

[图 3-1（b）]，此时对应的最大碰撞角定义为临界碰撞角 φ_c，并称此时颗粒轨迹为临界颗粒轨迹。

以上述表征方式为基础，碰撞概率 P_c 可定义为临界碰撞半径对应的圆的面积与气泡"赤道"上以气泡中心到颗粒中心的距离为半径的圆面积的比值，得到：

$$P_c = \left(\frac{R_c}{R_b + R_p} \right)^2 \tag{3-1}$$

3.1.2 碰撞作用中的颗粒运动方程

颗粒与气泡的相互作用在很大程度上取决于颗粒对液体流动的动态响应，同时受到气泡和颗粒的扰动。该动态响应由颗粒弛豫时间 t_p 反映，t_p 定义为颗粒惯性与黏滞拖曳力的比值：

$$t_p = \frac{2R_p^2 \rho_p}{9\mu} \tag{3-2}$$

由于颗粒比气泡小得多，在浮选中颗粒与气泡的碰撞受到气泡扰动的液体流动的强烈影响。这种颗粒动态响应由扰动流的时间尺度 t_f 反映，将其定义为

$$t_f = \frac{R_b}{w} \tag{3-3}$$

颗粒-气泡的流体动力学相互作用可以根据相对于扰动流的时间尺度的颗粒弛豫时间来分析。如果颗粒弛豫时间比扰动流的时间尺度短，则颗粒跟随受气泡扰动的液体流动。颗粒弛豫时间 t_p 与扰动流的时间尺度 t_f 之比称为颗粒的 Stokes 数（St），表示为

$$St = \frac{t_p}{t_f} = \frac{2R_p^2 w \rho_p}{9\mu R_b} = \frac{1}{9} \frac{\rho_p}{\rho} \left(\frac{R_p}{R_b} \right)^2 Re \tag{3-4}$$

由于 wt_p 的乘积等于停止距离，St 也被解释为停止距离与气泡半径的比值。

根据两个特征时间（t_p 和 t_f），可以得到颗粒运动方程的两种表达方式。从式（2-92）出发，得到基于 t_p 受气泡影响的颗粒运动方程为

$$\frac{\mathrm{d}\boldsymbol{v}}{\mathrm{d}\eta} + \boldsymbol{v} + \int_0^\eta \left(\frac{\mathrm{d}\boldsymbol{v}}{\mathrm{d}\xi} - \frac{\mathrm{d}\boldsymbol{u}}{\mathrm{d}\xi} \right) \sqrt{\frac{3K/\pi}{\eta - \xi}} \mathrm{d}\xi - \frac{2K}{3} \frac{\mathrm{D}\boldsymbol{u}}{\mathrm{D}\eta} - \frac{K}{3} \frac{\mathrm{d}\boldsymbol{u}}{\mathrm{d}\eta} - \boldsymbol{u} - \boldsymbol{v}_{\text{Stokes}} = 0 \tag{3-5}$$

式中，ξ 用于描述 Basset 力所涉及的无量纲时间的积分变量；η 为傅里叶数，定义为

$$\eta = \frac{t}{t_p} \frac{2\rho_p}{2\rho_p + \rho} \tag{3-6}$$

K 为密度数，定义为

$$K = \frac{3\rho}{2\rho_p + \rho} \tag{3-7}$$

积分微分方程（3-5）可转化为常微分方程：

$$\frac{d^2v}{d\eta^2} + (2 - 3K)\frac{dv}{d\eta} + v = wF(\eta) \tag{3-8}$$

无量纲速度为量纲速度与 w 的比值，有 $U=u/w$，$V_{Stokes}=v_{Stokes}/w$，$V=v/w$。函数 F 是无量纲矢量，由无量纲速度定义：

$$F(\eta) = U + V_{Stokes} + \left(1 - \frac{8K}{3}\right)\frac{dU}{d\eta} + \frac{2K}{3}\frac{DU}{D\eta} + \frac{2K}{3}\frac{D}{D\eta}\left(\frac{dU}{d\eta}\right) + \frac{K}{3}\frac{d^2U}{d\eta^2}$$
$$+ \sqrt{\frac{3K}{\pi}}\int_0^\eta\left[\frac{d^2U}{d\xi^2}\left(1 - \frac{K}{3}\right) - \frac{2K}{3}\frac{D}{D\xi}\left(\frac{dU}{d\xi}\right)\right]\frac{d\xi}{\sqrt{\eta - \xi}} \tag{3-9}$$

应用参数变分法，得到解为

$$v(\eta) = \frac{2w}{\sqrt{12K - 9K^2}}\int_0^\eta F(\eta - \xi)\exp\frac{\xi(3K-2)}{2}\sin\frac{\xi\sqrt{12K-9K^2}}{2}d\xi \tag{3-10}$$

该解满足颗粒与气泡相互作用发生前的初始条件，即 $\eta=0$ 时有

$$\begin{cases} v = u + v_{Stokes} \\ \dfrac{dv}{d\eta} = 0 \end{cases} \tag{3-11}$$

基于 t_f 的颗粒的运动方程的解由式（3-10）得到：

$$V(\tau) = \frac{2/St}{\sqrt{12K - 9K^2}}\int_0^\tau F(\tau - \xi)\exp\frac{\xi(3K-2)}{2St}\sin\frac{\xi\sqrt{12K-9K^2}}{2St}d\xi \tag{3-12}$$

式中，τ 为无量纲时间，对颗粒而言，有

$$\tau = \frac{t}{t_f}\frac{2\rho_p}{2\rho_p + \rho} = \eta St \tag{3-13}$$

当 $St<1$ 时，有

$$V(\tau) = U + V_{Stokes} + St(K-1)\frac{DU}{D\tau} + St\left(1 - \frac{8K}{3}\right)\left(\frac{dU}{d\tau} - \frac{DU}{D\tau}\right) + O(St^{3/2}) \tag{3-14}$$

式中，$O(St^{3/2})$ 为 St 的 3/2 阶函数。

对于具有低 St 的颗粒，式（3-14）简化为

$$V(\tau) = U + V_{\text{Stokes}} + St(K-1)U \cdot \nabla U + O(St^{3/2}) \tag{3-15}$$

方程（3-15）是颗粒与气泡碰撞作用的主要公式。

3.2 碰 撞 概 率

3.2.1 碰撞概率理论

碰撞概率受颗粒与气泡相对运动及流体环境的影响，根据颗粒受力及流体环境，可将颗粒与气泡的碰撞机制分为惯性碰撞、重力碰撞、截流碰撞和湍流碰撞。实际颗粒与气泡的碰撞可能是多种机制共同作用。在某些情况下，颗粒与气泡碰撞的总概率可以是相关机制的概率加和，但这条简单的规则并不适用于所有情况。

理论上临界颗粒轨迹产生的旋转体内部的颗粒均能与气泡发生碰撞，而实际由于多种作用的影响，颗粒碰撞气泡的轨迹向外扩散，并不是所有理论上能够与气泡碰撞的颗粒都能与气泡接触，实际碰撞概率低于理想碰撞概率。

1. 惯性碰撞

惯性碰撞是指颗粒与气泡在惯性力作用下发生的碰撞。由于惯性的作用，较大的颗粒不会完全跟随气泡周围的流线进行曲线运动，而是倾向于继续沿直线路径运动。颗粒 Stokes 数 St 是惯性碰撞的特征无量纲参数。

惯性碰撞概率表示为

$$P_{\text{in}} = \frac{St^a - b}{St^a + c} \tag{3-16}$$

式中，参数 a、b 和 c 仅取决于气泡雷诺数 Re_{b}：

$$\begin{cases} a = 0.788 + \dfrac{2.724 Re_{\text{b}}}{1 + 10.430 Re_{\text{b}}^{0.985}} \\[2mm] b = 0.069 + 0.870 \exp(-0.041 Re_{\text{b}}) \\[2mm] c = 1 + (0.407 Re_{\text{b}} + 1.504) \exp\left(-0.00138 Re_{\text{b}}^{1.882}\right) \end{cases} \tag{3-17}$$

惯性力与颗粒的质量成正比，因此惯性碰撞是粗颗粒和大质量颗粒的主要碰撞机制。在惯性碰撞分析中，忽略了颗粒运动方程中的重力项和 Basset 力项。

2. 重力碰撞

颗粒重力以及一定的颗粒沉降速度会使颗粒与气泡发生碰撞的概率增大。可以用颗粒沉降的无量纲速度 V 表征重力碰撞（$V=v/w$），同时 V 也等于颗粒重力减去浮力后与流体阻力的比值。

在球坐标系 $(r,\ \theta,\ \phi)$ 中，由重力引起的颗粒与气泡的碰撞概率为

$$P_{\mathrm{g}} = \frac{2V}{1+V}\int_0^{\varphi_{\mathrm{g}}}\sin\theta\cos\theta\mathrm{d}\theta = \frac{V}{1+V} \tag{3-18}$$

$$\varphi_{\mathrm{g}} = 90° \tag{3-19}$$

式中，φ_{g} 为重力碰撞的碰撞角。

3. 截流碰撞

截流碰撞假设颗粒没有质量和惯性且尺寸有限，颗粒的中心沿着气泡周围的流线运动，那么与气泡距离在颗粒半径以内的流线上的颗粒均可与气泡碰撞。该碰撞机制的特征参数为截流数 R，是颗粒半径与气泡半径的比值：

$$R = R_{\mathrm{p}}/R_{\mathrm{b}} \tag{3-20}$$

截流碰撞概率为

$$P_{\mathrm{i}} = \frac{f(R)}{1+V}(X+Y\cos\varphi_{\mathrm{i}})\sin^2\varphi_{\mathrm{i}} + O(R^3) \tag{3-21}$$

式中，截流碰撞的碰撞角 φ_{i} 满足：

$$\cos\varphi_{\mathrm{i}} = \left(\sqrt{X^2+3Y^2}-X\right)/(3Y) \tag{3-22}$$

那么截流碰撞概率可表示为

$$P_{\mathrm{i}} = \frac{2f(R)}{27(1+V)Y^2}\left(\sqrt{X^2+3Y^2}-X\right)\left(\sqrt{X^2+3Y^2}+2X\right)^2 \tag{3-23}$$

式中，$f(R)$ 为截流数的函数，取决于气泡的表面流动性；X 和 Y 为模型参数，取决于气泡雷诺数 Re_{b} 和气相含率 δ_{g}，即

$$\begin{cases} X = X_o + X_\delta \\ Y = Y_o + Y_\delta \end{cases} \tag{3-24}$$

对于具有固定表面的气泡，有

$$\begin{cases} f(R) = R^2 + O(R^3) \\ X_o = \dfrac{3}{2} + \dfrac{9Re_{\mathrm{b}}/32}{1+0.309Re_{\mathrm{b}}^{0.694}} \\ Y_o = \dfrac{3Re_{\mathrm{b}}/8}{1+0.217Re_{\mathrm{b}}^{0.518}} \\ X_\delta = \left(37.515+0.006Re_{\mathrm{b}}^{1.367}\right)\delta_{\mathrm{g}} \\ Y_\delta = \left(0.466Re_{\mathrm{b}}-0.443Re_{\mathrm{b}}^{0.96}\right)\delta_{\mathrm{g}} \end{cases} \tag{3-25}$$

对于具有可移动表面的气泡，有

$$
\begin{cases}
f(R) = R - R^2 + O(R^3) \\[2mm]
X_o = 1 + \dfrac{0.0637 Re_b}{1 + 0.0438 Re_b^{0.976}} \\[4mm]
Y_o = \dfrac{0.0537 Re_b}{1 + 0.0318 Re_b^{1.309}} \\[4mm]
X_\delta = \left(5.274 - 0.588 Re_b^{0.230}\right)\delta_g^{0.711} \\[2mm]
Y_\delta = -0.0513 Re_b^{1.015}\delta_g^{0.0559} / \left(1 + 0.0371 Re_b^{1.308}\right)
\end{cases}
\tag{3-26}
$$

4. 重力–截流碰撞

C 为重力–截流碰撞的无量纲参数，其定义为

$$
C = \frac{V}{f(R)} = \frac{v}{w}\frac{1}{f(R)}
\tag{3-27}
$$

重力–截流碰撞的碰撞角 φ_{gi} 满足：

$$
\cos\varphi_{gi} = \frac{\sqrt{(X+C)^2 + 3Y^2} - (X+C)}{3Y}
\tag{3-28}
$$

重力–截流碰撞的碰撞概率为

$$
P_{gi} = \frac{2wf(R)}{27(w+v)Y}\left[\sqrt{(X+C)^2 + 3Y^2} - (X+C)\right]
$$
$$
\times\left[\sqrt{(X+C)^2 + 3Y^2} + 2(X+C)\right]^2
\tag{3-29}
$$

式（3-29）还可表示为

$$
P_{gi} = \frac{f(R)}{1+V}(X + Y\cos\varphi_{gi})\sin^2\varphi_{gi} + \frac{V}{1+V}\sin^2\varphi_{gi}
\tag{3-30}
$$

式（3-30）中等号右侧的两项分别为截流和重力对碰撞概率的影响，虽然这两项的形式与 P_i 和 P_g 相似，但由于碰撞角 φ_{gi} 与 φ_i 和 φ_g 不同，式（3-30）不适用加法规则，即 P_{gi} 不等于 P_i 和 P_g 的总和。

5. 重力–截流–惯性碰撞

在低 St 的情况下，可以分析重力、截流和惯性同时作用的碰撞概率，组合机制的碰撞概率为

$$P_{co} = \frac{V}{1+V} \sin^2 \varphi_{co} + \frac{f(R)}{1+V}(X + Y \cos \varphi_{co}) \sin^2 \varphi_{co}$$

$$- \frac{2St}{1+V}\left(1 - \frac{\rho}{\rho_p}\right)\int_0^{\varphi_{co}} U_\theta^2 \sin \theta d\theta + O\left(St^{3/2}\right)$$

(3-31)

式中，φ_{co} 为重力–截流–惯性碰撞的碰撞角。

式（3-31）中等号右侧的前三项分别代表了由重力、截流和惯性机制引起的碰撞概率。虽然前两项与重力概率和截流概率的形式相似，但因为碰撞角不同，所以它们并不相同。

式（3-31）中的积分：

$$\int_0^{\varphi_{co}} U_\theta^2 \sin \theta d\theta = f_1(R)\left(\frac{\cos^3 \varphi_{co} - 3\cos \varphi_{co} + 2}{12} X^2 + \frac{\sin^4 \varphi_{co}}{8} XY \right.$$

$$\left. + \frac{3\cos^5 \varphi_{co} - 5\cos^3 \varphi_{co} + 2}{60} Y^2 \right) + O\left(St^{1/2}\right)$$

(3-32)

式中，对于表面不可移动的气泡，$f_1(R)=4R^2$；对于表面可移动的气泡，$f_1(R)=1$。对于表面固定的气泡，该积分项可忽略。

低 St 下重力–截流–惯性联合机制的碰撞角判据方程为

$$(3Y \cos^2 \varphi_{co} + 2X \cos \varphi_{co} - Y) + 2C \cos \varphi_{co} - C_1(X + Y \cos \varphi_{co})^2 \sin \varphi_{co} = 0$$

(3-33)

式中，C_1 为惯性对颗粒–气泡碰撞的贡献，定义为

$$C_1 = \frac{St}{2}\left(1 - \frac{\rho}{\rho_p}\right)\frac{f_1(R)}{f(R)}$$

(3-34)

由于 $V=O(St)$，对于表面不可移动的气泡，$C=O(1)$、$C_1=O(St)$；对于表面可移动的气泡，$C=O(St^{1/2})$、$C_1=O(St^{1/2})$。因此，当气泡表面固定时，C 明显大于 C_1，碰撞概率和碰撞角度由"重力–截流碰撞"部分所述的重力和截流同时决定。

对于表面可移动的气泡（$X \gg Y$），可将碰撞角和碰撞概率的表达式简化为

$$\cos \varphi_{co} = \frac{\sqrt{(X+C)^2 + C_1^2 X^4} - (X+C)}{C_1 X^2}$$

(3-35)

$$P_{co} = \frac{f(R)}{1+V}\left[(X+C) \sin^2 \varphi_{co} - C_1 X^2 \frac{\cos^3 \varphi_{co} - \cos \varphi_{co} + 2}{3} \right] + O\left(St^{3/2}\right)$$

(3-36)

重力–截流–惯性碰撞的碰撞角 φ_{co} 受惯性效应的影响很大。表面可移动的气泡的 C 值比表面不可移动的气泡小一个数量级。

6. 湍流碰撞

机械式浮选槽中的颗粒运动和气泡运动都是湍流运动，但是湍流碰撞的理论发展尚不充分，这里概述其近似值。

按照第 2 章中的雷诺平均法可将气泡周围的颗粒速度分解为平均速度和脉动速度。平均速度引起的碰撞概率类似前面讨论的碰撞机制（惯性碰撞、重力碰撞和截流碰撞），该部分可以量化。但脉动速度是随机函数，该部分需要使用湍流统计方法来解决。由于湍流涡旋中所含的细小颗粒以混乱的方式迁移到气泡表面，湍流碰撞脉动可以在统计上被视为（湍流）扩散过程。模拟的湍流扩散碰撞概率为

$$P_{tur} = 18\sqrt{\frac{3}{15}} \frac{\rho}{\rho_p - \rho} \frac{l_K}{R_b + R_p} \tag{3-37}$$

式（3-37）表明，湍流扩散的碰撞概率随着气泡和颗粒尺寸的增加而降低，并随着式（2-13）描述的 Kolmogorov 长度尺度 l_K 的增加而增加。因此，湍流扩散的碰撞概率主要对细颗粒和小气泡起作用。

7. 整体碰撞概率

颗粒和气泡之间的碰撞不是通过单独的机制（重力沉降、直接拦截、惯性撞击和湍流）发生的，通常是两个或多个机制同时运行的结果。例如，为了将气泡颗粒碰撞概率描述为颗粒和气泡大小或气体滞留率的函数，有必要结合颗粒–气泡碰撞的所有机制。由于各个机制相互依赖，不能简单地将各个机制的碰撞概率相加来获得整体的碰撞概率。假设没有通过一种机制碰撞气泡的颗粒会通过其他机制碰撞，那么整体碰撞概率即

$$P_c = 1 - (1 - P_g)(1 - P_i)(1 - P_{in})(1 - P_{tur}) \tag{3-38}$$

如果其中一种机制优于其他机制可直接应用，也可考虑这个方程的不同可能排列。例如，整体碰撞概率可以用式（3-39）计算：

$$P_c = P_g + P_i + (1 - P_i)P_{in} \tag{3-39}$$

决定碰撞概率的主要因素是颗粒的性质（直径、密度）、气泡的性质（直径、气含率、表面流动性）、介质特性（黏度、污染）和浮选槽中的液体流动状态。在碰撞理论的实际应用中，颗粒和气泡大小最为重要。当 St 大于 1 时，惯性起主导作用；当 St 小于 1 时，其他机制起作用。当气泡尺寸和颗粒尺寸非常小时，湍流扩散是主要的碰撞机制。小颗粒和大气泡之间的碰撞由截流机制控制。

3.2.2　碰撞概率模型

基于不同碰撞机制，研究者推导的颗粒–气泡的碰撞概率模型主要包括以下几种。

1. Sutherland 模型

Sutherland[1] 通过流体的流函数首次推导了颗粒与气泡的碰撞概率模型，假设颗粒随流体的流线运动，即颗粒惯性力可以忽略，气泡表面是可移动的表面，且流体为势流，得到颗粒–气泡碰撞概率：

$$P_{c\text{-}S} = \frac{3D_p}{D_b} \tag{3-40}$$

式中，D_p 为颗粒直径；D_b 为气泡直径。

2. Gaudin 模型

假设气泡周围为 Stokes 流，且颗粒惯性力可忽略，Gaudin[2] 给出颗粒与气泡的碰撞概率为

$$P_{c\text{-}G} = \frac{3}{2}\left(\frac{D_p}{D_b}\right)^2 \tag{3-41}$$

3. Weber-Paddock 模型

Weber 和 Paddock[3] 认为颗粒与气泡的碰撞与气泡表面的移动性有关，在忽略颗粒惯性力的条件下，对于表面可移动的气泡，当 $Re < 200$ 时，颗粒–气泡的碰撞概率为

$$P_{c\text{-}WP} = \left[1 + \frac{2}{1 + (37/Re_b)^{0.85}}\right]\frac{D_p}{D_b} \tag{3-42}$$

而对于表面不可移动的气泡，当 $200 \leqslant Re_b < 300$ 时，颗粒与气泡的碰撞概率为

$$P_{c\text{-}WP} = \frac{3}{2}\left[1 + \frac{2}{16(1 + 0.249Re_b^{0.56})}\right]\left(\frac{D_p}{D_b}\right)^2 \tag{3-43}$$

4. Yoon-Luttrell 模型

在 Sutherland 模型的基础上，Yoon 和 Luttrell[4] 推导出了在不同流体条件下颗

粒与气泡的碰撞概率。

（1）Stokes 流：

$$P_{\text{c-YL}}^{\text{s}} = \frac{3}{2}\left(\frac{R_{\text{p}}}{R_{\text{b}}}\right)^2 \tag{3-44}$$

（2）势流：

$$P_{\text{c-YL}}^{\text{p}} = \frac{3}{2}\frac{R_{\text{p}}}{R_{\text{b}}} \tag{3-45}$$

（3）中间流：

$$P_{\text{c-YL}}^{\text{i}} = \left[\frac{3}{2} + \frac{4Re_{\text{b}}^{0.72}}{15}\right]\left(\frac{R_{\text{p}}}{R_{\text{b}}}\right)^2 \tag{3-46}$$

5. Dobby-Finch 模型 [5]

同样引用 St 表示颗粒惯性力的影响，通过多元回归得到颗粒–气泡的碰撞概率：

$$P_{\text{c-DF}} = P_{\text{c0}}(1.627Re_{\text{b}}^{0.06}St^{0.54}V^{-0.16}) \tag{3-47}$$

式中，P_{c0} 为 $St=0$ 时的碰撞概率。该碰撞概率适用于 $200 < Re_{\text{b}} < 300$、$St < 0.8$、$V < 0.25$ 的情况。

6. Dai 模型

Dai 等 [6] 在 Sutherland 等的研究基础上考虑了颗粒惯性力及气泡表面流动性的影响，且将颗粒惯性作用分为正惯性作用和负惯性作用，然后利用颗粒运动方程得到碰撞概率：

$$P_{\text{c-D}} = P_{\text{c-S}}\sin^2\theta_{\text{t}}\exp\left\{3St_3\left[\cos\theta_{\text{t}}\left(\ln\frac{3}{P_{\text{c-S}}} - 1.8\right) - \frac{2 + \cos^3\theta_{\text{t}} - 3\cos\theta_{\text{t}}}{2P_{\text{c-S}}\sin^2\theta_{\text{t}}}\right]\right\} \tag{3-48}$$

其中：

$$St_3 = \frac{2w(\rho_{\text{p}} - \rho)R_{\text{p}}^2}{9\mu R_{\text{b}}}$$

式中，θ_{t} 为压力与离心力平衡点对应的角度。

7. Nguyen 模型

Nguyen 和 Nuyen [7] 利用伽利略数（Galileo number，记作 Ga）量化颗粒重力

的影响，推导出颗粒与气泡的碰撞概率：

$$P_{c\text{-}N} = \frac{w}{w+v}\left(\frac{R_p}{R_b}\right)^2 \left[1.5 + \frac{9Re_b}{32(1+0.249Re_b^{0.56})} + f(Re_b)\frac{Ga}{18Re_b}(1-\delta_s)^{n_{R\text{-}Z}}\right] \quad (3\text{-}49)$$

其中：

$$f(Re_b)=0.9983+1.084\times10^{-3}\lg Re_b+2.129\times10^{-4}\lg^2 Re_b-3.997\times10^{-4}\lg^3 Re_b$$

式中，δ_s 为固相分率；$n_{R\text{-}Z}$ 为 Richardson-Zaki 指数。

Ga 反映重力与黏性力的比，公式为

$$Ga = \frac{8(R_b+R_b)^3 g(\rho_p-\rho)\rho}{\mu^2} \quad (3\text{-}50)$$

除惯性力和重力外，颗粒的形状和粗糙度以及气泡的表面性质同样会影响颗粒与气泡间的相对运动进而造成浮选结果的差异。

3.3 碰撞作用的研究

3.3.1 颗粒与气泡相互作用可视化平台

颗粒与气泡相互作用可视化是研究颗粒与气泡相互作用的关键，张志军课题组[8] 研制的颗粒与气泡相互作用可视化平台如图 3-2 和图 3-3 所示。

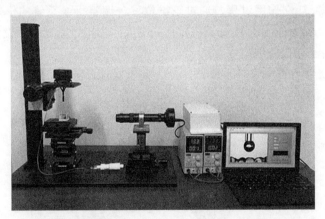

图 3-2 颗粒与气泡相互作用可视化平台实物图

颗粒与气泡相互作用可视化平台分为三个模块：气泡运动控制模块、颗粒-气泡作用模块和高速显微摄像模块。

（1）气泡运动控制模块：由数据采集卡、放大器、电源和位移驱动器等构成。位移驱动器上固定一根毛细管，毛细管上端连接微量注射器，毛细管的下端浸入液体。毛细管内含有空气柱，调节微量注射器，毛细管末端产生气泡。通过计算机设置参数精密控制位移驱动器的运动状态和运动速度，带动毛细管末端的气泡运动。

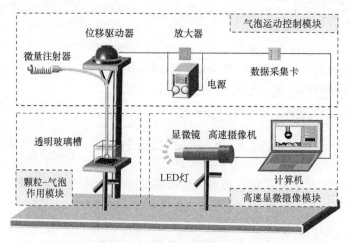

图 3-3　颗粒与气泡相互作用可视化平台示意图

（2）颗粒–气泡作用模块：将待研究的颗粒置于透明玻璃槽中并注入液体，槽体置于三维位移台上方，控制毛细管运动，从而使气泡与颗粒发生碰撞、黏附或脱附。

（3）高速显微摄像模块：选用显微镜和高速摄像机，配合发光二极管（LED）灯，拍摄颗粒–气泡作用过程，通过三维位移台调整摄像系统的位置与焦距，颗粒–气泡作用过程实时显示于计算机软件的图像区，结合测试软件设置气泡和颗粒间距，还可用于调控气泡尺寸。

平台的软件界面如图 3-4 所示，分为 4 个区域：显微图像区、参数调控区、波形显示区、图像存录区。

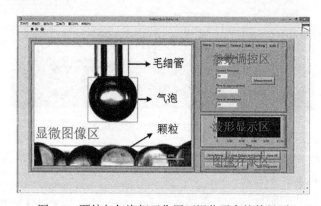

图 3-4　颗粒与气泡相互作用可视化平台软件界面

（1）显微图像区：经高速显微摄像模块捕捉的颗粒–气泡作用过程的图像实时显示于该区域。

（2）参数调控区：设定气泡的运动速度和运动幅度、气泡与颗粒的定位线、输出信号的通道、图像采集通道以及图像储存位置等。

（3）波形显示区：显示输出电压信号的波形图。

（4）图像存录区：进行图片保存与视频录制。

颗粒与气泡相互作用可视化平台利用电磁振动驱动技术控制气泡运动，通过高速摄像机和显微镜观察并录制颗粒与气泡的作用过程，还可根据需要添加液膜测量模块（第 4 章）和动态测力模块（第 5 章），为颗粒与气泡相互作用过程的微观研究提供有力手段。

3.3.2　碰撞作用的实验研究方法

上述颗粒与气泡相互作用可视化平台可实现颗粒–气泡碰撞过程的可视化。通过该平台，将气泡用毛细管从侧面或底部固定，用单个颗粒或大量颗粒向固定的气泡撞击，使用高速摄像机记录颗粒的运动轨迹。

由试验观测可知，影响颗粒运动轨迹的主要因素包括颗粒密度、气泡表面性质以及颗粒与气泡中心轴间的距离等。颗粒由于受到气泡周围流体运动的影响，不会沿直线运动，低密度的颗粒则更趋向于跟随流体做流线运动。在可移动气泡表面，颗粒同样会偏离运动轨迹。但是尽管表面可移动气泡周围的流体流速明显高于表面不可移动气泡的流体流速，表面可移动气泡周围的流体流线偏移程度却相对较小，因此颗粒在表面可移动气泡周围的运动轨迹的偏移比在表面不可移动气泡周围要小。

可以通过图像分析确定颗粒在气泡表面的运动轨迹。通过多组实验确定刚好擦过气泡表面颗粒的运动轨迹，确定临界碰撞半径 R_c，根据式（3-1）可计算碰撞概率。

3.3.3　基于离散元法的模拟研究

张志军课题组在颗粒–气泡间力学理论的基础上采用离散元法（discrete element method，DEM）构建了颗粒–气泡间相互作用行为的模拟系统，研究了各阶段颗粒–气泡间相互作用行为和各阶段颗粒速度的变化规律，以及颗粒密度、颗粒形状对临界碰撞角、捕获概率和临界诱导时间的影响[9,10]。

本小节介绍模拟系统和颗粒密度、颗粒形状对临界碰撞角的影响。

1. 模拟系统

1）模型描述

模拟系统的三维示意图如图 3-5 所示，在静水环境中，气泡被固定在坐标原点 O 处，颗粒在距离气泡中心 O 上方 $3R_b$ 处的水平平面上沿 x 轴正方向依次生成并释放，颗粒每次生成的位置都较上一次的生成位置向 x 轴正方向移动一定的距离，如此循环直至颗粒在 x 轴某一位置释放时，颗粒不能被气泡捕获。本次模拟中，将颗粒在接近气泡过程中颗粒速度达到最小值的位置定义为碰撞点，气泡中心与碰撞点的连线和 z 轴正方向的夹角定义为碰撞角 φ。

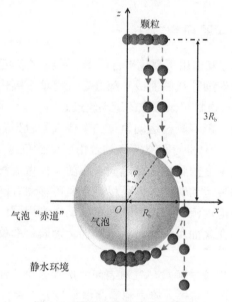

图 3-5　模拟系统的三维示意图

2）离散元法

离散元法的基本思想是把研究对象离散为刚性元素的集合，每个元素都具有相应的质量、转动惯量和接触参数等物理参数，并且每个刚性元素都满足牛顿第二定律，用时间步迭代的方法求解各刚性元素的运动方程，从而得到研究对象的整体运动形态。

本次模拟使用离散元软件颗粒流程序（particle flow code，PFC）模拟颗粒–气泡间相互作用行为。通过添加额外作用力的方式将所需的各种作用力的公式添加到接触模型中，该软件会在每个时间步长内更新颗粒和气泡之间的距离，从而计算和更新颗粒所受到的各种相互作用力的大小，最后通过力–位移曲线得到颗粒的加速度、速度和位置等信息。

3）颗粒–气泡力学模型

颗粒–气泡间的力学模型示意图如图 3-6 所示，根据各力的作用范围和性质不同将其分为两类：颗粒–气泡接触前作用力 F_{bc}（范德瓦耳斯作用力、静电力、疏水力）和颗粒 气泡接触后作用力 F_{ac}（毛细压力、静水压力、拉普拉斯压力、离心力），重力 F_g、浮力 F_b、沉降阻力 F_r 在整个模拟过程中都一直存在。

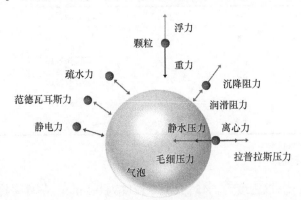

图 3-6　颗粒–气泡间的力学模型示意图

颗粒的运动方程表示为

$$m\frac{\mathrm{d}^2 r}{\mathrm{d}t} = F_g + F_b + F_r + F_{bc} + F_{ac} \tag{3-51}$$

式中，r 为颗粒的位移。

2. 颗粒密度对临界碰撞角的影响

1）模拟参数和初始条件

颗粒粒度为 0.1 mm，选取 6 个密度级：<1.3 g/cm³、1.3～1.4 g/cm³、1.4～1.5 g/cm³、1.5～1.6 g/cm³、1.6～1.7 g/cm³ 和 >1.7 g/cm³。气泡的直径为 1 mm，气泡的表面电位为–45 mV。具体模拟参数见表 3-1，颗粒性质参数见表 3-2。

表 3-1　颗粒密度对临界碰撞角的影响的模拟参数

参数	取值
流体的动力黏度/(Pa·s)	1.01×10^{-3}
流体密度/(g/cm³)	1.0
时间步长 Δt/s	1×10^{-7}
接触法向刚度/(N/m)	5×10^{4}

续表

参数	取值
接触切向刚度/(N/m)	5×10^4
碰撞恢复系数	0.2

表 3-2　颗粒密度对临界碰撞角的影响的颗粒性质参数

颗粒	密度/(g/cm³)	接触角/(°)	表面电位/mV	哈马克（Hamaker）常数/J	疏水力常数/J
颗粒 1	1.25	80	−22.4	-1.0508×10^{-20}	1.3472×10^{-19}
颗粒 2	1.35	78	−23.6	-1.5678×10^{-20}	1.0488×10^{-19}
颗粒 3	1.45	75	−25.2	-2.1026×10^{-20}	8.9443×10^{-20}
颗粒 4	1.55	69	−26.6	-2.6797×10^{-20}	7.0711×10^{-20}
颗粒 5	1.65	58	−27.4	-3.2354×10^{-20}	4.5620×10^{-20}
颗粒 6	1.75	50	−28.6	-3.9942×10^{-20}	4.0406×10^{-20}

2）结果与讨论

如图 3-7 所示，以密度为 1.45 g/cm³，粒度为 0.1 mm，临界碰撞角为 45.30° 的颗粒为例。当 $\varphi_1 \leqslant \varphi_c$ 时，颗粒会被气泡捕获；而当 $\varphi_2 > \varphi_c$ 时，颗粒不会被气泡捕获。

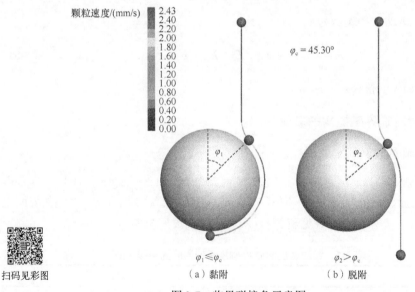

扫码见彩图

图 3-7　临界碰撞角示意图

为了探索临界碰撞角与颗粒密度的关系，模拟得到了密度级为 <1.3 g/cm³、1.3~1.4 g/cm³、1.4~1.5 g/cm³、1.5~1.6 g/cm³、1.6~1.7 g/cm³ 和 >1.7 g/cm³，

粒度为 0.1 mm 的颗粒与气泡的临界碰撞角。模拟结果如图 3-8 黑色曲线所示，随着颗粒密度的增加，临界碰撞角从 50.77° 降至 31.93°。该模拟结果与卓启明等[11] 的试验结果变化趋势相符合，其试验结果如图 3-8 灰色曲线所示。将两者进行对比分析可知：随着颗粒的密度级从＜1.3 g/cm³ 增加至＞1.7 g/cm³，模拟结果的临界碰撞角比试验结果大 3.63°～6.68°。这是因为在模拟和试验中对临界碰撞角的定义不同，试验中临界碰撞角的定义为颗粒捕获概率为 50% 时所对应的碰撞角，这是一个概率值而非临界值。因此模拟中的临界碰撞角要比试验结果大一些。

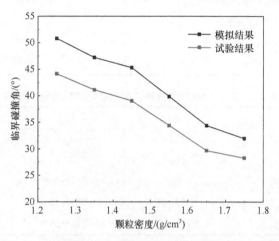

图 3-8 临界碰撞角与颗粒密度关系的模拟与试验结果

分析认为，对于同一品种和产地的煤样，其密度差异主要取决于有机质和无机矿物在煤中的比例且无机矿物的密度要高于有机质。有机质的主体为缩合芳香核，缩合芳香核的化学性质稳定，因此煤的主要表面具有疏水性。无机矿物质中多数矿物具有一定的极性，因而使煤表面部分具有亲水性。随着颗粒密度的增加，无机矿物在煤中的比例增加，因此煤的亲水性逐渐增加，疏水性逐渐减小，这导致由芳香核等疏水的有机质产生的疏水力逐渐减小，进而使颗粒–气泡间液膜薄化、破裂形成三相接触线越来越困难，颗粒更难黏附在气泡上，最终表现为颗粒的密度级从＜1.3 g/cm³ 增加至＞1.7 g/cm³，而其临界碰撞角从 50.77° 降低至 31.93°。

3. 颗粒形状对临界碰撞角的影响

1）模拟参数和初始条件

选取直径为 0.1 mm 的球形颗粒和 6 个等体积球当量直径为 0.1 mm 的不规则形状颗粒。颗粒性质与煤样相同，密度级为＜1.3 g/cm³、1.4～1.5 g/cm³ 和＞1.7 g/cm³。气泡的直径为 1 mm，气泡的表面电位为–45 mV。模拟参数列于

表 3-3，颗粒性质参数列于表 3-4，不规则形状颗粒的三维模型如图 3-9 所示，颗粒形状参数列于表 3-5。

表 3-3 颗粒形状对临界碰撞角的影响的模拟参数

参数	取值
水的密度 $\rho/(\mathrm{kg/m^3})$	1000
水的黏度 $\mu/(\mathrm{Pa \cdot s})$	0.001
气–水界面张力 $\sigma/(\mathrm{N/m})$	0.072
颗粒–气泡接触恢复系数	0.2
颗粒–气泡接触刚度系数 $k/(\mathrm{N/m})$	1
时间步长 $\Delta t/\mathrm{s}$	1×10^{-7}

表 3-4 颗粒形状对临界碰撞角的影响的颗粒性质参数

参数	取值		
颗粒密度 $\rho_{\mathrm{p}}/(\mathrm{kg/m^3})$	1.25	1.45	1.75
接触角 $\theta/(°)$	80	73.9	35.9
表面电位 ψ/mV	−22.4	−25.2	−28.6
Hamaker 常数 A_{132}/J	1.05×10^{-20}	8.75×10^{-21}	9.32×10^{-22}
疏水力常数 K_{132}/J	3.82×10^{-19}	2.62×10^{-19}	0

(a)   (b)   (c)

(d)   (e)   (f)

图 3-9 不规则形状颗粒的三维模型

表 3-5 颗粒形状对临界碰撞角的影响的颗粒形状参数

参数	不规则形状 [图 3-9 (a)]	不规则形状 [图 3-9 (b)]	不规则形状 [图 3-9 (c)]	不规则形状 [图 3-9 (d)]	不规则形状 [图 3-9 (e)]	不规则形状 [图 3-9 (f)]
体积/mm³	0.00419	0.00419	0.00419	0.00419	0.00419	0.00419
表面积/mm²	0.147	0.151	0.152	0.157	0.158	0.168
球形度	0.856	0.833	0.826	0.799	0.798	0.746

2）结果与讨论

为研究颗粒形状对临界碰撞角的影响，模拟了密度为 1.25 g/cm³、1.45 g/cm³ 和 1.75 g/cm³ 的球形颗粒和不规则形状颗粒（图 3-9）的临界碰撞角。模拟过程发现不规则颗粒的临界碰撞角与颗粒沉降角度有关。不同沉降角度之间的临界碰撞角明显不同。因此，在模拟不规则形状颗粒的临界碰撞角时，每个不规则形状的颗粒获取 12 种不同沉降角度的临界碰撞角，并取其平均值，以避免颗粒沉降角度对临界碰撞角的影响。

图 3-10 说明了颗粒形状对颗粒和气泡之间临界碰撞角的影响。可以发现，在相同密度下，球形颗粒的临界碰撞角最小，不规则形状颗粒［图 3-9（a）～（f）］的临界碰撞角依次增加。球形和不规则形状颗粒与气泡之间的临界碰撞角随着密度的增加而减小。例如，颗粒密度从 1.25 g/cm³ 增加到 1.75 g/cm³，球形和不规则形状颗粒［图 3-9（a）～（f）］与气泡的临界碰撞角分别降低了 18.02°、12.12°、11.97°、11.92°、11.85°、11.66° 和 10.65°。这是因为煤的密度取决于煤中有机质和无机矿物的比例。与无机矿物相比，有机质密度小，疏水性强。因此，随着煤密

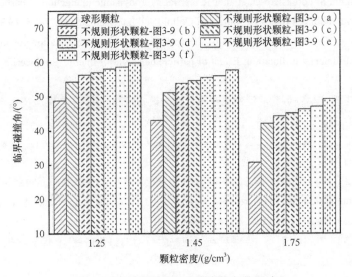

图 3-10 颗粒形状对临界碰撞角的影响

度的增加，煤中无机矿物的比例也增加，疏水性逐渐减弱，越来越难以使颗粒和气泡之间的液膜变薄与破裂以形成三相接触线，导致颗粒更难黏附在气泡上。当颗粒密度为 1.25 g/cm³、1.45 g/cm³ 和 1.75 g/cm³ 时，不规则形状颗粒的临界碰撞角的算术平均值分别比同密度球形颗粒高 8.59°、11.72° 和 18.46°。换言之，颗粒形状对临界碰撞角的影响随着颗粒疏水性的减弱而增强。在相同密度下，不规则形状颗粒的临界碰撞角随着不规则形状颗粒球形度的降低而增大。例如，在密度为 1.45 g/cm³ 时，不规则形状颗粒的球形度从 0.856 降低到 0.746，而它们的临界碰撞角从 51.12° 增加到 57.73°。这些都证明不规则形状颗粒比球形颗粒具有更大的临界碰撞角。

参 考 文 献

[1] Sutherland K L. Physical chemistry of flotation. XI. Kinetics of the flotation process[J]. The Journal of Physical Chemistry, 1948, 52(2): 394-425.

[2] Gaudin A M. Flotation[M]. New York: McGraw-Hill, 1957.

[3] Weber M E, Paddock D. Interceptional and gravitational collision efficiencies for single collectors at intermediate Reynolds numbers[J]. Journal of Colloid and Interface Science, 1983, 94(2): 328-335.

[4] Yoon R H, Luttrell G H. The effect of bubble size on fine particle flotation[J]. Mineral Procesing and Extractive Metallurgy Review, 1989, 5(1-4): 101-122.

[5] Dobby G S, Finch J A. Particle size dependence in flotation derived from a fundamental model of the capture process[J]. International Journal of Mineral Processing, 1987, 21(3): 241-260.

[6] Dai Z, Dukhin S, Fornasiero D, et al. The inertial hydrodynamic interaction of particles and rising bubbles with mobile surfaces[J]. Journal of Colloid and Interface Science, 1998, 197(2): 275-292.

[7] Nguyen P T, Nuyen A V. Validation of the generalized sutherland equation for bubble-particle encounter efficiency in flotation: Effect of particle density[J]. Minerals Engineering, 2009, 22(2): 176-181.

[8] 张志军, 庄丽, 赵亮. 颗粒润湿性测试教学实验设备研制与应用[J]. 实验技术与管理, 2021, 38(4): 128-131.

[9] 陈有轩, 张志军. 基于离散元法的颗粒–气泡间相互作用行为的模拟研究[J]. 煤炭学报, 2023, 48(3): 1403-1412.

[10] Chen Y, Zhuang L, Zhang Z. Effect of particle shape on particle-bubble interaction behavior: A computational study using discrete element method[J]. Colloids and Surfaces A: Physicochemical and Engineering Aspects, 2022, 653: 130003.

[11] 卓启明, 刘文礼, 刘伟, 等. 煤颗粒与气泡黏附行为的试验研究[J]. 煤炭学报, 2018, 43(7): 2029-2035.

第4章 颗粒与气泡的黏附作用

4.1 润湿现象与接触角

4.1.1 润湿现象

润湿是指任意两种流体与固体接触后，一种流体被另一种流体从固体表面部分或全部排挤或取代的过程，这是一种可逆的物理过程。浮选过程就是调节矿物表面一种流体（如水）被另一种流体（如空气或油）取代的过程（即润湿过程），而取代的难易程度由固体表面的润湿性决定。易被润湿的表面称为亲水性表面，不易被润湿的表面称为疏水性表面。图 4-1 反映了水滴和气泡在不同矿物表面的润湿情况，可见气相和液相在固体表面润湿时存在竞争。

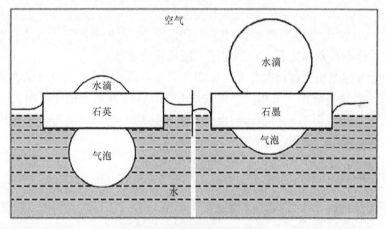

图 4-1　矿物表面的润湿现象

润湿性是表征矿物表面物理化学特征的重要性质，是矿物可浮性的直观反映。矿物表面润湿性及其调节是实现矿物分离的关键，所以了解和掌握矿物表面润湿性的差异、变化规律以及调节方法对浮选原理的应用及实践均有重要的意义。

4.1.2 接触角与 Young 方程

液体在固体表面逐渐展开，达到平衡后形成固−液−气三相接触线。平衡接触角（简称接触角）是指当固、液、气三相接触平衡时，过三相接触点沿液−气界面的切线与固−液界面的夹角，通常用 θ 表示（图 4-2）。

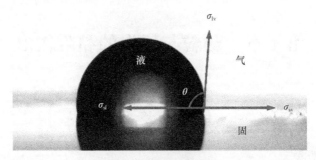

图 4-2　接触角示意图

接触角是一个热力学量,反映固体表面的润湿性。一般来说,接触角越大,固体表面越不容易被润湿,可浮性越好。对矿物的润湿性与可浮性的度量可定义为

$$润湿性 = \cos\theta \tag{4-1}$$

$$可浮性 = 1 - \cos\theta \tag{4-2}$$

接触角的大小是三相界面性质的综合效应。Young 指出在理想表面(固体表面为各向同性、均质、平坦且不变形),三相接触点处沿水平方向的力平衡条件为

$$\sigma_{sv} = \sigma_{sl} + \sigma_{lv}\cos\theta \tag{4-3}$$

式中,σ_{sl}、σ_{sv} 和 σ_{lv} 分别为固–液、固–气和液–气界面的界面张力。该式即 Young 方程,也称作润湿基本方程,它奠定了毛细理论的基础。

Young 方程表明平衡接触角 θ 是三相界面张力的函数。θ 不仅与矿物自身表面性质有关,而且与液相、气相的界面性质有关。凡是能引起任意两相的界面张力改变的因素,都能影响矿物表面润湿性。浮选药剂的添加就是为了改变相界面的性质,从而改变矿物的可浮性。

4.1.3　接触角滞后

对于实际固体,因其表面的物理和化学性质不均,导致润湿周边的展开或移动受到阻碍,所以接触角并非 Young 方程所表示的固定值。这种润湿周边移动受到阻碍的现象称为润湿阻滞。实际的接触角在一个相对稳定的范围内变化,该范围的上限称前进接触角 θ_a,下限称后退接触角 θ_r。前进接触角和后退接触角存在差异,称为接触角滞后。

测量前进接触角和后退接触角常用的方法有两种:倾斜基座法和体积增减法。

倾斜基座法(图 4-3)是将滴有液滴的固体平板倾斜,测量液滴滚动(润湿周边移动)瞬间的前、后接触角,即前进接触角和后退接触角。

体积增减法(图 4-4)是通过增加或减少液滴的体积,在润湿周边发生移动的瞬间测量其接触角。以润湿周边不移动为前提,增加体积至最大时测得的接触角为前进接触角,减少体积至最小时测得的接触角为后退接触角。

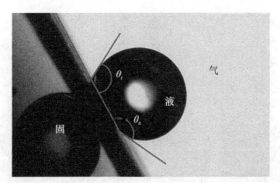

图 4-3　倾斜基座法测量前进接触角和后退接触角

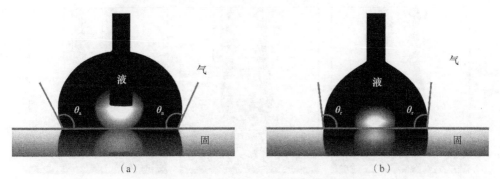

（a）　　　　　　　　　　　　　　　（b）

图 4-4　体积增减法测量前进接触角和后退接触角

　　因浮选中颗粒与气泡相互作用时气泡体积不变，Zhang 等 [1] 依据实际过程，通过在液态环境中下压和上拉气泡的方式分别测量后退接触角和前进接触角。测量时在毛细管末端挤出一定体积的气泡，下压气泡使之与固体表面黏附，直至动态接触角不再变化，此时的接触角为后退接触角；然后上拉气泡，直至气泡与固体表面脱附，脱附时的接触角即前进接触角。图 4-5 和图 4-6 分别为气泡与煤表面和气泡与改性玻璃颗粒的作用过程，图 4-5（a）和图 4-6（a）中的接触角为后退接触角，图 4-5（h）和图 4-6（h）中的接触角为前进接触角。

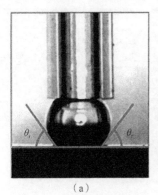

（a）　　　　　　　　　　（b）　　　　　　　　　　（c）

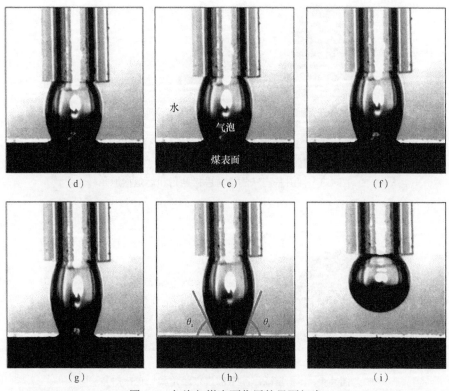

图 4-5　气泡与煤表面作用的界面行为

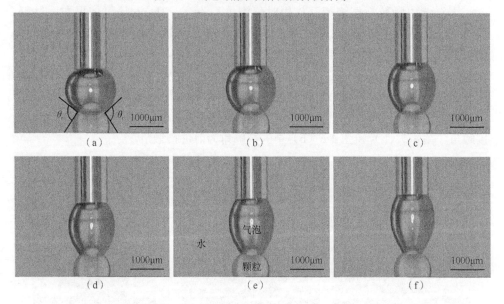

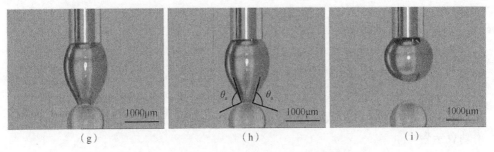

图 4-6　气泡与改性玻璃颗粒作用的界面行为

浮选中气泡与颗粒黏附时，会发生气排液的润湿阻滞，黏附过程变难，对浮选不利；而颗粒从气泡上脱附时，属于水排气的润湿阻滞，气泡不易被水排开，防止了颗粒从气泡上脱附，对浮选有利。

4.1.4　弯曲液面与 Young-Laplace 方程

杨–拉普拉斯（Young-Laplace）方程反映的是弯曲液面所产生的附加压力。对于一般弯曲液面而言，Young-Laplace 压力差为

$$\Delta P = \sigma_{\mathrm{lv}}\left(\frac{1}{R_1} + \frac{1}{R_2}\right) \tag{4-4}$$

式中，R_1 和 R_2 分别为曲面的两个主曲率半径。

当液滴是半径为 R_{s} 的球体时，Young-Laplace 压力差简化为

$$\Delta P = \frac{2\sigma_{\mathrm{lv}}}{R_{\mathrm{s}}} \tag{4-5}$$

Young-Laplace 方程是表面润湿的又一重要方程。

半径为 R_{c} 的毛细管中曲面压差可表示为

$$\Delta P = \frac{2\sigma_{\mathrm{lv}}\cos\theta}{R_{\mathrm{c}}} \tag{4-6}$$

4.1.5　颗粒与气泡黏附的黏附功

从热力学角度出发，考虑体系能量的变化，应使用黏附功来衡量润湿程度。在等温等压条件下，单位面积的液体（或气体）表面与固体表面黏附时对外所做的最大功称为黏附功。黏附功反映了润湿程度的大小，黏附功越大，润湿程度越高。

当气体润湿固体表面时，液–气界面和固–液界面消失，产生了固–气界面，因此黏附功等于这个过程单位表面吉布斯自由能变化值的负值：

$$W_a = -\Delta G^\sigma = -(\gamma_{sv} - \gamma_{lv} - \gamma_{sl}) \tag{4-7}$$

式中，γ_{sl}、γ_{lv} 和 γ_{sv} 分别为固–液界面、液–气界面、固–气界面的界面自由能；ΔG^σ 为单位表面吉布斯自由能变化值。

但是黏附功涉及固体的表面自由能，无可靠的测定方法，很难直接引用。而通过 Young 方程的联系，只要测定接触角和液体的表面自由能，即可求出黏附功。由于 σ 和 γ 的量纲相同，数值相等，因此结合 Young 方程，可将气体对固体的黏附功表示为

$$W_a = \gamma_{lv}(1 - \cos\theta) \tag{4-8}$$

在浮选中，相对于黏附的气泡，颗粒的尺寸较小，由于二者黏附面曲率半径的差异，可将颗粒与气泡黏附近似为颗粒与平面黏附。图 4-7 为球形颗粒与气泡在水中的黏附示意图，则黏附过程所做的功为

$$W = \gamma_{sl}S_s + \gamma_{lv}S_v - \gamma_{sv}S_s = \gamma_{lv}S_v + S_s(\gamma_{sl} - \gamma_{sv}) \tag{4-9}$$

式中，S_s 和 S_v 分别为颗粒和气泡黏附后相界面发生改变的面积（即 S_s 为黏附后气泡内部颗粒的表面积，S_v 为 S_s 在气泡表面的投影面积）。

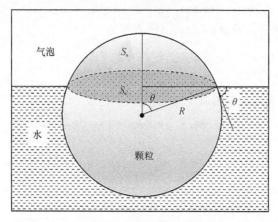

图 4-7　球形颗粒与气泡在水中的黏附示意图

结合 Young 方程，得到：

$$W = \gamma_{lv}(S_v - S_s\cos\theta) \tag{4-10}$$

根据图 4-7 中的几何关系，将 S_s 和 S_v 用颗粒半径 R_p 表示：

$$S_v = \pi(R_p\sin\theta)^2 \tag{4-11}$$

$$S_s = 2\pi R_p^2(1 - \cos\theta) \tag{4-12}$$

将式（4-9）和式（4-10）代入式（4-8），得到颗粒与气泡黏附过程所做的功为

$$W = \gamma_{lv}\pi R_p^2(1 - \cos\theta)^2 \tag{4-13}$$

4.1.6 固体表面自由能及其分量的计算

固–气和固–液界面自由能的测定在应用科学中具有重要意义。直接测量固体的表面自由能存在困难，常常采用间接方法测量。

Fowkes[2] 指出表面自由能分为非极性组分（γ^d）和极性组分（γ^p），固体的表面自由能 γ_s 表示为

$$\gamma_s = \gamma_s^p + \gamma_s^d \tag{4-14}$$

式中，γ_s^p 为固体表面自由能的极性分量；γ_s^d 为固体表面自由能的色散分量。

根据 Fowkes 理论，有

$$\gamma_s^d = \frac{[\gamma_1(\cos\theta + 1)]^2}{4\gamma_1^d} \tag{4-15}$$

式中，γ_1 为液体表面自由能；γ_1^d 为液体表面自由能的色散分量。

对非极性固体，可以认为 $\gamma_1^d \approx \gamma_1$、$\gamma_s^d \approx \gamma_s$，即

$$\gamma_s = \frac{\gamma_1(\cos\theta + 1)^2}{4} \tag{4-16}$$

下面介绍三种固体表面自由能的测算方法：欧文斯–温特（Owens-Wendt）法、范奥斯–乔杜里–古德（van Oss-Chaudhury-Good，VOCG）法和状态方程法。

1. Owens-Wendt 法

由 Owens-Wendt 法 [3] 得到：

$$\gamma_1(\cos\theta + 1) = 2\sqrt{\gamma_1^d\gamma_s^d} + 2\sqrt{\gamma_1^p\gamma_s^p} \tag{4-17}$$

式中，γ_1^p 为液体表面自由能的极性分量。

对于非极性固体式（4-17）采用式（4-15）的形式。如果一种液体的表面自由能高于固体的表面自由能，则可以基于接触角测量来确定固体表面自由能。对于其表面自由能由色散和极性分子间相互作用引起的固体，应该至少测两种液体在给定的极性固体上的接触角。为了避免计算误差，用于接触角测量的液体应具有明显不同的表面自由能分量。通常可用水–二碘甲烷或甲酰胺–二碘甲烷的组合进行测量。表 4-1 为三种液体的表面自由能参数。

表 4-1 三种液体的表面自由能参数			（单位：mN/m）
液体	γ_1	γ_1^d	γ_1^p
水	72.8	21.8	51.0
甲酰胺	58.2	39.5	18.7
二碘甲烷	50.8	48.5	2.3

2. van Oss-Chaudhury-Good 法

van Oss 等[4] 提出表面自由能由长程相互作用分量 γ^{LW} 和酸碱相互作用分量 γ^{AB} 组成，并将极性组分分为酸组分（电子受体 γ^+）和碱组分（电子供体 γ^-），且有 $\gamma^{AB} = 2\sqrt{\gamma^+ \gamma^-}$。VOCG 法指出，表面自由能各分量的关系如下：

$$\gamma_l(\cos\theta + 1) = 2\sqrt{\gamma_l^{LW} \gamma_s^{LW}} + 2\sqrt{\gamma_l^+ \gamma_s^-} + 2\sqrt{\gamma_l^- \gamma_s^+} \tag{4-18}$$

式中，γ_l^{LW} 和 γ_s^{LW} 分别为液体和固体表面自由能的 Lifshitz-van der Waals 分量；γ_l^+ 和 γ_s^+ 分别为液体和固体的极性组分的电子受体；γ_l^- 和 γ_s^- 分别为液体和固体的极性组分的电子供体。

VOCG 法需要测量三种液体在给定固体上的接触角，从而确定固体表面自由能的分量和参数。通常使用一种非极性液体和两种双极性液体进行接触角测量，这些液体的表面自由能的组成和参数应该有显著不同，水、甲酰胺和二碘甲烷满足这种条件，因此它们常用于固体表面上的接触角测量。表 4-2 为以上三种液体的表面自由能参数。

表 4-2　三种液体的表面自由能参数　　　　　　　　（单位：mN/m）

液体	γ_l	γ_l^{LW}	γ_l^{AB}	γ_l^+	γ_l^-
水	72.8	21.8	51.0	25.5	25.5
甲酰胺	58	39.0	19.0	2.28	39.6
二碘甲烷	50.8	50.8	0	0	0

3. 状态方程法

Li 和 Neumann[5] 提出固−液界面自由能的状态方程：

$$\frac{\cos\theta + 1}{2} = \sqrt{\frac{\gamma_s}{\gamma_l}} \exp\left[-\beta(\gamma_l - \gamma_s)^2\right] \tag{4-19}$$

式中，$\beta \approx 0.0001247\,(\text{m}^2/\text{mJ})^2$，$\beta$ 值与固体种类无关。

Kwok 和 Neumann[6] 提出：

$$\cos\theta = \frac{(0.015\gamma_s - 2.00)\sqrt{\gamma_l\gamma_s} + \gamma_l}{\gamma_l(0.015\sqrt{\gamma_l\gamma_s} - 1)} \tag{4-20}$$

状态方程法根据一种液体的接触角即可计算固体表面自由能。

4.1.7　颗粒接触角实验研究

1. 颗粒接触角测定方法

在浮选领域中，颗粒的各个接触角对矿物的浮选效果起着至关重要的作用。方便、快捷、精准地测定颗粒的静态接触角（包含前进接触角和后退接触角）及动态接触角具有十分重要的意义，同时也为颗粒与气泡相互作用机理研究奠定了基础。

一般来说，接触角测定技术可以分为两大类：①理想平面测定法；②非理想平面测定法或颗粒法。理想平面测定法的优点是十分方便，但是如果将测定结果直接应用于评价实际矿物颗粒，其准确性和真实性是值得怀疑的，这种方法虽然很好但是并无实际意义。虽然对颗粒接触角的直接测定难以实现，但是其对矿物浮选有着十分重要的意义。随着学者的不断努力，应用原子力显微镜（atomic force microscope，AFM）实现了单个颗粒接触角的测定，但其局限性在于所测颗粒的粒度与实际浮选相差甚远。因此，有学者借鉴近些年来高速摄像机的应用，尝试采用图像处理法测定颗粒的接触角。图像处理法采用直接光学观测和力学平衡计算相结合的方法，将单个颗粒黏附在单个气泡上，待黏附稳定后，用高速摄像机拍摄，截取图像，进行图像分析，通过直接光学观测提取颗粒的静态接触角，如图 4-8 所示。同时，结合力学平衡计算，通过 Young 方程计算颗粒的静态接触角，用以验证直接光学观测的准确性。

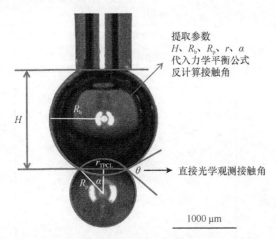

图 4-8　图像处理法测定颗粒接触角：直接光学观测接触角和力学平衡计算接触角

H-弯液面的弯曲深度（从气–液水界面到三相接触面的垂直距离）；α-颗粒中心角；

r_{TPCL}-三相接触半径；R_b-气泡半径；R_p-颗粒半径

采用图像处理法测定六种球形玻璃颗粒样品接触角，结果如表 4-3 所示，表中数据为多次测定取平均值。测定所用玻璃颗粒样品粒度为 0.8～1.2 mm，气泡直径约为 1.7 mm，样品分别为原样和经 1 min、2 min、5 min、20 min、60 min 疏水化处理（在后面图表中简称 1 min、2 min、5 min、20 min、60 min 样品）。从表 4-3 中可以发现，样品颗粒的直接光学观测接触角与力学平衡计算接触角表现出很好的一致性，只有原样的两种接触角相差 5° 左右，经 1 min 疏水化处理的样品两种接触角相差 1.05°，其余样品的两种接触角之差均在 1° 以内，这充分表明了这种图像处理法测定颗粒接触角的高精准度。原样的两种接触角相差较大的原因可能是原样颗粒并未经过清洗和疏水化处理，其表面可能会被污染而导致性质不均匀，从而引起了较大的误差。并且对表 4-3 中数据进行纵向对比可以发现，颗粒的静态接触角随着疏水化处理时间的增加而增大。图 4-9 进一步反映了样品颗粒接触角和疏水化处理时间的关系，从图中可以发现，样品颗粒接触角与疏水化处理时间近似呈现对数关系。随着疏水化处理时间的增加，颗粒接触角呈现出先快速增加，后趋于平稳的趋势，即在最初的 2 min 内快速增加至 80° 以上，然后缓

表 4-3　图像处理法测定不同样品颗粒接触角结果

样品	接触角/(°)	
	直接光学观测接触角	力学平衡计算接触角
原样	29.69	34.55
1 min	68.27	69.32
2 min	85.57	85.86
5 min	90.51	90.44
20 min	95.92	95.96
60 min	102.33	103.06

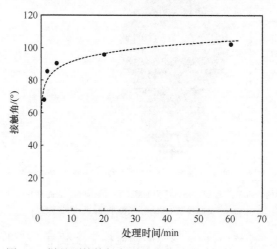

图 4-9　样品颗粒接触角和疏水化处理时间的关系图

慢增加，在 60 min 时可以达到 100° 以上。可以发现，通过控制处理时间，可以制得接触角在 60°～105° 的样品颗粒，为后续脱附机理研究所用样品的制备提供了参考和指导，同时也为研究颗粒表面疏水性对黏附和脱附过程的影响奠定了基础。

　　总体而言，直接光学观测接触角和力学平衡计算接触角的高度一致性证实了采用图像处理法测定接触角的可靠性和有效性。这种方法不仅可以精确、方便和快速地对不同样品颗粒的静态接触角进行测定，还可以实时监测颗粒与气泡动态作用过程中接触角的变化，对颗粒的动态接触角进行准确测定。同时，还可以对水槽内的溶液进行调整，测定在不同溶液环境下颗粒的接触角，因此采用这种方法测得的接触角可以更加真实有效地用于评价实际浮选生产中的矿物颗粒。

2. 颗粒粒度对接触角的影响

　　1）影响规律

　　颗粒粒度是影响矿物颗粒浮选效果的一个重要因素。颗粒粒度越大，其自身重力也就越大，势必会对其静态黏附状态产生影响。有学者曾提出假设，在静态条件下，当球形颗粒与气泡发生黏附达到平衡状态时，颗粒自身重力的作用使三相接触线附近形成弯月的界面形状，导致颗粒的接触角大于其 Young 接触角，接触角增大会强化毛细压力用以抵消重力的作用。对于粗糙颗粒来说，其表面粗糙不平，导致三相接触线被"钉住"，因此其平衡时接触角可能为介于前进接触角和后退接触角之间的任意数值。但对于光滑球形颗粒来说，以上假设并未被有效证实。因此，探明颗粒接触角随颗粒粒度的分布规律，对于从根本上解析颗粒与气泡作用过程乃至颗粒浮选效果有着十分重要的意义。

　　将球形玻璃颗粒原样分为 0.2～0.5 mm、0.5～0.8 mm 和 0.8～1.2 mm 三个粒级，各粒级原样分别进行硅烷化处理 1 min、2 min、5 min、20 min 和 60 min，使样品表面具有不同的疏水性，然后通过图像处理法测定各样品颗粒的接触角。为了便于对比展示，选取部分样品（包含各粒级的原样、1 min 疏水化处理、2 min 疏水化处理和 60 min 疏水化处理）进行分析处理，其余样品（5 min 疏水化处理和 20 min 疏水化处理）的具体数据将在后面列出。图 4-10 为部分样品颗粒-气泡黏附平衡态图像，纵向对比图中各照片可以看出，随着疏水化处理时间的增加，颗粒被气泡"吞没"的部分变大，说明在同一粒级条件下，颗粒与气泡黏附平衡时的三相接触半径越大，接触角也越大。横向分析每组样品可以发现，随着粒级的增大，虽然颗粒与气泡黏附平衡时的三相接触半径明显增大，但是对比被气泡"吞没"部分占整个颗粒的比例，并没有发现有明显的区别，而且观察颗粒与气泡的界面，其接触角也没有太过明显的变化。为了进一步确认接触角的变化趋势，随后采用图像处理法处理各颗粒-气泡黏附平衡态照片。

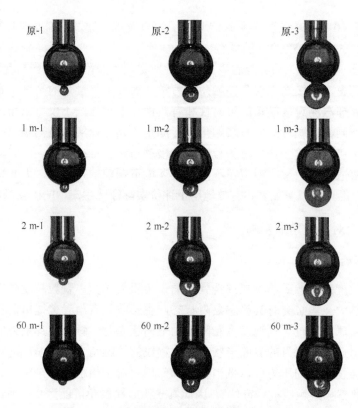

图 4-10　部分样品颗粒-气泡黏附平衡态图像

图中原、1 m、2 m、60 m 分别代表原样、1 min、2 min、60 min 疏水化处理样品，连接符后面的 1、2、3
分别表示 0.2～0.5 mm、0.5～0.8 mm、0.8～1.2 mm 粒级

　　通过图像处理法所得直接光学观测接触角和力学平衡计算接触角如图 4-11 所示。可以发现，对于不同粒度的原样来说，其接触角恒定分布在 31° 附近；对于不同粒度的 1 min 疏水化处理样品，其接触角恒定分布在 69° 附近；对于不同粒度的 2 min 疏水化处理样品，其接触角恒定分布在 86° 附近；对于不同粒度的 60 min 疏水化处理样品，其接触角恒定分布在 101° 附近。由此不难得出结论，在浮选有效的粒度范围内，颗粒粒度对颗粒的接触角无明显影响，并且根据颗粒表面疏水性的差异，不同粒度颗粒的接触角呈现在某一定值附近恒定分布。在图 4-11 中，不同样品的直接光学观测接触角和力学平衡计算接触角表现出高度一致性，进一步验证了测定结果的准确性和有效性。

　　全部测定样品的直接光学观测接触角和力学平衡计算接触角数据如表 4-4 所示，表中所有数据均为多次测定取平均值。从表 4-4 中数据可以发现，对于所有样品来说，其直接光学观测接触角和力学平衡计算接触角几乎相等；原样、1 min 疏水化、2 min 疏水化、5 min 疏水化、20 min 疏水化和 60 min 疏水化处理样品的接触角测定结果均表明，随着颗粒粒级的增加，颗粒的接触角几乎没有明显变化，呈现出恒定分布的特点。再次证明了上述结论：在浮选的有效粒度范围内，颗粒粒度对其接触角没有明显影响。

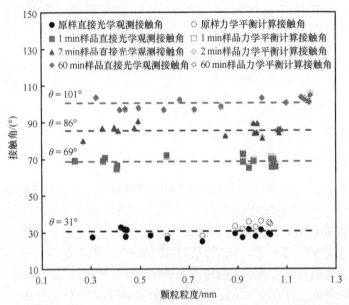

图 4-11　不同样品直接光学观测接触角和力学平衡计算接触角随颗粒粒度分布图

表 4-4　不同疏水性、不同粒级样品颗粒接触角测定结果

样品	粒级/mm	接触角/(°)	
		直接光学观测接触角	力学平衡计算接触角
	0.2～0.5	30.33	30.65
原样	0.5～0.8	26.80	28.68
	0.8～1.2	29.69	34.55
	0.2～0.5	68.67	68.12
1 min	0.5～0.8	69.13	68.92
	0.8～1.2	68.27	69.32
	0.2～0.5	84.88	84.23
2 min	0.5～0.8	86.85	86.26
	0.8～1.2	85.57	85.86
	0.2～0.5	87.52	86.76
5 min	0.5～0.8	88.87	88.21
	0.8～1.2	90.51	90.44

样品	粒级/mm	接触角/(°)	
		直接光学观测接触角	力学平衡计算接触角
	0.2～0.5	92.37	91.67
20 min	0.5～0.8	94.95	94.19
	0.8～1.2	95.92	95.96
	0.2～0.5	99.15	98.45
60 min	0.5～0.8	98.91	98.15
	0.8～1.2	102.33	103.06

2）力学原理

在静态条件下，当颗粒-气泡黏附达到平衡状态时，对颗粒进行受力分析，可知颗粒受到的作用力主要为毛细压力、总压力、浮力以及重力，一般认为毛细压力是最主要的黏附力，促使颗粒黏附在气泡上，而重力是最主要的脱附力，促使颗粒从气泡上脱附。很明显，随着颗粒粒度的增加，颗粒的重力在快速增大，而快速增加的重力就需要更大的毛细压力来平衡，维持颗粒的黏附状态。因此，采用力学平衡方法分析，可以深入地解析颗粒接触角随颗粒粒度恒定分布的内在原理。

通过图像处理法提取各有效参数，结合各力学公式可以计算颗粒受到的各作用力，其中，毛细压力的计算结果如图4-12所示。从图4-12中可以看出，与前面猜想一致，对于具有相同表面疏水性的样品颗粒，随着颗粒粒度的增加，颗粒受到的毛细压力越来越大，用以平衡逐渐增强的重力；对于同一粒度的样品颗粒，其毛细压力随着颗粒表面疏水性的增强而增加。从毛细压力的计算公式可以发现，强化毛细压力主要可以通过两种方式：一是增大接触角，二是增大三相接触半径。因此，为了探究不同粒度的颗粒强化毛细压力的方式，有必要对其三相接触半径进行分析。图4-13展示了不同样品颗粒三相接触半径随颗粒粒度的变化规律，从图4-13中可以发现，对于具有同样表面疏水性的样品颗粒，其与气泡黏附平衡状态时的三相接触半径随着颗粒粒度的增大而不断增大；对于同一粒度的样品颗粒，其三相接触半径随着颗粒表面疏水性的增强而增加。结合毛细压力、三相接触半径以及前面的接触角的变化规律，可以得出结论，对于具有相同表面疏水性的颗粒，随着颗粒粒度的增加，其接触角不变，而三相接触半径增加，导致毛细压力增加，用以平衡重力增加，维持颗粒与气泡的黏附平衡；而对于相同粒度的颗粒来说，随着颗粒疏水性的提高，其接触角增加，同时也会引起三相接触半径的增大，从而导致毛细压力增加，抵消了重力增加的影响，维持了颗粒与气泡的黏附平衡。

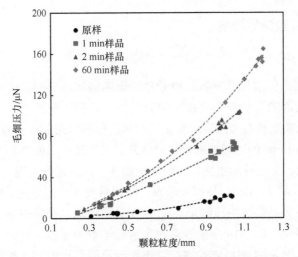

图 4-12　各样品颗粒受到的毛细压力随颗粒粒度的变化规律

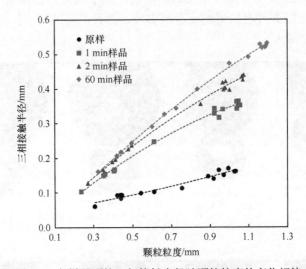

图 4-13　各样品颗粒三相接触半径随颗粒粒度的变化规律

　　总体来说，对于光滑的球形颗粒，表面疏水性是其静态接触角的决定性因素，而非颗粒粒度。随着颗粒粒度的增加，颗粒与气泡的三相接触线可以滑移扩张，产生一个更大的三相接触半径，从而强化了毛细压力的作用，平衡了重力增加部分的影响，维持了颗粒与气泡的黏附平衡，而此时，颗粒的接触角并不会有明显变化。也就是说，对于相同疏水性的颗粒，其接触角随颗粒粒度呈现恒定分布的状态。

3. 气泡尺寸对接触角的影响

1）影响规律

本部分研究了气泡尺寸对颗粒接触角的影响规律。气泡是影响浮选过程的一个重要参数，气泡的直径变化直接影响着其拉普拉斯压强的大小，同一颗粒在不同尺寸的气泡上黏附状态必然有所变化，对其进行研究是非常有必要的。

将直径约为 1 mm 的球形玻璃颗粒原样分别进行硅烷化处理 1 min 和 60 min，使样品表面具有低、高两种疏水性，控制产生四种不同直径的气泡，分别为 1.3 mm、1.7 mm、2.0 mm 和 2.3 mm。使同一颗粒与不同直径的气泡分别黏附，然后通过图像处理法测定各样品颗粒的接触角。图 4-14 是两种疏水性颗粒分别黏附在不同直径的气泡上的图像，图 4-14 中接触角为直接光学观测接触角和力学平衡计算接触角的平均值。从图 4-14 中可以发现，当颗粒与不同直径的气泡黏附时，待黏附稳定后，其接触角的值分布在一个定值的附近，几乎恒定，没有明显的变化规律，而三相接触半径随着气泡的增加而不断增大，并且颗粒的疏水性越强，三相接触半径的增加幅度越大。

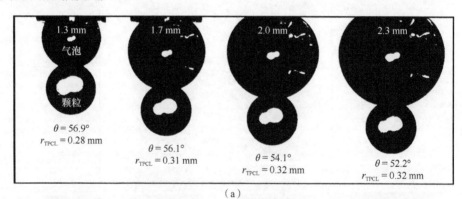

图 4-14　平衡状态下颗粒与不同直径气泡黏附图

（a）、（b）分别表示经 1 min 硅烷化处理的样品和经 60 min 硅烷化处理的样品；r_{TPCL}-三相接触半径

2）力学原理

在颗粒受力模型中，气泡直径的变化主要影响的是拉普拉斯压强，并且在静态平衡条件下，颗粒受到的最主要的两种力分别为毛细压力和拉普拉斯压力，因此采用图像处理法提取参数，对颗粒受到的毛细压力和拉普拉斯压力进行理论计算分析。

两种颗粒样品受到的毛细压力和拉普拉斯压力随气泡直径变化如图 4-15 所示。可以发现，毛细压力与拉普拉斯压力数值差距不大，说明在静态黏附条件下，颗粒受到的黏附力 —— 毛细压力，主要被拉普拉斯压力所平衡。图 4-15 中毛细压力与拉普拉斯压力展现出相同的变化规律，都随着气泡直径的增加而减小，并且随着气泡直径的不断增大，二者的下降幅度趋于平缓，这说明，在较小的数值范围内，气泡直径对颗粒的黏附有着明显的影响，而随着数值的不断增加，气泡直径的影响愈发微弱。因此，综合考虑颗粒与气泡的碰撞、黏附和脱附，气泡应当存在一个临界直径，可以使浮选效果最优化。

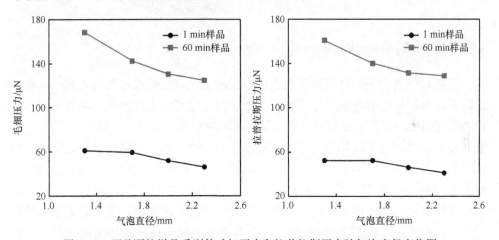

图 4-15　两种颗粒样品受到的毛细压力和拉普拉斯压力随气泡直径变化图

值得注意的是，虽然毛细压力随着气泡的增大而减小，但这并不能表明颗粒-气泡的黏附稳定性降低。通过毛细压力的计算公式可以发现，当 $\alpha=\theta/2$ 时，毛细压力达到其最大值。如图 4-16 所示，通过对颗粒与不同气泡静态黏附的中心角分析发现，当颗粒与气泡黏附平衡时，α 总是大于等于 $\theta/2$，随着气泡直径的增大，α 也越来越大，因此，导致颗粒受到的毛细压力降低，但这种降低并不会降低颗粒-气泡的黏附稳定性。颗粒与气泡的脱附是一个动态过程，不应只单纯地以静态下的毛细压力来评价，这也说明了以往通常建立在静态毛细压力基础上的脱附概率等模型的局限性。

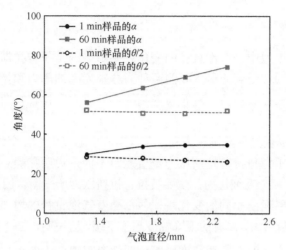

图 4-16　颗粒与气泡黏附平衡时的 α 和 $\theta/2$

4.2　黏附过程与诱导时间

4.2.1　颗粒与气泡的黏附过程

颗粒与气泡的黏附是泡沫浮选的核心。为了使疏水颗粒与气泡之间产生有效的黏附，颗粒与气泡必须充分接触，这个过程是由它们所处的液相环境中的流体动力学控制的。在黏附过程中，颗粒与气泡间的液膜逐渐薄化，表面力成为主导，表面力的性质决定了液膜的稳定性。若表面力为排斥力，液膜处于稳定状态，颗粒难以与气泡黏附；若表面力为吸引力，液膜自发破裂，颗粒与气泡发生黏附。如图 4-17 所示，黏附过程可分为三个阶段：①液膜薄化，在表面引力的作用下，颗粒与气泡间的液体逐渐流失，液膜薄化至临界破裂厚度 h_{cr}；②液膜破裂，颗粒与气泡间形成一个半径为 r_{cr} 的核孔；③三相接触线扩展，三相接触线以一定的速度在颗粒表面移动，直到形成稳定的润湿周长。液膜破裂时的弛豫过程会导致稳定或亚稳定状态，这取决于气-固、液-固、气-液界面的热力学性质以及固体表面的质量。

4.2.2　颗粒与气泡的诱导时间

诱导时间是指矿物颗粒与气泡从碰撞到黏附所需的最短接触时间。诱导时间越短，颗粒与气泡黏附越容易，矿物可浮性越好。诱导时间的长短取决于颗粒表面的疏水性，随疏水程度的提高而缩短。另外，诱导时间也受浮选药剂、颗粒粒度、颗粒形状、气泡尺寸、溶液离子、pH、温度和调浆时间等因素的影响。

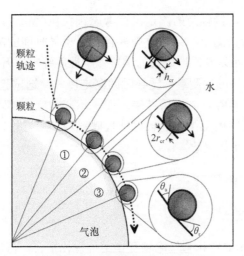

图 4-17　颗粒–气泡黏附过程

颗粒与气泡黏附的常见研究方法有四种如图 4-18 所示。

1989 年，Ye 等[7] 用运动的气泡去碰撞颗粒床层来测定诱导时间，其原理如图 4-18（d）所示。2003 年，Gu 等[8] 也采用了该测试原理，自制了诱导时间测定装置，编制软件对气泡运动速度和接触时间进行精确控制，实现了测试过程的可视化，并研究了水环境、温度、Ca^{2+} 对沥青质诱导时间的影响。随后，该测试原理及方法也逐渐得到广大科研人员的认可。

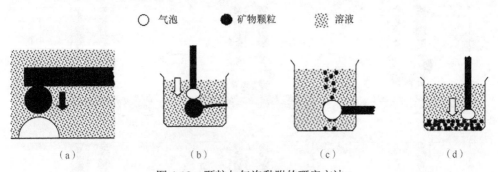

图 4-18　颗粒与气泡黏附的研究方法

（a）单个颗粒碰撞单个气泡；（b）单个气泡碰撞单个颗粒；（c）颗粒群碰撞单个气泡；（d）单个气泡碰撞颗粒床层

4.2.3　诱导时间与接触角的比较

诱导时间和接触角是衡量矿物可浮性的两个重要指标。总的来说，接触角反映浮选系统的热力学平衡状态，诱导时间反映浮选系统的动态特性。研究发现，接触角并不能完全反映矿物颗粒的可浮性。例如，在一些煤的浮选体系中，接触角与煤颗粒的浮选回收率并不相关；在部分矿物浮选体系中，接触角接近于零，浮选依然发生。此外，接触角的测定没有考虑颗粒粒度和气泡大小的影响，而且粉末矿物样品的接触角测定结果的重现性较差。诱导时间的测定则较充分地考虑了颗粒粒度、气泡大小以及浮选矿浆的溶液化学性质等影响因素。

Zhang 等[9]通过接触角测量、诱导时间测定以及浮选试验，研究了不同煤种、不同粒度的煤颗粒的可浮性。实验结果表明，不同粒度的煤颗粒的可浮性差异明显，诱导时间在一定粒度范围内能较好地反映颗粒的可浮性，诱导时间对颗粒可浮性的预测比接触角更加灵敏。

4.2.4 诱导时间实验研究

1. 诱导时间实验方法

利用 3.3.1 节所示的颗粒与气泡相互作用可视化平台，可进行诱导时间实验测定，通过诱导时间可表征颗粒与气泡的黏附性能。在毛细管的底部挤出特定大小的气泡，控制毛细管使气泡向下运动去接触颗粒，在到达预设的接触时间时，气泡撤回，观察气泡上是否黏附着煤颗粒，整个过程由设备平台的高速显微摄像模块全程记录，黏附和未黏附实例图片见图 4-19。控制单个气泡与不同颗粒在不同接触时间下进行黏附，每个预设接触时间下重复 20 次试验，黏附概率为 50% 的接触时间为诱导时间。图 4-20 为一次诱导时间试验的数据统计示意，此时诱导时间为 35 ms。

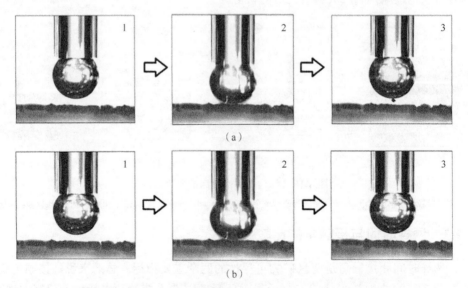

图 4-19　煤颗粒和气泡的黏附（a）和未黏附（b）实例图片

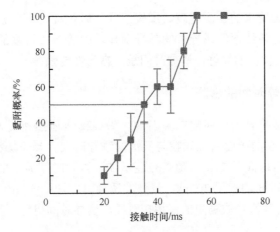

图 4-20　诱导时间试验的数据统计方法

2. 碰撞速度对诱导时间的影响

颗粒与气泡相互作用的第一步是碰撞，研究碰撞速度对颗粒与气泡的黏附有着至关重要的意义。

图 4-21 为粒度为 125～150 μm、气泡直径为 1.6 mm 时不同碰撞速度下的三种煤颗粒（密度＜1.35 g/cm³）与气泡的诱导时间。在一定范围内，随着碰撞速度的增大，颗粒与气泡的诱导时间先明显缩短，后趋于平稳。因为高碰撞速度的气泡具有足够的动能，促进了气泡与颗粒间液膜的薄化破裂，使颗粒与气泡易于黏附，所以能缩短诱导时间。注意到在碰撞速度较低时，即气泡与颗粒缓慢靠近时，仍可测得颗粒与气泡的诱导时间。这是因为气泡和颗粒间的疏水力可使二者在一定范围内相互吸引，自发黏附。

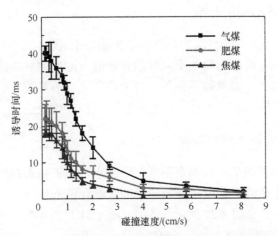

图 4-21　不同碰撞速度下煤颗粒与气泡的诱导时间

煤的表面性质受煤的变质程度、煤炭组成、氧化程度等因素的影响。不同种类的煤在相同实验条件下的诱导时间差异明显。中等变质程度的煤（焦煤）的天然疏水性比低变质程度的煤好，诱导时间短，黏附性能强。

3. 颗粒粒度对诱导时间的影响

颗粒粒度是影响黏附性能的重要因素。图 4-22 为碰撞速度为 0.8 cm/s、气泡直径为 1.6 mm 时不同粒度的煤颗粒与气泡的诱导时间。当平均粒度为 80 μm 时，三种煤的诱导时间均低于 5 ms；随着粒度增加，诱导时间显著增大，平均粒度为 250 μm 时，诱导时间均大于 20 ms，气煤的诱导时间达到 47 ms。相对于粗颗粒，细颗粒能更快地与气泡形成稳定的三相接触线，诱导时间更短，更容易黏附。

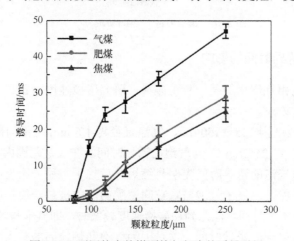

图 4-22　不同粒度的煤颗粒与气泡的诱导时间

4. 气泡大小对诱导时间的影响

气泡大小同样对颗粒与气泡的黏附起着重要作用。图 4-23 为粒度 125~150 μm、碰撞速度为 0.8 cm/s 时煤颗粒与不同气泡直径的气泡的诱导时间。发现气泡直径越小，诱导时间越短，颗粒越易黏附。对于特定大小的颗粒，小气泡能提供更大的表面张力，更容易与颗粒黏附，所以浮选中合理利用微泡能提高浮选效率。

5. 表面疏水性对诱导时间的影响

选取赤铁矿和黄铜矿，以测定不同表面疏水性的矿物颗粒的诱导时间。研究不同矿物颗粒在不同颗粒粒度、碰撞速度和气泡直径条件下与气泡黏附性能的差异性，结果如图 4-24~图 4-27 所示（其中，图 4-24 和图 4-26 气泡直径为 1.4 mm，图 4-25 和图 4-27 碰撞速度为 0.76 cm/s）。

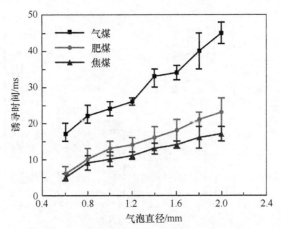

图 4-23　煤颗粒与不同直径气泡的诱导时间

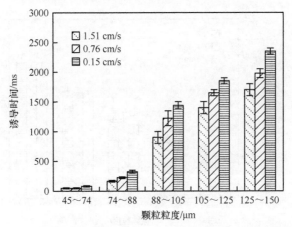

图 4-24　不同碰撞速度、不同粒度下赤铁矿颗粒与气泡的诱导时间

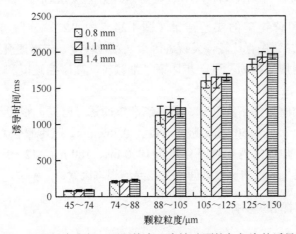

图 4-25　不同气泡直径、不同粒度下赤铁矿颗粒与气泡的诱导时间

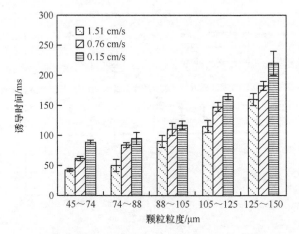

图 4-26　不同碰撞速度、不同粒度下黄铜矿颗粒与气泡的诱导时间

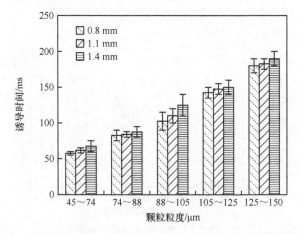

图 4-27　不同气泡直径、不同粒度下黄铜矿颗粒与气泡的诱导时间

　　将赤铁矿和黄铜矿的实验结果（图 4-24～图 4-27）分别与煤的实验结果（图 4-21～图 4-23）进行比较，发现各因素（颗粒粒度、碰撞速度和气泡直径）对诱导时间的影响规律相同，进一步印证了细颗粒、高碰撞速度和小气泡是提高黏附概率的有效方法。

　　比较相同实验条件下赤铁矿、黄铜矿和煤的诱导时间，很明显赤铁矿＞黄铜矿＞煤。粒度为 125～150 μm、碰撞速度为 0.76 cm/s、气泡直径为 1.4 mm 时，赤铁矿、黄铜矿、焦煤的诱导时间分别为 1900 ms、180 ms、12 ms。可见表面疏水性的差异是气泡与颗粒的诱导时间产生差异的根本因素。

6. 离子对诱导时间的影响

　　在不同 Ca^{2+} 或 Na^+ 浓度的盐溶液中，测定煤颗粒与气泡的诱导时间。

如图 4-28 所示，煤颗粒与气泡的诱导时间随着 Ca^{2+} 浓度的增加而增加。由于煤自身的疏水性较好，煤颗粒与气泡的诱导时间较短。当 Ca^{2+} 不存在时，煤颗粒与气泡的诱导时间为 17 ms；当 Ca^{2+} 浓度为 5 mmol/L 时，其诱导时间上升到 40 ms。

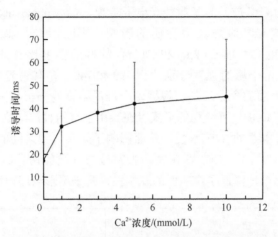

图 4-28　Ca^{2+} 浓度对煤颗粒与气泡的诱导时间的影响

如图 4-29 所示，煤颗粒与气泡的诱导时间随着 Na^+ 浓度的增加而降低。当 Na^+ 不存在时，煤颗粒与气泡的诱导时间为 17 ms；当 Na^+ 浓度为 5 mmol/L 时，其诱导时间下降到 12 ms；当继续增加 Na^+ 浓度至 10 mmol/L 时，其诱导时间降至 10 ms。

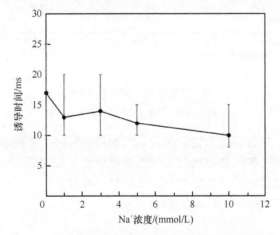

图 4-29　Na^+ 浓度对煤颗粒与气泡的诱导时间的影响

对比分析 Ca^{2+} 和 Na^+ 浓度对煤颗粒与气泡的诱导时间的影响，煤颗粒与气泡的诱导时间随着 Ca^{2+} 浓度的增加而增加，随着 Na^+ 浓度的增加而降低。由于煤和气泡表面都呈负电性，煤和气泡之间的静电力为斥力，理论上讲，Ca^{2+} 和 Na^+ 的存在可以减弱煤和气泡表面的负电性，使其静电斥力减小。实际上，Ca^{2+} 的存在却使得诱导时间增加。考虑到煤和气泡之间还存在范德瓦耳斯斥力和疏水引力，且 Ca^{2+} 的存在对范德瓦耳斯斥力几乎没有影响，所以，Ca^{2+} 的存在影响了煤颗粒和气泡之间的疏水力。

通过对煤吸附 Ca^{2+} 前后的 X 射线光电子能谱（X-ray photo-electron spectroscopy，XPS）分析，研究 Ca^{2+} 对煤表面性质的影响。煤吸附 Ca^{2+} 前后的 XPS 谱图如图 4-30 所示，吸附 Ca^{2+} 前 Ca $2p_{3/2}$ 和 Ca $2p_{1/2}$ 的峰的强度比较弱，分别为 760 和 720；吸附 Ca^{2+} 后两个峰的强度分别达到 790 和 740，含有钙元素的峰强度增加，表明钙元素在煤表面的含量增加。根据两个峰的结合能分析，钙元素在煤表面以 $CaCO_3$ 沉淀物或 $Ca(OH)_2$ 沉淀物的形式存在。由于这两种沉淀物都是亲水性物质，Ca^{2+} 的存在降低了煤表面的疏水性，从而影响了煤和气泡之间的疏水力，并使其诱导时间增加。但是，当 Ca^{2+} 存在时，煤颗粒与气泡的诱导时间仍小于 50 ms，Ca^{2+} 的存在只是略微地降低了煤表面的疏水性，几乎不影响煤颗粒的可浮性。

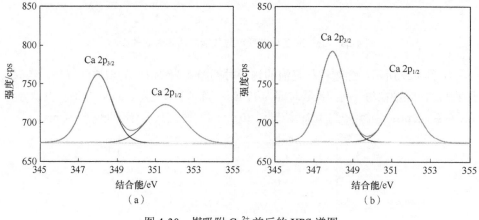

图 4-30 煤吸附 Ca^{2+} 前后的 XPS 谱图

（a）、（b）分别表示吸附 Ca^{2+} 前和吸附 Ca^{2+} 后

综上所述，矿物表面疏水性、颗粒与气泡接触时间、碰撞速度、气泡直径和颗粒粒度、离子浓度等因素对颗粒和气泡的黏附性能都有着不可忽视的作用。实际浮选过程中，可以通过调控矿浆的流体环境、药剂添加、颗粒粒度和气泡大小等因素，来提高颗粒与气泡的黏附概率。

4.3 宏观粒子间作用力与分子间作用力

4.3.1 力的长程效应和短程效应

分子间力的作用存在短程效应与长程效应，短程通常指分子接触时的间距<1 nm。固体与液体的物理和化学性质主要取决于分子间的结合力，也就是直接相邻的分子间相互作用，而相互作用的长程效应只起到次要作用，具体的有效作用距离取决于具体的相互作用类型。

宏观粒子间力和表面间力与上述分子间力不同。对每一个物体中所有分子间的二体势（two-body potential）进行积分，发现以下特点：①净相互作用能与粒子半径成正比，当间距为 100 nm 或更大时，作用能仍比 kT 大得多 [k 为玻尔兹曼（Boltzmann）常数，1.38×10^{-23} J/K；T 为绝对温度]（通常用热能 kT 作为标准来估计相互作用的强度，如果相互作用能超过 kT，则该相互作用足以抵消系统趋向随机和无序的效应）。②能量和力随绝对间距缓慢衰减，但与粒子直径相比衰减要快得多。③大分子和粒子间的动力学相互作用通常比小原子和分子间的动力学相互作用要慢得多。无论从定量还是定性的角度看，即使基本性质相同，涉及相同的作用力，大分子、纳米粒子、胶体粒子和宏观物体间的相互作用与小分子间的相互作用还是存在很大差异。

如果作用力的变化不是单调的（不是单纯的引力或斥力），那么力学行为将取决于相互作用的长程依赖关系的特定形式。典型的分子间和宏观粒子间相互作用势的比较如图 4-31 所示，同样的作用势曲线对分子和宏观粒子间的含义可能大不相同。图 4-31（a）中只考虑引力作用，无论对于分子间还是粒子间都相互吸引。在气相或凝聚相中分子组装体的热力学性质由接触时的势阱深度决定，正如两粒子间由其黏附能决定。对于图 4-31（b），两个小分子仍然相互吸引，因为能垒与 kT 相比可忽略不计；但是两个宏观粒子会相互排斥，因为粒子间的能垒远高于 kT，难以跨越。在这种情况下，即使溶解在介质中粒子的最终热力学平衡状态是聚集态，它们也将保持分散。图 4-31（c）展示了最弱的相互作用，且对分子为排斥作用，对粒子为吸引作用。图 4-31（d）中分子间存在较强的吸引作用，粒子间存在较弱的吸引作用。而图 4-31（e）中分子间存在较弱的吸引作用，粒子间存在较强的吸引作用。图 4-31（f）则表示分子和粒子均相互排斥。

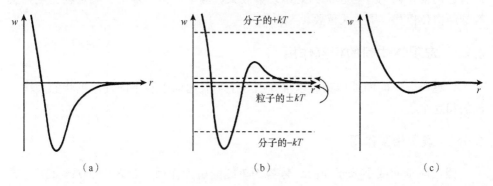

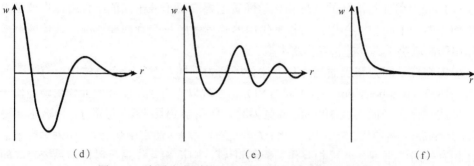

图 4-31　介质中典型的分子间和宏观粒子间相互作用势

（a）真空和液体中典型的相互作用势，分子和粒子都相互吸引；（b）分子相互吸引，粒子相互排斥；（c）最弱的相互作用，分子相互排斥，粒子相互吸引；（d）分子间存在较强的吸引作用，粒子间存在较弱的吸引作用；（e）分子间存在较弱的吸引作用，粒子间存在较强的吸引作用；（f）分子和粒子均相互排斥；w-两分子或两粒子间的相互作用势能；r-两分子或两粒子间的距离

由图 4-31（a）和图 4-31（b）可得到粒子间相互作用区别于分子间相互作用的一点：如果存在足够高的排斥能垒使粒子对其他所有相互作用势屏蔽，那么这些粒子将能够在一个合理的时段内保持动态稳定或亚稳定状态。

粒子间的相互作用与分子间的相互作用还有一个重要的不同点，表现为与引力是斥力还是空间阻力。在原子和分子之间，这通常体现在二体势中的排斥项上；然而在大粒子之间，稳定的排斥力来自粒子本身的弹性（塑性）形变，这取决于物质本身的弹性特性，无法简单地用势函数来描述。

由表面活性剂、大分子和某些生物分子组成的"软"粒子间的相互作用会受到粒子内和粒子间相互作用的共同影响。这些"软"粒子在水中的大小和形状由粒子内的短程作用决定，受电解质类型和浓度、pH、温度等因素的影响。"软"粒子间的吸引或排斥由粒子间的长程作用决定，同样受上述因素的影响。因此，粒子间相互作用势不同的部分控制着这些体系不同的特性。短程力和长程力以及由此引起的粒子内力和粒子间力对于理解胶束、囊泡、微乳液滴、共聚物、生物膜等的结构和相互作用至关重要。

4.3.2　宏观物体间的相互作用

通过小分子间的二体势可以推导出分子和表面间以及不同几何形状的大粒子间的相互作用。

1. 分子–表面相互作用

假设原子间或小分子间的二体势为单纯的引力作用，公式为 $\omega(r)=-C/r^n$（式中，C 为与原子势相关的系数；r 为两分子间的距离）。再假设相互作用具有可加和性，即一个分子与多个相同分子构成的固体表面间的净作用能为这个分子与该表面的所有分子间作用势的累加。如图 4-32（a）所示，圆环的截面积为 dxdz，半径为 x，体积为 $2\pi x dx dz$，环内的分子数为 $2\pi\rho x dx dz$，其中 ρ 为固体中分子数密度，通过积分得到分子与相距 h 的表面间的作用能为

$$V_{\mathrm{m\text{-}p}} = -2\pi C\rho \int_{z=h}^{z=\infty} \mathrm{d}z \int_{x=0}^{x=\infty} \frac{x\mathrm{d}x}{(z^2+x^2)^{n/2}} = \frac{2C\pi\rho}{n-2}\int_h^\infty \frac{\mathrm{d}z}{z^{n-2}}$$

$$= -\frac{2\pi C\rho}{(n-2)(n-3)h^{n-3}}, \quad n>3$$

（4-21）

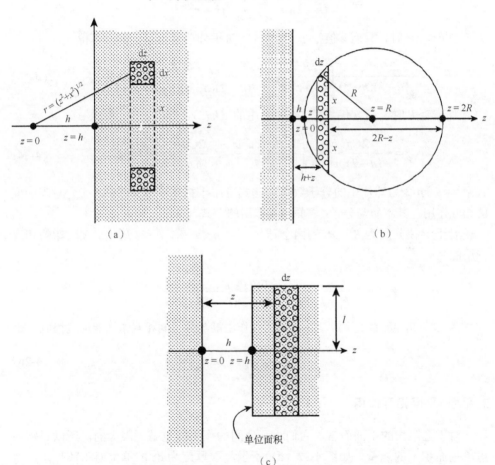

图 4-32　将分子间的相互作用能相加（积分）以获得宏观物体间的相互作用能的方法 [10]
（a）分子与平坦表面；（b）球形粒子与平面（$R\gg h$；R_0 为分子半径）；（c）两个平面（$l\gg h$；l 为平面长度）

2. 球–平面和球–球相互作用

球–平面和球–球相互作用同样可用上述方法得到。首先计算半径为 R 的大球体与平面间的相互作用能。如图 4-32（b）所示，由勾股定理，有 $x^2+(R-z)^2=R^2$，得到 $x^2=(2R-z)z$，薄圆片的截面积为 πx^2，厚度为 $\mathrm{d}z$，则体积为 $\pi x^2\mathrm{d}z=\pi(2R-z)z\mathrm{d}z$，分子数为 $\pi\rho(2R-z)z\mathrm{d}z$。所有分子与平面间距离均为 $(h+z)$，应用式（4-21）求得球–平面的相互作用能为

$$V_{\text{s-p}} = -\frac{2C\pi^2\rho^2}{(n-2)(n-3)}\int_{z=0}^{z=2R}\frac{(2R-z)z\mathrm{d}z}{(h+z)^{n-3}} \tag{4-22}$$

当 $h\ll R$ 时，只有 z 值很小（$z\approx h$）才对积分项有贡献，因此可得

$$V_{\text{s-p}} = -\frac{2C\pi^2\rho^2}{(n-2)(n-3)}\int_0^\infty\frac{2Rz\mathrm{d}z}{(h+z)^{n-3}} = -\frac{4CR\pi^2\rho^2}{(n-2)(n-3)(n-4)(n-5)h^{n-5}} \tag{4-23}$$

当 $h\gg R$ 时，用 h 代替式（4-23）中的 $(h+z)$，可得

$$V_{\text{s-p}} = -\frac{2C\pi^2\rho^2}{(n-2)(n-3)}\int_0^{2R}\frac{(2R-z)z\mathrm{d}z}{h^{n-3}} = -\frac{2C\pi\rho(4R^3\pi\rho/3)}{(n-2)(n-3)h^{n-3}} \tag{4-24}$$

式中，$4R^3\pi\rho/3$ 为球体中的分子数目。此式可用于描述小球体（$h\gg R$）与表面间的相互作用，其本质与分子–表面相互作用的公式（4-21）相同。

对于半径分别为 R_1、R_2 的两个球体，当 $h\ll R_1$、$h\ll R_2$ 时，球–球的相互作用能为

$$V_{\text{s-s}} = -\frac{4CR_1R_2\pi^2\rho^2}{(R_1+R_2)(n-2)(n-3)(n-4)(n-5)h^{n-5}} \tag{4-25}$$

当 $h\gg R_1$、$h\gg R_2$ 时，球–球的相互作用能与分子间相互作用能形式相似，即

$$V_{\text{s-s}} = -\frac{C}{h^n} \tag{4-26}$$

3. 平面–平面相互作用

对于无限大的平面而言，它们相互之间的作用能也是无限大的，所以只需考虑单位面积上的能量。如图 4-32（c）所示，取厚度为 $\mathrm{d}z$ 的单位面积薄片，该薄片与无限延伸的大平面的间距为 z，薄片与平面间的相互作用能为

$$V_{\text{p0-p}} = -\frac{2\pi C\rho(\rho\mathrm{d}z)}{(n-2)(n-3)z^{n-3}} \tag{4-27}$$

因此，对两平面而言，其相互作用能为

$$V_{\text{p-p}} = -\frac{2C\pi\rho^2}{(n-2)(n-3)}\int_0^{\infty}\frac{\mathrm{d}z}{z^{n-3}} = -\frac{2C\pi\rho^2}{(n-2)(n-3)(n-4)h^{n-4}} \tag{4-28}$$

式（4-28）表示两平面单位面积间的作用能，但只有当间距 h 与平面尺寸相比很小时才适用。

4.3.3　两球体的有效相互作用面积：Langbein 近似

当两个大球体或一个球体与平面相互靠近时，通常需要知道它们相互作用的有效面积。通过比较式（4-23）与式（4-28），发现球–平面和平面–平面的相互作用能随间距 h 的变化关系不同，球–平面的相互作用能与 h^{n-5} 成反比，而平面–平面的相互作用能与 h^{n-4} 成反比。若令式（4-23）与式（4-28）相等，可得到球–平面相互作用与具有相同间距 h 的平面–平面相互作用的有效面积：

$$A_{\text{eff}} = \frac{2Rh\pi}{n-5} \tag{4-29}$$

由图 4-32（b）及勾股定理可以得到当 $z=h$ 时，$A_{\text{eff}} \approx \pi x^2$（$R \gg h$）。换言之，球–平面间相互作用的有效面积为球体内部距平面距离为 h 的圆形面积，这被称为朗拜因（Langbein）近似。

4.3.4　相互作用能与相互作用力关系：Derjaguin 近似

大部分关于分子间相互作用的实验数据都是关于热力学性质的，所以研究多集中在分子、粒子间的作用能而非作用力。而对宏观物体，往往更关注作用力。德加根（Derjaguin）近似实现了曲面间的作用力与平面间相互作用能 $V_{\text{p-p}}$ 的结合。

1. 球–平面相互作用的 Derjaguin 近似

对于具有可加性的分子间二体势 $\omega(r)=-C/r^n$，平面附近球体的作用力为

$$F_{\text{s-p}} = -\frac{\partial V_{\text{s-p}}}{\partial h} = -\frac{4CR\pi^2\rho^2}{(n-2)(n-3)(n-4)h^{n-4}} \tag{4-30}$$

结合式（4-28），将力用两平面间单位面积的作用势来表示，即

$$F_{\text{s-p}} = 2R\pi V_{\text{p-p}} \tag{4-31}$$

式（4-31）为联系球–平面间作用力和两平面间作用能的重要关系式，适用于各种形式的力。

2. 球–球相互作用的 Derjaguin 近似

对于两个球体，其相互作用力为

$$F_{s\text{-}s} = -\frac{\partial V_{s\text{-}s}}{\partial h} = -\frac{4CR_1R_2\pi^2\rho^2}{(R_1+R_2)(n-2)(n-3)(n-4)h^{n-4}} \tag{4-32}$$

结合式（4-28），得到

$$F_{s\text{-}s} = 2\pi\frac{R_1R_2}{R_1+R_2}V_{p\text{-}p} \tag{4-33}$$

式（4-33）用间距同样为 h 的两平面单位面积能量表示出了两球体间的相互作用力。只要满足相互作用的范围和间距 h 比球体半径小得多，Derjaguin 近似就适用于各种形式的力，无论是吸引力、排斥力还是振荡力。

3. 圆柱–圆柱相互作用的 Derjaguin 近似

适用于球形颗粒的式（4-33）可以应用于其他弯曲的几何形状。对于交叉角度为 θ_c，半径为 R_1 和 R_2 的两个圆柱体，Derjaguin 近似表达为

$$F_{c\text{-}c} = 2\pi\sqrt{R_1R_2}V_{p\text{-}p}/\sin\theta_c, \quad h \ll R_1, h \ll R_2 \tag{4-34}$$

如图 4-33 所示，半径相同的两个圆柱体垂直放置，可以得到 $R_1=R_2=R$、$\theta_c=90°$、$\sin\theta=1$，此时，作用力将减小，并跟半径为 R 的球与平面间的作用力相同，即 $F_{c\text{-}c}=2\pi RV_{p\text{-}p}$。换句话说，当两圆柱体与球体三者半径都相同时，两正交圆柱体的相互作用与球–平面的相互作用相同。因此，在表面力测量中利用圆柱体方便且常见。

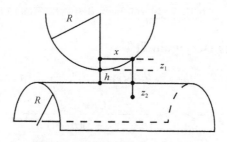

图 4-33　两相交圆柱的几何形状

由 Derjaguin 近似可得到如下论述。

（1）如果 $R_2 \gg R_1$，即一个球体非常大，那么 $F_{s\text{-}p}=2\pi R_1V_{p\text{-}p}$，符合半径为 R_1 的球与平面相互作用的情况。对于半径相同的两个球 $R_1=R_2=R$，可得到 $F_{s\text{-}s}=\pi RV_{p\text{-}p}$，这是上述球–平面相互作用值的一半。

（2）两球体接触时，$V_{p\text{-}p}$ 可表示为 -2γ，其中 γ 为平面的单位面积表面能，则有

$$F_{s\text{-}s} = F_{ad} = -\frac{4R_1R_2\pi\gamma}{R_1 + R_2} \tag{4-35}$$

式（4-35）用表面能表示两球体间的黏附力 F_{ad}。

（3）Derjaguin 近似表明：即使是相同类型的作用力，两个曲面间的力与距离的关系与两平面间的力与距离的关系也完全不同。如图 4-34 所示，第一行代表曲面间作用力曲线 $F_{s\text{-}s}$ 或 $F_{s\text{-}p}$，同时符合两平面间作用能曲线 $V_{p\text{-}p}$ 的规律，第二行代表两平面间作用力曲线 $F_{p\text{-}p} = -dV_{p\text{-}p}/dh$。图 4-34（a）中平面间作用力曲线与曲面间作用力曲线趋势相同，但两平面间作用力曲线位置整体右移，曲面间作用力引力最大时，平面间作用力为零，两平面处于平衡态。由图 4-34（b）可知曲面间的纯排斥力在两平面间可能具有吸引力，并在多个距离点达到平衡。相反，图 4-34（c）表明曲面之间的纯吸引力也可能会在两平面之间相互排斥。这对于非球形颗粒的相互作用具有重要意义。

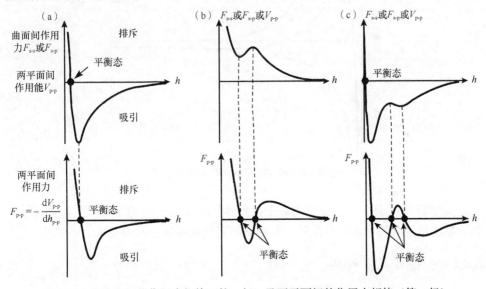

图 4-34 两曲面间的作用力规律（第一行）及两平面间的作用力规律（第二行）

4.4 经典 DLVO 理论与扩展 DLVO 理论

DLVO 理论是一种关于胶体稳定性的理论，该理论认为胶体颗粒在一定条件下能否稳定存在取决于胶粒间相互作用的势能的大小。胶粒间的总势能等于范德瓦耳斯作用势能和双电层引起的静电作用势能之和，这两种作用势能下的受力为范德瓦耳斯力和静电力。

$$V_T = V_A + V_R \tag{4-36}$$

式中，V_T 为总势能；V_A 为范德瓦耳斯作用势能；V_R 为静电作用势能。

图 4-35 为典型的相互作用势能与距离的关系。

随着研究的深入，经典 DLVO 理论不能解释某些胶粒间的凝聚行为，从而提出了扩展 DLVO 理论。扩展 DLVO 理论在经典 DLVO 理论的基础上加入了其他相互作用项，主要包括亲水表面间排斥性的水合力、疏水表面间吸引性的疏水力、大分子化合物产生的空间斥力。扩展的其他相互作用项并非每次都计入，而是需要视体系而定。例如，疏水颗粒与气泡间的作用力即为范德瓦耳斯力、静电力和疏水力。

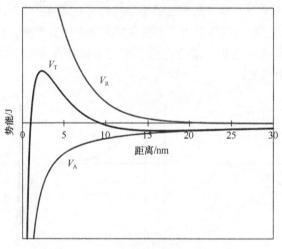

图 4-35　相互作用势能与距离的关系

除非特别提出，这里的相互作用指的都是相似粒子间的二体势。不同（不相似）粒子的混合物是非常复杂的，即使不同之处仅仅是它们的尺寸。

4.4.1　范德瓦耳斯作用

1. Hamaker 理论和 Lifshitz 理论

范德瓦耳斯力是存在于分子或原子之间的弱相互作用力，其作用强度虽不如库仑或氢键相互作用，但是普遍存在，且当间距较小和较大时起主要作用。范德瓦耳斯力由三种作用力组成：取向力、诱导力和色散力。这三种作用力都随强度距离的七次方而衰减。当距离＞10 nm 时，色散力的衰减速度增大 10 倍，称为（电磁）延迟效应。水溶液中物体之间的范德瓦耳斯作用的合力主要就是色散力。

颗粒与气泡间的范德瓦耳斯力属于宏观物体间的作用力，可通过 Hamaker 方法进行推导。

1）范德瓦耳斯作用的 Hamaker 理论

Hamaker 方法是一种微观方法，假设微观相互作用无延迟效应且具有可加性，那么两宏观物体间的相互作用可由所有相关的微观相互作用两两求和来计算。

微观相互作用的原子间范德瓦耳斯二体势为

$$\omega(r) - -\frac{C}{r^6} \tag{4-37}$$

通过加和（积分）一个物体中所有原子与另一个物体中所有原子的作用能，得到两宏观物体间的势能为

$$V = \oint_{v_2}\oint_{v_1}(C\rho_1\rho_2/r^6)\mathrm{d}v_1\mathrm{d}v_2 \tag{4-38}$$

式中，$\mathrm{d}v_1$、$\mathrm{d}v_2$ 为（两粒子）相互作用的两物体的体积元；ρ_1、ρ_2 为两物体中单位体积的原子数。

用 A 表示 Hamaker 常数：

$$A=\pi^2 C\rho_1\rho_2 \tag{4-39}$$

Hamaker 常数代表了物质的特性，是影响范德瓦耳斯作用的重要参数。对于真空中相互作用的凝聚相，Hamaker 常数的取值范围为（0.4~4）×10⁻¹⁹ J，其中有机物的 Hamaker 常数多为 10^{-20} 数量级，矿物的 Hamaker 常数多为 10^{-19} 数量级。

2）范德瓦耳斯作用的 Lifshitz 理论

由于 Hamaker 理论进行的简单二重加和忽略了其他相邻原子对两原子间相互作用的影响，对于多种致密介质或介质中的物体不完全适用。Lifshitz 理论基于连续介质量子电动力学，将相互作用的物体视为具有宏观电动力学性质（如介电常数和折射率）的连续体。Lifshitz 理论是一种宏观理论，该理论避免了原子间可加性的问题，将宏观物体视为连续介质，使宏观物体的作用力可从介电常数和折射率这样的主体性质中推导得出。

Hamaker 理论推导的范德瓦耳斯相互作用的表达式在 Lifshitz 的连续介质理论下依然成立，不同的是计算 Hamaker 常数的方法。根据 Lifshitz 理论，如果三种介质的吸收频率相同，则对于在介质 3 中相互作用的宏观相 1 和 2，其 Hamaker 常数的近似表达式为

$$A_{\mathrm{H}} \cong \frac{3}{4}kT\frac{\varepsilon_1 - \varepsilon_3}{\varepsilon_1 + \varepsilon_3}\frac{\varepsilon_2 - \varepsilon_3}{\varepsilon_2 + \varepsilon_3} + \frac{3h\nu_{\mathrm{e}}}{8\sqrt{2}}$$
$$\cdot \frac{(n_1^2 - n_3^2)(n_2^2 - n_3^2)}{\sqrt{|n_1^2 + n_3^2|}\sqrt{|n_2^2 + n_3^2|}\left[\sqrt{|n_1^2 + n_3^2|} + \sqrt{|n_2^2 + n_3^2|}\right]} \tag{4-40}$$

式中，ν_e 为平均吸收频率；ε_j 和 n_j（j=1, 2, 3）分别为材料的静态介电常数和折射率。

Lifshitz 理论与 Hamaker 理论的主要区别在于：Lifshitz 理论中的累加不仅限于一个频率，而是对电磁谱的所有频率进行累加，因而该理论可以包含延迟效应。很多学者已列出当相互作用的介质具有不同吸收频率时的 Hamaker 常数表达式。

2. 宏观物体间的范德瓦耳斯作用表达式

范德瓦耳斯力是宏观物体间一种最重要的相互作用力，对范德瓦耳斯作用势求导可得到范德瓦耳斯力。下面给出了常用的几种不同形状物体间单位面积的范德瓦耳斯力 F_A 及作用势能 V_A 的表达式。

（1）两个无限厚的平板间：

$$V_A = -\frac{A}{12\pi h^2} \tag{4-41}$$

$$F_A = -\frac{\mathrm{d}V_A}{\mathrm{d}h} = -\frac{A}{6\pi h^3} \tag{4-42}$$

式中，V_A 为单位面积相互作用的范德瓦耳斯势能；F_A 为单位面积相互作用的范德瓦耳斯力；h 为两表面间距离。

（2）半径分别为 R_1 和 R_2 的两球：

$$V_A = -\frac{A}{6h} \cdot \frac{R_1 R_2}{R_1 + R_2} \tag{4-43}$$

$$F_A = -\frac{A}{6h^2} \cdot \frac{R_1 R_2}{R_1 + R_2} \tag{4-44}$$

（3）等径（$R_1 = R_2 = R$）的两球：

$$V_A = -\frac{AR}{12h} \tag{4-45}$$

$$F_A = -\frac{AR}{12h^2} \tag{4-46}$$

（4）半径为 R 的球与无限厚的板：

$$V_A = -\frac{A}{6} \cdot \left[\frac{2R}{h} + \frac{2R}{h+4R} + \ln\left(\frac{h}{h+4R} \right) \right] \approx -\frac{AR}{6h} \tag{4-47}$$

$$F_A \approx -\frac{AR}{6h^2} \tag{4-48}$$

以上宏观物体的各种极限情形只在 h 远小于 R（$h < R/100$）时才严格成立。

3. Hamaker 常数的理论值和实验值

表 4-5 列出了由 Lifshitz 理论计算的 Hamaker 常数的近似值和精确值以及 Hamaker 常数的实验值，其中近似值是将 $n_3=\varepsilon_3=1$ 代入式（4-40）所得。由表 4-6 可以看出 Hamaker 常数的理论近似值、精确值和实验值具有较好的一致性。

表 4-5　室温下真空（惰性气体）中两相同介质相互作用时的 Hamaker 常数（单位：10^{-20} J）

介质	Hamaker 常数		
	理论近似值	理论精确值	实验值
液态氦	0.057		
水	3.7	3.7～5.5	
正戊烷	3.8	3.75	
正辛烷	4.5	4.5	
正十二烷	5.0	5.0	
正十六烷	5.1	5.2	
烃（晶体）	7.1		10
金刚石	28.9	29.6	
环己烷	5.2		
苯	5.0		
四氯化碳	5.5		
丙酮	4.1		
乙醇	4.2		
聚苯乙烯	6.5	6.6～7.9	
聚氯乙烯	7.5	7.8	
聚四氟乙烯	3.8	3.8	
二氧化硅	6.3	6.5	5～6
云母	10	7～10	13.5
氟化钙	7	7	
硅	18	19～21	
氮化硅	17	17	
碳化硅	25	25	
α-氧化铝	15	15	
氧化锆	18	20	
硫化锌	16	15～17	
金属（金、银、铜）	25～40	20～50	

表 4-6 室温下介质 3 中相互作用的介质 1 和 2 的 Hamaker 常数

作用介质			Hamaker 常数/(10^{-20} J)		
1	3	2	理论近似值	理论精确值	实验值
空气（水）	水（空气）	空气（水）	3.7	3.7	
戊烷	水	戊烷	0.28	0.34	
辛烷	水	辛烷	0.36	0.41	
十二烷	水	十二烷	0.44	0.5	0.5
十六烷	水	十六烷	0.49	0.5	0.3～0.6
聚四氟乙烯	水	聚四氟乙烯	0.29	0.33	
聚苯乙烯	水	聚苯乙烯	1.4	0.95～1.3	
水	烃	水	0.3～0.5	0.34～0.54	0.3～0.9
二氧化硅	十二烷	二氧化硅	0.07	0.10～0.15	
熔凝石英	辛烷	熔凝石英	0.13		
熔凝石英	水	熔凝石英	0.63	0.5～1.0	
云母	水	云母	0.35～0.81	0.85	
云母	烃	云母	2.0	1.3～2.9	2.2
α- 氧化铝	水	α- 氧化铝	4.2	2.7～5.2	6.7
氮化硅	水	氮化硅	8.2	5～7	
氧化锆	水	氧化锆	13	7～9	
碳化硅	水	碳化硅	21	11～13	
金属（金、银、铜）	水	金属（金、银、铜）		10～40	40（金）
水	戊烷	空气	0.08	0.11	
水	辛烷	空气	0.51	0.53	
辛烷	水	空气	−0.24	−0.20	
熔凝石英	水	空气	−0.87	−1.0	
熔凝石英	辛烷	空气	−0.7		
熔凝石英	十四烷	空气	−0.4		−0.5
氮化硅	二碘甲烷	熔凝石英	−1.3	−0.8	
氟化钙、氟化铯	液氦	水蒸气	−0.59	−0.59	−0.58

4. Hamaker 常数的组合规则

未知的 Hamaker 常数可由已知相关的 Hamaker 常数近似确定。例如，若已知两物体 i 和 j 在真空中相互作用的 Hamaker 常数分别为 A_{ii} 和 A_{jj}，则 i 和 j 在真空中相互作用的 Hamaker 常数 A_{ij} 的近似值为

$$A_{ij} = \sqrt{A_{ii} A_{jj}} \tag{4-49}$$

该规则称为组合规则。

进一步，两物体 1 和 2 在介质 3 中相互作用的 Hamaker 常数 A_{123} 可结合上述组合规则计算：

$$A_{132} = A_{12} + A_{33} - A_{13} - A_{23} = (\sqrt{A_{11}} - \sqrt{A_{33}})(\sqrt{A_{22}} - \sqrt{A_{33}}) \tag{4-50}$$

当两种物质的 Hamaker 常数同时大于或同时小于介质的 Hamaker 常数（$A_{11} > A_{33}$、$A_{22} > A_{33}$ 或 $A_{11} < A_{33}$、$A_{22} < A_{33}$），则 $A_{132} > 0$，物质 1 和物质 2 在介质 3 中范德瓦耳斯相互作用力为引力。当 $A_{11} > A_{33} > A_{22}$ 或 $A_{11} < A_{33} < A_{22}$，则 $A_{132} < 0$，表示物质 1 和物质 2 在介质 3 中范德瓦耳斯相互作用力为斥力。相同物体在介质中相互作用的 Hamaker 常数（形如 A_{131}）始终为正值，范德瓦耳斯力为引力。

表 4-7 为煤泥浮选中涉及的一些物质在真空中的 Hamaker 常数。

表 4-7　煤泥浮选中涉及的一些物质在真空中的 Hamaker 常数　（单位：1×10^{-20} J）

物质的名称	空气	煤	高岭石	蒙脱石	伊利石
Hamaker 常数	0	6.1	31	22	25

如浮选和沉降过程中，煤粒与高岭石颗粒在水中的 Hamaker 常数：

$$\begin{aligned}
A_{132} &= \left(\sqrt{A_{11}} - \sqrt{A_{33}}\right)\left(\sqrt{A_{22}} - \sqrt{A_{33}}\right) \\
&= \left(\sqrt{6.1} - \sqrt{3.7}\right)\left(\sqrt{31} - \sqrt{3.7}\right) \times 10^{-20} \\
&= 1.99 \times 10^{-20} > 0
\end{aligned} \tag{4-51}$$

则煤粒与高岭石颗粒在水中的范德瓦耳斯作用力是引力。

如浮选过程中，煤粒与气泡在水中的 Hamaker 常数：

$$\begin{aligned}
A_{132} &= \left(\sqrt{A_{11}} - \sqrt{A_{33}}\right)\left(\sqrt{A_{22}} - \sqrt{A_{33}}\right) \\
&= \left(\sqrt{6.1} - \sqrt{3.7}\right)\left(\sqrt{0} - \sqrt{3.7}\right) \times 10^{-20} \\
&= -1.05 \times 10^{-20} < 0
\end{aligned} \tag{4-52}$$

则煤粒与气泡在水中的范德瓦耳斯作用力是斥力。

应当指出，当色散力主导范德瓦耳斯相互作用时，组合规则是适用的。当该组合规则应用于高介电常数的介质（比如水）时，可能会失效。因此，如果 Hamaker 常数可以用连续介质理论可靠地计算出来，则不建议使用组合规则。Hamaker 方法尽管有一些缺点，但仍然在胶体化学中广泛使用，主要是因为它计算方便，而且对于许多实际系统，当使用实验确定的 Hamaker 常数或基于连续介质方法计算有效 Hamaker 常数时，Hamaker 理论的结果是相当准确的。

4.4.2 静电作用

1. 双电层结构

1879 年，Helmholtz[11] 研究胶体在电场作用下运动时，最早提出了一个双电层模型。这个模型如同一个平板电容器，认为固体表面带有某种电荷，介质带有另一种电荷，两者平行，且相距很近。

由于亥姆霍兹（Helmholtz）模型的不足，1910 年和 1913 年，Gouy[12] 和 Chapman[13] 先后作出改进，提出了一个扩散双电层模型。这个模型认为，介质中的反离子不仅受固体表面离子的静电吸引力，从而使其整齐地排列在表面附近，而且还受热运动的影响，使其离开表面，无规则地分散在介质中。

1924 年，Stern[14] 考虑了被吸附离子的尺寸对双电层的影响，从而进一步改进了古依–查普曼层（Gouy-Chapman）扩散双电层模型，使它能够较为确切地描述胶体的电学性质和稳定性。Stern 认为 Gouy-Chapman 扩散双电层模型中的扩散层应分成两个部分：第一部分包括吸附在表面的一层离子，形成一个内部紧密的双电层，称为 Stern 层；第二部分才是 Gouy-Chapman 扩散层。

1947 年，Grahame[15] 进一步改进了 Stern 模型，他将 Stern 层细分成两层。对于带负电荷的固体表面，他认为首先化学吸附不水化的负离子和在固体表面定向排列的水分子，形成一个以内 Helmholtz 平面（IHP）表示的内层，紧接着吸附水化的正离子，形成以外 Helmholtz 平面（OHP）表示的外层。在外层的外面是 Gouy-Chapman 扩散层。

2. 双电层模型的相关计算

定量计算双电层模型是一项棘手的工作，为此，对 Gouy-Chapman 模型作了几个假设，从而简化模型，对模型进行定量处理。对 Gouy-Chapman 模型所作的几个假设如下：

（1）假设颗粒表面是一个无限大的平面，表面上电荷是均匀分布的；

（2）扩散层中，正负离子都可视为按 Boltzmann 分布的点电荷；

（3）介质是通过介电常数影响双电层的，且它的介电常数各处相同。

1）双电层扩散层内的正负离子的数密度分布

固体颗粒的表面电势为 ψ_0，相距 x 处的电势为 ψ，便可按 Boltzmann 分布定律，写出相距 x 处的正负离子的数密度为

$$n_i = n_{i0} \exp\left(-\frac{Z_i e \psi}{kT}\right) \tag{4-53}$$

式中，n_i 为固体表面相距 x 处的离子 i 的数密度；n_{i0} 为溶液中离子 i 的数密度；Z_i 为离子 i 的价数；e 为电子电荷，1.602×10^{-19} C；ψ 为固体表面相距 x 处的电势。

体系中与固体表面所带电荷电性相反的离子称为反离子，体系中与固体表面所带电荷电性相同的离子称为同号离子。

若固体表面带正电，对于反离子：

$$\left.\begin{array}{c} Z_i < 0 \\ \psi > 0 \end{array}\right\} \Rightarrow Z_i\psi < 0 \Rightarrow \left(-\frac{Ze\psi}{kT}\right) > 0 \Rightarrow \exp\left(-\frac{Ze\psi}{kT}\right) > 1 \tag{4-54}$$

$$n_i > n_{i0}$$

若固体表面带正电，对于同号离子：

$$\left.\begin{array}{c} Z_i > 0 \\ \psi > 0 \end{array}\right\} \Rightarrow Z_i\psi > 0 \Rightarrow \left(-\frac{Ze\psi}{kT}\right) < 0 \Rightarrow \exp\left(-\frac{Ze\psi}{kT}\right) < 1 \tag{4-55}$$

$$n_i > n_{i0}$$

由计算可知，若固体表面带正电，则阴离子为反离子，反离子在固体表面扩散层的数密度大于其在溶液中的数密度，$n_i > n_{i0}$；若阳离子为同号离子，同号离子在固体表面扩散层的数密度小于其在溶液中的数密度，$n_i < n_{i0}$。

2）双电层扩散层内的体积电荷密度

固体颗粒相距 x 处的体积电荷密度为

$$\rho_e = \sum_i Z_i e n_i = \sum_i Z_i e n_{i0} \exp\left(-\frac{Z_i e \psi}{kT}\right) \tag{4-56}$$

在溶液中，电势为零，体积电荷密度也为零。

3）双电层扩散层内的电势分布

根据静电学中的泊松方程（Poisson equation），电荷密度与电势间应服从如式（4-57）所示的关系：

$$\nabla^2 \psi = -\frac{\rho_e}{\varepsilon} \tag{4-57}$$

式中，ε 为介电常数；∇^2 为 Laplace 算符。对于表面为平面的情况，$\nabla^2 = \dfrac{\mathrm{d}^2}{\mathrm{d}x^2}$，因此有

$$\frac{\mathrm{d}^2\psi}{\mathrm{d}x^2} = -\frac{\rho_e}{\varepsilon} \tag{4-58}$$

联立方程（4-56）和方程（4-58），得到泊松–玻尔兹曼（Poisson-Boltzmann）方程：

$$\frac{\mathrm{d}^2\psi}{\mathrm{d}x^2} = -\frac{1}{\varepsilon}\sum_i Z_i e n_{i0}\exp\left(-\frac{Z_i e\psi}{kT}\right) \tag{4-59}$$

当 $Z_i e\psi < kT$ 时：

$$\exp\left(-\frac{Z_i e\psi}{kT}\right) \approx 1 - \frac{Z_i e\psi}{kT} \tag{4-60}$$

Poisson-Boltzmann 方程可简化为

$$\frac{\mathrm{d}^2\psi}{\mathrm{d}x^2} = \frac{e^2\psi}{\varepsilon kT}\sum_i Z_i^2 n_{i0} \tag{4-61}$$

引入一个参数 κ 来简化方程的表达形式，κ 定义为

$$\kappa = \left(\frac{e^2}{\varepsilon kT}\sum Z_i^2 n_{i0}\right)^{\frac{1}{2}} \tag{4-62}$$

Poisson-Boltzmann 方程可进一步简化为

$$\frac{\mathrm{d}^2\psi}{\mathrm{d}x^2} = \kappa^2\psi \tag{4-63}$$

式（4-63）满足边界条件 $\begin{cases} x=0 \\ \psi=\psi_0 \end{cases}$ 和 $\begin{cases} x=\infty \\ \psi=0 \end{cases}$，求解可得

$$\psi = \psi_0\exp(-\kappa x) \tag{4-64}$$

当 $Z_i e\psi > kT$ 时，Poisson-Boltzmann 方程需要进一步求解。

方程两边同时乘以 $2\dfrac{\mathrm{d}\psi}{\mathrm{d}x}$，得

$$2\frac{\mathrm{d}\psi}{\mathrm{d}x}\frac{\mathrm{d}^2\psi}{\mathrm{d}x^2} = -\frac{2}{\varepsilon}\sum_i Z_i e n_{i0}\exp\left(-\frac{Z_i e\psi}{kT}\right)\frac{\mathrm{d}\psi}{\mathrm{d}x} \tag{4-65}$$

$$\frac{\mathrm{d}}{\mathrm{d}x}\left(\frac{\mathrm{d}\psi}{\mathrm{d}x}\right)^2 = -\frac{2}{\varepsilon}\sum_i Z_i e n_{i0}\exp\left(-\frac{Z_i e\psi}{kT}\right)\frac{\mathrm{d}\psi}{\mathrm{d}x} \tag{4-66}$$

该方程满足如下边界条件：当 $x=\infty$ 时，$\psi=0$，且 $\dfrac{\mathrm{d}\psi}{\mathrm{d}x}=0$，式（4-66）变为

$$\left(\frac{\mathrm{d}\psi}{\mathrm{d}x}\right)^2 = -\frac{2kT}{\varepsilon}\sum_i n_{i0}\exp\left[\left(-\frac{Z_i e\psi}{kT}\right)-1\right] \tag{4-67}$$

当介质中溶解的电解质为对称电解质，略去求解过程，双电层扩散层内的电势分布可用式（4-68）表达：

$$\frac{\exp(Ze\psi/2kT)-1}{\exp(Ze\psi/2kT)+1}=\frac{\exp(Ze\psi_0/2kT)-1}{\exp(Ze\psi_0/2kT)+1}\exp\left(-\frac{2e^2Z^2n_0}{\varepsilon kT}x\right) \tag{4-68}$$

式中，Z 为对称电解质的价数。

或者用式（4-69）表示：

$$\gamma=\gamma_0\exp(-\kappa x) \tag{4-69}$$

其中：

$$\gamma_0=\frac{\exp(Ze\psi_0/2kT)-1}{\exp(Ze\psi_0/2kT)+1} \tag{4-70}$$

$$\gamma=\frac{\exp(Ze\psi/2kT)-1}{\exp(Ze\psi/2kT)+1} \tag{4-71}$$

$$\kappa=\left(\frac{2e^2Z^2n_0}{\varepsilon kT}\right)^{\frac{1}{2}} \tag{4-72}$$

式中，n_0 为对称电解质的离子数密度。

当 ψ_0 较小时（$\psi_0 < 25\ \text{mV}$），$\gamma=\dfrac{Ze\psi}{4kT}$，$\gamma_0=\dfrac{Ze\psi_0}{4kT}$，此时 ψ 表示为

$$\psi=\psi_0\exp(-\kappa x) \tag{4-73}$$

当 ψ_0 较大时（$\psi_0 > 200\ \text{mV}$），$\gamma_0=1$，此时 ψ 表示为

$$\psi=\frac{4kT}{Ze}\exp(-\kappa x) \tag{4-74}$$

4）颗粒表面的电荷密度

按电中性原理，颗粒的单位表面电荷量（表面电荷密度 σ_e）等于从颗粒表面到无穷远处所有的溶液体积元的电荷累加之和，只是符号相反，即

$$\sigma_e=-\int_0^{\infty}\rho_e\,\mathrm{d}x \tag{4-75}$$

由于 $\dfrac{\mathrm{d}^2\psi}{\mathrm{d}x^2}=-\dfrac{\rho_e}{\varepsilon}$，可得

$$\sigma_e=\varepsilon\int_0^{\infty}\frac{\mathrm{d}^2\psi}{\mathrm{d}x^2}\,\mathrm{d}x \tag{4-76}$$

这里认为 ε 是与 x 无关的常数，从而有

$$\sigma_e=\varepsilon\left.\frac{\mathrm{d}\psi}{\mathrm{d}x}\right|_0^{\infty} \tag{4-77}$$

当 $x=\infty$ 时，$\psi=0$，所以 $\dfrac{\mathrm{d}\psi}{\mathrm{d}x}=0$；当 $x=0$ 时（在颗粒表面），$\psi=\psi_0$（颗粒表面电势），故：

$$\sigma_{\mathrm{e}} = -\varepsilon\left(\frac{\mathrm{d}\psi}{\mathrm{d}x}\right)_{x=0} \tag{4-78}$$

当 $Z_i e\psi < kT$ 时，已知 $\psi=\psi_0\exp(-\kappa x)$，有

$$\left(\frac{\mathrm{d}\psi}{\mathrm{d}x}\right)_{x=0} = \lim_{x\to 0}-\kappa\psi_0\exp(-\kappa x) = -\kappa\psi_0 \tag{4-79}$$

所以：

$$\sigma_{\mathrm{e}}=\varepsilon\kappa\psi_0 \tag{4-80}$$

当 $Z_i e\psi > kT$ 时，且当介质中溶解的电解质为对称电解质，即 $Z=Z_+=-Z_-$ 时，有

$$\left(\frac{\mathrm{d}\psi}{\mathrm{d}x}\right)^2 = \frac{2kTn_0}{\varepsilon}\left[\exp\left(-\frac{Z_i e\psi}{kT}\right) - \exp\left(\frac{Z_i e\psi}{kT}\right)\right]^2 \tag{4-81}$$

$$\left(\frac{\mathrm{d}\psi}{\mathrm{d}x}\right)_{x=0} = \frac{kT}{Ze}\left(\frac{2Z^2 e^2 n_0}{\varepsilon kT}\right)^{\frac{1}{2}}\left[\exp\left(-\frac{Z_i e\psi_0}{kT}\right) - \exp\left(\frac{Z_i e\psi_0}{kT}\right)\right] \tag{4-82}$$

所以：

$$\sigma_{\mathrm{e}} = \frac{\varepsilon kT\kappa}{Ze}\left[\exp\left(\frac{Ze\psi_0}{2kT}\right) - \exp\left(-\frac{Ze\psi_0}{2kT}\right)\right] \tag{4-83}$$

由于 $2\sinh x=e^x-e^{-x}$，式（4-83）可简化为

$$\sigma_{\mathrm{e}} = \frac{2\varepsilon kT\kappa}{Ze}\sinh\left(\frac{Ze\psi_0}{2kT}\right) \tag{4-84}$$

5）双电层的厚度

双电层的厚度又叫作德拜长度或德拜半径，用 κ^{-1} 表示，κ 的表达式见式（4-62）。

相关研究表明：含盐量对水介电常数影响不大，所以真空中水的介电常数 ε_0 为 8.854×10^{-12} $C^2/(J\cdot m)$，水的相对介电常数 ε_r 为 78.5，所以有

$$\varepsilon=\varepsilon_0\varepsilon_r=8.854\times10^{-12}\times78.5=6.95\times10^{-10}\ C^2/(J\cdot m) \tag{4-85}$$

式中，ε_0 为真空介电常数；ε_r 为相对介电常数。

用摩尔浓度来表示离子 i 的数密度：

$$n_{i0}=1000cN_A \tag{4-86}$$

式中，c 为离子体积摩尔浓度；N_A 为阿伏伽德罗（Avogadro）常数，$N_A=6.023\times10^{23}\ mol^{-1}$。

将式（4-86）代入式（4-62），得到 κ 的表达式如下：

$$\kappa = \left(\frac{1000 N_A e^2}{\varepsilon kT} \sum Z_i^2 c \right)^{\frac{1}{2}} \tag{4-87}$$

代入各参数值，得

$$\kappa = \left(\frac{1000 N_A e^2}{\varepsilon kT} \sum Z_i^2 c \right)^{\frac{1}{2}} = 2.324 \times 10^9 \sqrt{\sum cZ^2} \tag{4-88}$$

$$\kappa^{-1} = \frac{0.430 \times 10^{-9}}{\sqrt{\sum cZ^2}} \tag{4-89}$$

针对不同类型的电解质，简化表达式。

（1）当只有一种电解质且电解质类型为 1∶1、2∶2 或 3∶3 时（如 NaCl、CaSO$_4$）：

$$\kappa = \left(\frac{2000 N_A e^2 cZ^2}{\varepsilon kT} \right)^{\frac{1}{2}} = 3.286 \times 10^9 \sqrt{cZ^2} \tag{4-90}$$

$$\kappa^{-1} = \frac{3.04 \times 10^{-10}}{\sqrt{cZ^2}} \tag{4-91}$$

（2）当只有一种电解质且电解质类型为 1∶2 或 2∶1 时（如 CaCl$_2$、MgCl$_2$）：

$$\kappa = \left(\frac{1000 N_A e^2 \left(c \times 2^2 + 2 \times c \times 1^2 \right)}{\varepsilon kT} \right)^{\frac{1}{2}} = 5.692 \times 10^9 \sqrt{c} \tag{4-92}$$

$$\kappa^{-1} = \frac{1.76 \times 10^{-10}}{\sqrt{c}} \tag{4-93}$$

（3）当只有一种电解质且电解质类型为 1∶3 或 3∶1 时（如 AlCl$_3$、FeCl$_3$）：

$$\kappa = \left(\frac{1000 N_A e^2 \left(c \times 3^2 + 3 \times c \times 1^2 \right)}{\varepsilon kT} \right)^{\frac{1}{2}} = 8.049 \times 10^9 \sqrt{c} \tag{4-94}$$

$$\kappa^{-1} = \frac{1.24 \times 10^{-10}}{\sqrt{c}} \tag{4-95}$$

（4）当只有一种电解质且电解质类型为 2∶3 或 3∶2 时（如 Al$_2$(SO$_4$)$_3$）：

$$\kappa = \left(\frac{1000 N_A e^2 \left(2 \times c \times 3^2 + 3 \times c \times 2^2 \right)}{\varepsilon kT} \right)^{\frac{1}{2}} = 12.73 \times 10^9 \sqrt{c} \tag{4-96}$$

$$\kappa^{-1} = \frac{7.86 \times 10^{-11}}{\sqrt{c}} \tag{4-97}$$

表 4-8 列举了不同电解质浓度和价数的 κ 和 κ^{-1} 值。

表 4-8　不同电解质浓度和价数的 κ 和 κ^{-1} 值

电解质浓度/(mmol/L)	对称型电解质			非对称型电解质		
	$Z_+ : Z_-$	κ/m^{-1}	κ^{-1}/m	$Z_+ : Z_-$	κ/m^{-1}	κ^{-1}/m
1	1 ∶ 1	1.04×10^8	9.62×10^{-9}	1 ∶ 2, 2 ∶ 1	1.80×10^8	5.56×10^{-9}
	2 ∶ 2	2.08×10^8	4.81×10^{-9}	3 ∶ 1, 1 ∶ 3	2.54×10^8	3.93×10^{-9}
	3 ∶ 3	3.12×10^8	3.20×10^{-9}	2 ∶ 3, 3 ∶ 2	4.02×10^8	2.49×10^{-9}
10	1 ∶ 1	3.29×10^8	3.04×10^{-9}	1 ∶ 2, 2 ∶ 1	5.69×10^8	1.76×10^{-9}
	2 ∶ 2	6.58×10^8	1.52×10^{-9}	3 ∶ 1, 1 ∶ 3	8.05×10^8	1.24×10^{-9}
	3 ∶ 3	9.87×10^8	1.01×10^{-9}	2 ∶ 3, 3 ∶ 2	1.27×10^9	7.87×10^{-10}
100	1 ∶ 1	1.04×10^9	9.62×10^{-10}	1 ∶ 2, 2 ∶ 1	1.80×10^9	5.56×10^{-10}
	2 ∶ 2	2.08×10^9	4.81×10^{-10}	3 ∶ 1, 1 ∶ 3	2.54×10^9	3.93×10^{-10}
	3 ∶ 3	3.12×10^9	3.20×10^{-10}	2 ∶ 3, 3 ∶ 2	4.02×10^9	2.49×10^{-10}

3. 宏观物体间的静电作用表达式

如同物体间范德瓦耳斯作用势能有很多种形式，颗粒间的静电相互作用势能也有不同的计算公式。以下是颗粒在对称电解质中的静电势能和静电力的数学模型。

（1）恒表面电势的平板状同类矿物颗粒间的静电势能和静电力：

$$V_R = \frac{64 n_0 kT}{\kappa} \gamma_0^2 \exp(-\kappa h), \quad \gamma_0 = \frac{\exp(Ze\psi_0 / 2kT) - 1}{\exp(Ze\psi_0 / 2kT) + 1} \tag{4-98}$$

式中，V_R 为单位面积相互作用的静电势能；h 为两表面间距离。

将式（4-98）中的离子数密度用摩尔浓度来表示，得到：

$$V_R = \frac{64000 N_A ckT}{\kappa} \gamma_0^2 \exp(-\kappa h) \tag{4-99}$$

$$F_R = -\frac{\mathrm{d} V_R}{\mathrm{d} h} = 64000 N_A ckT \gamma_0^2 \exp(-\kappa h) \tag{4-100}$$

（2）恒表面电荷密度的平板状同类矿物颗粒间的静电势能和静电力：

$$V_R = \frac{64n_0kT}{\kappa}\gamma_0^2\exp(-\kappa h) + \frac{\varepsilon k}{2\pi}\psi_0^2\left[\coth(\kappa h)-1\right]$$

$$= \frac{64000N_AckT}{\kappa}\gamma_0^2\exp(-\kappa h) + \frac{\varepsilon k}{2\pi}\psi_0^2\left[\coth(\kappa h)-1\right]$$

(4-101)

$$F_R = 64000N_AckT\gamma_0^2\exp(-\kappa h) - \kappa\frac{\varepsilon k}{2\pi}\psi_0^2\operatorname{csch}^2(\kappa h)$$

(4-102)

像蒙脱石、伊利石等片状黏土颗粒，应该用此模型。当两块平板相互接近时，起始的表面电势要降低，但斥力势能要比恒电势的大。

（3）半径分别为 R_1、R_2 的同类矿物颗粒间的静电势能和静电力：

$$V_R = \frac{128\pi n_0kT\gamma_0^2}{\kappa^2}\left(\frac{R_1R_2}{R_1+R_2}\right)\exp(-\kappa h)$$

(4-103)

若 $R_1=R_2=R$，则有

$$V_R = \frac{64\pi n_0RkT\gamma_0^2}{\kappa^2}\exp(-\kappa h)$$

(4-104)

对于低电位表面（$\psi_0<25$ mV），当 ψ_0 较小时，$\gamma_0 = \frac{Ze\psi_0}{4kT}$。等半径的同种颗粒间的静电势能可简化为

$$V_R = 2\pi\varepsilon R\psi_0^2\ln\left[1+\exp(-\kappa h)\right]$$

(4-105)

$$F_R = 2\pi\varepsilon R\psi_0^2\frac{\kappa\exp(-\kappa h)}{1+\exp(-\kappa h)}$$

(4-106)

（4）半径为 R 的球形颗粒与同类矿物平板颗粒间的静电势能和静电力：

$$V_R = 4\pi\varepsilon R\psi_0^2\ln[1+\exp(-\kappa h)]$$

(4-107)

$$F_R = 4\pi\varepsilon R\psi_0^2\frac{\kappa\exp(-\kappa h)}{1+\exp(-\kappa h)}$$

(4-108)

（5）半径分别为 R_1、R_2 的异类矿物颗粒间的静电势能和静电力：

$$V_R = \frac{\pi\varepsilon R_1R_2}{R_1+R_2}\left(\psi_{01}^2+\psi_{02}^2\right)\left[\frac{2\psi_{01}\psi_{02}}{\psi_{01}^2+\psi_{02}^2}p_e + q_e\right]$$

(4-109)

$$p_e = \ln\left[\frac{1+\exp(-\kappa h)}{1-\exp(-\kappa h)}\right]$$

(4-110)

$$q_e = \ln[1-\exp(-2\kappa h)]$$

(4-111)

式中，ψ_{01}、ψ_{02} 分别为颗粒 1 和 2 的表面电位，可用 Zeta 电位近似代替。

$$F_R = -\frac{\pi\varepsilon R_1 R_2}{R_1 + R_2}\left(\psi_{01}^2 + \psi_{02}^2\right)\left[\frac{2\psi_{01}\psi_{02}}{\psi_{01}^2 + \psi_{02}^2}p' + q'\right] \tag{4-112}$$

$$p' = -\frac{2\kappa\exp(-\kappa h)}{\left[1+\exp(-\kappa h)\right]\left[1-\exp(-\kappa h)\right]} \tag{4-113}$$

$$q' = \frac{2\kappa\exp(-2\kappa h)}{1-\exp(-2\kappa h)} \tag{4-114}$$

（6）半径为 R 的球形颗粒与异类矿物平板颗粒间的静电势能和静电力：

$$V_R = \pi\varepsilon R\left(\psi_{01}^2 + \psi_{02}^2\right)\left[\frac{2\psi_{01}\psi_{02}}{\psi_{01}^2 + \psi_{02}^2}p + q\right] \tag{4-115}$$

$$F_R = -\pi\varepsilon R\left(\psi_{01}^2 + \psi_{02}^2\right)\left[\frac{2\psi_{01}\psi_{02}}{\psi_{01}^2 + \psi_{02}^2}p' + q'\right] \tag{4-116}$$

（7）霍格–希利–菲尔斯特诺（Hogg-Healy-Fuerstenau，HHF）方程：

$$V_R = \frac{\varepsilon\kappa}{8\pi}\left\{\left(\psi_{01}^2 + \psi_{02}^2\right)\left[1-\coth(\kappa h)\right] + 2\psi_{01}\psi_{02}\operatorname{csch}(\kappa h)\right\} \tag{4-117}$$

HHF 方程[16] 适用于恒表面电势的两个无限大的平板颗粒。

4. 表面电位

在计算过程中，颗粒的表面电位一般用 Zeta 电位近似代替。煤、高岭石、蒙脱石、伊利石和石英在不同浓度的钙离子或钠离子溶液中的 Zeta 电位如图 4-36 和图 4-37 所示，溶液 pH 为 6.5。

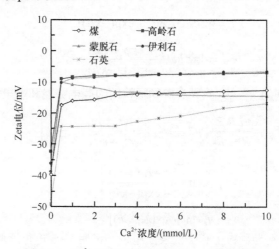

图 4-36 Ca²⁺ 浓度对五种矿物 Zeta 电位的影响

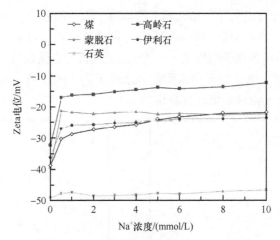

图 4-37　Na^+ 浓度对五种矿物 Zeta 电位的影响

由图 4-36 可知，当 Ca^{2+} 浓度为零时，煤、高岭石、蒙脱石、伊利石和石英的 Zeta 电位分别为–38 mV、–32 mV、–39 mV、–36 mV 和–49 mV，当 Ca^{2+} 浓度为 0.5 mmol/L 时，其 Zeta 电位骤然上升到–17 mV、–9 mV、–10 mV、–10 mV 和–24 mV，当继续增加钙离子浓度时，Zeta 电位略有上升。由图 4-37 可知，当 Na^+ 浓度为 0.5 mmol/L 时，其 Zeta 电位上升到–30 mV、–17 mV、–21 mV、–27 mV 和–47 mV，当继续增加 Na^+ 浓度，Zeta 电位先缓慢增加，然后稳定不变。对比 Ca^{2+} 和 Na^+ 对矿物 Zeta 电位的影响，Ca^{2+} 对矿物 Zeta 电位的影响远远大于 Na^+ 对矿物 Zeta 电位的影响。

4.4.3　水合作用

水合力由 Langmuir、Derjaguin 和 Zorin 等提出，现已在物理、化学和生物等领域广泛应用。

水合力普遍存在于两个相互接近的亲水表面间。根据相互作用表面的类型，可将水合力分为两类：亲水固体矿物表面（如黏土、云母、二氧化硅）间的力以及类流体两亲性表面（如表面活性剂和脂质双分子层）间的力。黏土表面（如蒙脱石）间的力是最先广泛研究的固体矿物表面间的水合力。吸附阳离子的矿物表面、含亲水基团（如—OH、PO_4^{3-}、—$N(CH_3)_3^+$、—$CONH_2$、—COOH 等）的有机物也会形成水合力。类流体两亲性表面的亲水性源于强亲水性基团，表面间的排斥力实质上来源于熵，这种力更类似于在两个被聚合物覆盖的或类液体的界面间的空间位阻作用力（详见 4.4.5 节）或热涨落力。

水合力是短程力，其作用一般从距表面 1～3 nm 开始，作用范围小于范德瓦耳斯力和静电力等长程力。水合力的表现形式可分为两类：一类随着两表面间距离的缩短以振荡的形式上升，如云母 [图 4-38（a）] 和黏土；另一类近似以指数的形式单调上升，如卵磷脂 [图 4-38（b）] 和二氧化硅。对于水合力存在振荡形式的矿物，调整溶液的离子浓度或 pH 可以改变固体的表面性质，调节水合性，促使其颗粒凝聚；而二氧化硅和卵磷脂这种本质上亲水的表面，对离子条件非常不敏感，不能通过改变溶液环境使其凝聚。

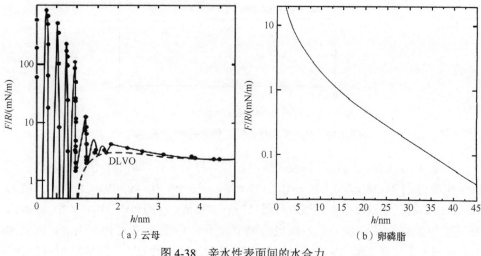

图 4-38　亲水性表面间的水合力

F-水合力

两亲水平板间单位面积相互作用水合排斥势能 V_{hr} 与两表面间距离 h 的关系可简单记为

$$V_{hr} = V_{hr}^0 \exp\left(-\frac{h}{\lambda_0}\right) \tag{4-118}$$

式中，V_{hr}^0 为水合作用能常数，与表面润湿性有关；λ_0 为衰减长度。

表 4-9 列出一些体系的 V_{hr}^0 及 λ_0 值。

表 4-9　水化排斥势能公式中的常数值

体系	$V_{hr}^0/(\text{mJ}\cdot\text{m}^{-2})$	λ_0/nm
石英–石英，KCl 溶液	1.2	0.85
石英–石英，10^{-4} mmol/L KCl 溶液	1.0	1.0
石英–石英，10^{-3} mmol/L KCl 溶液	0.8	1.0
蒙脱石–蒙脱石，10^{-4} mmol/L NaCl 溶液	4.4	2.2
云母–云母，$10^{-4} \sim 10^{-2}$ mmol/L KNO$_3$ 溶液	10	1.0
云母–云母，5×10^{-4} mmol/L NaCl 溶液	14	0.9
云母–云母，5×10^{-3} mmol/L NaCl 溶液	3	0.9

不同形状表面间的水合力表达式如下。

（1）半径为 R 的两球形颗粒：

$$V_{hr} = \pi R \lambda_0 V_{hr}^0 \exp\left(-\frac{h}{h_0}\right) \tag{4-119}$$

（2）半径为 R 的球形颗粒与平板：

$$V_{hr} = 2\pi R \lambda_0 V_{hr}^0 \exp\left(-\frac{h}{\lambda_0}\right) \tag{4-120}$$

浮选体系中，亲水性矿物表面、吸附有抑制剂的矿物表面或吸附有 Ca^{2+}、Mg^{2+} 等离子的矿物表面，都可能会产生水合力。当离子浓度较高（高于电解质的临界水合浓度）时，水合阳离子吸附在带负电的表面，形成排斥性的水合力。水合力的强度和范围是按照阳离子的水合数顺序逐渐增加的，阳离子水合数顺序为 $Mg^{2+} > Ca^{2+} > Li^+ \sim Na^+ > K^+ > Cs^+$。大分子抑制剂（如淀粉、单宁、木质素等）含有大量亲水基团，吸附这些抑制剂矿物表面的水合力作用范围可大到十几纳米，甚至上百纳米，进而阻止矿粒间的凝聚或矿粒与气泡的黏附，对矿物浮选产生抑制作用。

4.4.4　疏水作用

疏水矿物包括天然疏水性矿物（如滑石、石墨、辉钼矿、雄黄等）和诱导疏水性矿物（如吸附油酸钠的赤铁矿、白云石、菱锰矿、白钨矿，以及吸附阳离子捕收剂的石英、云母等）。在疏水表面之间，甚至疏水表面与亲水表面之间，存在一种特殊的相互吸引力，即疏水力。而且宏观疏水表面之间的疏水力通常随着表面疏水性的降低而衰减。

然而尽管已有大量研究，但疏水力的来源仍未形成明确的理论。目前解释疏水力来源的理论主要包括：疏水表面水分子重排熵效应、局部电荷波动、亚微米/纳米气泡桥接、亚稳态液膜分离诱导空化作用、流体动力学脉动作用、邻近水分子的异常极化等。

能够确定的是，疏水力是一种表面力而非体积力，疏水力是长程的吸引力（作用距离至少为 $10 \sim 100$ nm），其作用强度高于范德瓦耳斯力。疏水力不是亲水表面之间单调排斥水合力的负形式，其大小通常用指数衰减或幂式衰减模型来表示。

疏水力的双指数模型：

$$\frac{F_{ha}}{R} = K_1 \exp\left(-\frac{h}{\lambda_1}\right) + K_2 \exp\left(-\frac{h}{\lambda_2}\right) \tag{4-121}$$

式中，K_1 为长程疏水力常数；λ_1 为长程疏水力衰减长度；K_2 为短程疏水力常数；λ_2

为短程疏水力衰减长度。

表 4-10 为研究学者通过实验确定的不同体系的疏水力常数和衰减长度的值。

表 4-10　研究学者通过实验确定的不同体系的疏水力常数和衰减长度

体系	$-K_1/(mN/m)$	λ_1/nm	$-K_2/(mN/m)$	λ_2/nm	接触角/(°)
云母–云母，CTAB 溶液	140	1.0			65
云母–云母，2×10^{-5} mol/L DHDAA 溶液	352	1.4			95
云母 DDOA 单层，水	100	2.5	1.6	15	
云母聚合层，水	1.7	62			
云母聚合层，1 mmol/L NaBr 溶液	0.4	63			
云母聚合层，10 mmol/L NaBr 溶液	0.25	42			
云母 DDOA 单层，水和 10^{-2} mmol/L KBr 溶液	3.6	1.2	6.6	5.5	94
硅–硅，10^{-5} mol/L CTAB 溶液	7	6	6	20	75；46
云母聚合层，10^{-5} mol/L DAH 溶液	35	2.5			99；53
云母–云母，5×10^{-6} mol/L DAH 溶液	50	1.4			80；60
云母–云母，10^{-6} mol/L DAH $+5\times10^{-7}$ mol/L 辛醇	40	1.2	0.5	6.8	84；72
云母–云母，10^{-6} mol/L DAH $+5\times10^{-6}$ mol/L 辛醇	40	1.2	0.5	4.0	84；65
云母–云母，10^{-6} mol/L DAH $+1\times10^{-7}$ mol/L 十二醇	40	1.0			64；65
云母–云母，5×10^{-6} mol/L DAH $+1\times10^{-7}$ mol/L 十二醇	45	1.2	1.2	6.8	88；80
云母–云母，5×10^{-6} mol/L DAH $+5\times10^{-7}$ mol/L 十二醇	45	1.2	1.3	9.0	90；86
云母–云母，5×10^{-6} mol/L DAH $+5\times10^{-6}$ mol/L 十二醇	40	1.2	1.0	2.0	88；78
云母–云母，10^{-5} mol/L DAH 溶液	45	1.3			85；65
相同疏水性的硅烷化玻璃球和二氧化硅平板（对称相互作用）	9.0	2.0			81
	12	10			92
	9.0	24			100
	83	32			109
接触角为 109° 的硅烷化玻璃球和不同接触角的二氧化硅平板（非对称相互作用）	20	2.0			0
	9.0	9.0			75
	12	12			83
	15	20			92

续表

体系	$-K_1$/(mN/m)	λ_1/nm	$-K_2$/(mN/m)	λ_2/nm	接触角/(°)
接触角为 109° 的硅烷化玻璃球和不同接触角的二氧化硅平板（非对称相互作用）	25	22			97
	30	25			100
	58	28			105
	83	32			109

注：接触角为两个值时分别指前进和后退接触角；CTAB 为十六烷基三甲基溴化铵（hexadecyl trimethyl ammonium bromide）；DHDAA 为双十六烷基二甲基乙酸铵（dihexadecyl dimethyl ammonium acetate）；DDOA 为二甲基双十八烷基溴化铵（dimethyl dioctadecyl ammonium bromide）；DAH 为十二胺盐酸盐（dodecylamine hydrochloride）。

疏水力的幂率模型：

$$\frac{F_{ha}}{R} = \frac{K}{h^2} \tag{4-122}$$

式中，K 为疏水力常数。实验数据表明，介质 3 中宏观表面 1 和 2 之间的疏水力常数可以表示为

$$K_{132} = -\exp\left(a\frac{\cos\theta_1 + \cos\theta_2}{2} + b \right) \tag{4-123}$$

式中，θ_1 和 θ_2 分别为宏观表面 1 和 2 的接触角；经验常数 a 和 b 可以通过与实验数据的最佳拟合得到，K 的单位为焦耳时，最佳拟合结果为 $a=-7.0$、$b=-18.0$。

图 4-39 为 AFM 测定的煤颗粒间的作用力曲线，溶液环境为 1 mmol/L 的 NaCl，煤的接触角为 85°。在相距 11 nm 处，煤表面间出现微弱的引力，该引力随着距离的缩小而急剧增大，在相距 2 nm 处，引力达到 0.5 mN/m。由试验数据可知，

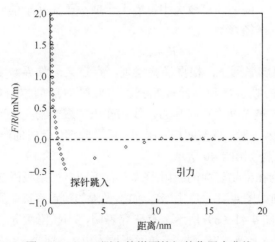

图 4-39　AFM 测定的煤颗粒间的作用力曲线

煤表面间存在较大的引力，由于煤表面有较强的负电性，其静电斥力较大。因此，煤颗粒间呈现的引力是疏水引力的作用。

疏水作用在胶团形成、相分离、生物膜结构、矿物浮选领域起着重要作用。在生物过程中疏水作用是稳定表面活性胶束和生物膜以及大分子［如蛋白质和脱氧核糖核酸（DNA）］的重要因素。疏水作用的长程性质可以解释浮选中气泡与疏水颗粒的黏附、气泡或疏水颗粒间的凝聚以及液膜在疏水表面的破裂。

4.4.5 空间位阻作用

1. 大分子浮选剂在溶液中及在矿物表面吸附的状态

吸附大分子浮选剂的矿粒表面间存在特殊的相互作用。当浮选过程中添加链状聚合物药剂时，大分子链的某一部分将与矿粒表面发生吸附，分子链的其他部分以热运动的方式在溶液中自由摆动。当吸附大分子的两个表面相互靠近时，摆动的链状分子的运动会受到限制，发生交叠，两个表面产生排斥性的力，这种排斥性的力可称为空间位阻排斥力或重叠排斥力，简称空间斥力。

若溶剂中聚合物链节间的运动互不干扰，那么聚合物的形状为无规线团。无规线团的有效大小或横向尺寸用回转半径 R_g 表示：

$$R_g = \frac{l_s \sqrt{n_s}}{\sqrt{6}} = \frac{l_s \sqrt{\dfrac{M}{M_0}}}{\sqrt{6}} \tag{4-124}$$

式中，n_s 为聚合物链节数；l_s 为有效链节长度；M 为大分子化合物的分子量；M_0 为单体或链节的分子量。式（4-124）适用于溶剂中链节之间没有相互作用的情况。

在实际溶剂中，线团的有效大小可能大于或小于无扰动的回转半径，这时可用弗洛里（Flory）半径表示：

$$R_F = \alpha R_g \tag{4-125}$$

式中，α 为分子内膨胀因子。根据经验发现，存在某一临界温度（称为 θ 温度），使聚合物链间的吸引性和排斥性相抵消，此时的溶剂称为 θ 溶剂，θ 溶剂的 $\alpha = 1$。当 $\alpha > 1$ 时，链节间存在排斥力，线团膨胀，聚合物完全可溶，此时的溶剂称为良溶剂。当 $\alpha < 1$ 时，链节间相互吸引，线团收缩，此时的溶剂称为不良溶剂。聚合物链的线团形态如图 4-40 所示。

大分子聚合物在矿物表面的吸附形式多有不同，如果吸附链的线团状态与其在溶液中相同，则如图 4-41（a）所示；如果吸附的覆盖率高，则覆盖层厚度将远大于 R_g 或 R_F，如图 4-41（b）所示。有研究表明，当吸附大分子药剂的两个表面间距离 h 满足条件 $R_g < h < 3R_g$ 时，矿粒间表现为引力，而当 $h < R_g$ 或数倍于 R_g 时，

表现为斥力。

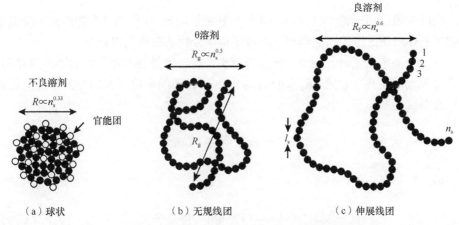

（a）球状　　　　（b）无规线团　　　　（c）伸展线团

图 4-40　溶液中不同状态的独立聚合物链[17]

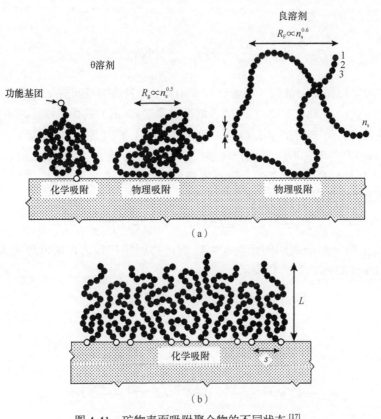

图 4-41　矿物表面吸附聚合物的不同状态[17]

L- 覆盖层厚度

2. 空间斥力表达式

空间位阻作用理论十分复杂，这种力取决于溶剂–聚合物体系的性质，受到聚合物在固体表面上覆盖率的影响，同时还与聚合物的吸附状态有关。

表面覆盖率极低时，相邻的链没有交叠，每一个链仅与相对的表面发生作用。在两个表面间距离 h 符合 $2R_g < h < 8R_g$ 时，两表面间单位面积的空间排斥势能近似符合指数关系：

$$V_{sr} \approx 36 \Gamma kT \exp\left(-\frac{h}{R_g}\right) \text{ J/m}^2 \tag{4-126}$$

或：

$$V_{sr} \approx 36 kT \exp\left(-\frac{h}{R_g}\right) \text{ J/mol（每分子）} \tag{4-127}$$

对应的空间斥力为

$$F_{sr} \approx \frac{36 \Gamma kT}{R_g} \exp\left(-\frac{h}{R_g}\right) \text{ N/m}^2 \tag{4-128}$$

式中，Γ 为单位面积的链数（覆盖率），$\Gamma = 1/s^2$，s 为连接点间的平均距离。

式（4-126）～式（4-128）适用于低覆盖率（$s > R_g$）的情况，此时覆盖层厚度 L 近似等于 R_g，在 θ 溶剂中 $L \propto M^{0.5}$；在良溶剂中，线团膨胀，$L \propto M^{0.6}$。表面覆盖率增大（$s < R_g$）时，吸附链向外伸展，L 远大于 R_g 或 R_F，此时 $L \propto M$。可将上述关系表示为 $L \propto M^a \propto n_s^a$，其中 a 随着覆盖率由低到高取值 0.5～1。对于良溶剂中覆盖层厚度可表示为

$$L = n_s l^{5/3} / s^{2/3} = \Gamma^{1/3} n_s l^{5/3} = R_F (R_F/s)^{2/3} \tag{4-129}$$

当两个覆盖层表面间的距离 $h < 2L$ 时，将产生排斥力，用亚历山大-德让纳（Alexander-de Gennes）方程表示：

$$F_{sr} \approx \frac{kT}{s^3} \left[\left(\frac{2L}{h}\right)^{\frac{9}{4}} - \left(\frac{h}{2L}\right)^{\frac{3}{4}} \right] \tag{4-130}$$

当 $h/2L$ 在 0.2～0.9 时，空间斥力近似符合如下指数关系：

$$F_{sr} \approx \frac{100}{s^3} kT \exp\left(-\frac{\pi h}{L}\right) = 100 \Gamma^{3/2} kT \exp\left(-\frac{\pi h}{L}\right) \text{ N/m}^2 \tag{4-131}$$

对应的空间排斥势能为

$$V_{\mathrm{sr}} \approx \frac{100}{\pi s^3} kT \exp\left(-\frac{\pi h}{L}\right) = 32\Gamma^{3/2} kT \exp\left(-\frac{\pi h}{L}\right) \ \mathrm{J/m}^2 \qquad (4\text{-}132)$$

4.5　颗粒与气泡的微观黏附过程

4.5.1　液膜薄化

随着颗粒与气泡不断靠近，颗粒和气泡之间形成液膜，液膜的薄化破裂是颗粒与气泡黏附的前提。亲水颗粒与气泡间的液膜是稳定的；而疏水颗粒与气泡间的液膜不稳定，容易自发破裂。

颗粒–气泡黏附受液膜薄化的影响，液膜排液受到表面力和流体动力的控制。由于液膜的厚度远小于气泡的直径，通常用雷诺润滑理论（lubrication theory）和适当的边界条件来描述气泡和固体平面之间薄液膜的排液。流体力学边界条件（即无滑移、部分/Navier 滑移及完全滑移）的选择会显著影响计算结果。对于液体/气体界面处的完全滑移条件，气泡与平坦固体表面之间的流体动力阻力是切向静止条件下流体阻力的四分之一，所以排液速率快。由于痕量污染物的影响，边界条件可以从滑移变为无滑移。斯托克斯–雷诺–杨–拉普拉斯（Stokes-Reynolds-Young-Laplace，SRYL）模型是代表性的流体动力学排液模型，通过该模型可以间接提取颗粒与气泡间表面力及流体阻力的信息。

1. 分离压

液膜存在于两个界面之间，为了平衡界面施加的外力，液膜内存在额外的压力用于"分离"界面，使液膜与形成液膜的体相处于流体静力平衡状态。Derjaguin 和 Obukhov[18] 由此提出分离压的概念。分离压是颗粒与气泡间液膜的固有性质。分离压与热力学函数有关，定义为在化学势 μ、表面积 S 及绝对温度 T 恒定的条件下液膜吉布斯自由能 G 随 h 的变化率：

$$\Pi(h) = -\left(\frac{\partial G}{\partial h}\right)_{\mu,S,T} \qquad (4\text{-}133)$$

式中，h 为两表面间距离，即液膜厚度。

分离压取决于颗粒和气泡与中间液膜的原子、离子和/或分子之间的相互作用。从颗粒与气泡相互作用的角度，可将分离压表示为

$$\Pi = \Pi_{\mathrm{v}} + \Pi_{\mathrm{e}} + \Pi_{\mathrm{h}} \qquad (4\text{-}134)$$

式中，Π_{v}、Π_{e} 和 Π_{h} 分别为由范德瓦耳斯作用、静电作用以及疏水或水合或空间位阻作用引起的压强。

2. 润滑理论

在低雷诺数状态下，可变形表面（气泡或液滴）与固体表面之间液膜的流动可以用润滑理论来描述。在轴对称液膜内，主要速度分量在径向 r 方向上，$u(r, z, t)$ 和压力 p 只在 r 方向上变化（图 4-42）。因此，液膜中的流动用 Stokes 方程的径向分量表示：

$$\mu \frac{\partial^2 u(r,z,t)}{\partial z^2} = \frac{\partial p(r,t)}{\partial r} \tag{4-135}$$

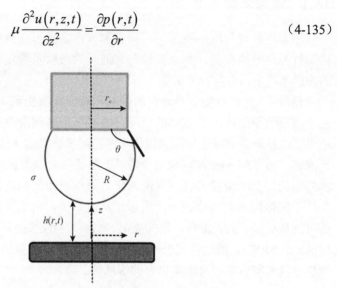

图 4-42　可变形表面与固体表面相互作用原理图

将从 $z=0$ 到 $h(r, t)$ 的连续性方程与液膜表面的运动学条件积分，得到液膜厚度随时间的演化方程：

$$\frac{\partial h(r,t)}{\partial t} = -\frac{1}{r} \frac{\partial}{\partial r} \left[r \int_0^{h(r,t)} u(r,z,t) \mathrm{d}z \right] \tag{4-136}$$

结合描述空间膜厚度的不同模型，可以详细阐明在可变形表面和固体表面之间液膜动态排液的物理本质。

3. SRYL 模型

SRYL 模型是研究可变形表面液膜排液的一种数值求解方法。在 SRYL 模型中，用 Stokes 流作用下的雷诺润滑理论描述液膜的动态排液，并用非平衡 Young-Laplace 方程描述气泡或液滴的变形。

SRYL 模型假设变形是流体动压强 $p(r, t)$、分离压 $\Pi(h)$ 和毛细压强之间的平衡。气泡可以根据恒定的界面张力及时调整其形状，以适应流体动压强和分

离压的变化。非平衡液膜形状的 Young-Laplace 方程为

$$\frac{\sigma}{r}\frac{\partial}{\partial r}\left(\frac{rh_r}{\left(1+h_r^2\right)^{1/2}}\right)=\frac{2\sigma}{R_b}-\Pi(h)-p(r,t) \tag{4-137}$$

式中，R_b 为气泡半径；σ 为液体的表面张力；$h_r=\partial h/\partial r$。对于气泡与平坦固体表面的相互作用，气液界面在相互作用区域内的气泡尺度上相对平坦，因此近似认为 $\partial h/\partial r \ll 1$，式（4-137）可简化为

$$\frac{\sigma}{r}\frac{\partial}{\partial r}\left(r\frac{\partial h}{\partial r}\right)=\frac{2\sigma}{R_b}-\Pi\left(h\right)-p\left(r,t\right) \tag{4-138}$$

在边界无滑移条件（$u=0$）下，Stokes-Reynolds 排液方程为

$$\frac{\partial h\left(r,t\right)}{\partial t}=\frac{1}{12\mu r}\frac{\partial}{\partial r}\left(rh^3\frac{\partial p}{\partial r}\right) \tag{4-139}$$

当界面符合不同滑移长度的 Navier 滑移边界条件（即边界滑移长度与界面剪切速率无关，为一恒定值）时，Stokes-Reynolds 方程变为如下形式：

$$\frac{\partial h}{\partial t}=\frac{1}{12\mu r}\frac{\partial}{\partial r}\left(rh^3\frac{\partial p}{\partial r}\right)+\frac{1}{4\mu r}\frac{\partial}{\partial r}\left[r\frac{(b_0+b_h)h^3+4b_0b_hh^2}{h+b_0+b_h}\frac{\partial p}{\partial r}\right] \tag{4-140}$$

式中，b_0 和 b_h 分别为两个界面的边界滑移长度。在 b_0 处 $z=0$，b_h 处 $z=h$。

当界面为滑移界面时，式（4-140）可转化为

$$\frac{\partial h}{\partial t}=\frac{1}{12\mu r}\frac{\partial}{\partial r}\left(rh^3\frac{\partial p}{\partial r}\right)-\frac{1}{r}\frac{\partial}{\partial r}(r,h,U(r,t)) \tag{4-141}$$

式中，$U(r,t)$ 为界面速度。

上述 Stokes-Reynolds 方程可用毛细数进行无量纲化处理，然后通过 Derjaguin 近似对流体动压力和分离压进行积分可得到颗粒与气泡之间的总作用力为

$$F(t)=2\pi\int_0^\infty[p(r,t)+\Pi(h(r,t))]rdr \tag{4-142}$$

在零时刻未发生形变的液膜轮廓为起始条件，此时起始膜厚为

$$h(r,0)=h_0+\frac{r^2}{2R_b} \tag{4-143}$$

式中，h_0 为液膜中心点初始相隔距离。

液膜存在于 [0，r_{max}] 区域内，对于轴对称的液膜体系，在 $r=0$ 处边界条件为

$$\frac{\partial h}{\partial r}=0=\frac{\partial p}{\partial r} \tag{4-144}$$

在 $r=r_{\max}$ 处边界条件为

$$r\frac{\partial p}{\partial r}+4p=0 \tag{4-145}$$

在 AFM 试验中，考虑到气泡的速度 $\mathrm{d}X(t)/\mathrm{d}t$、悬臂的挠度以及气泡的变形，可将 $r=r_{\max}$ 处的边界条件表示为

$$\frac{\partial h(r_{\max},t)}{\partial t}=\frac{\mathrm{d}X(t)}{\mathrm{d}t}+\frac{1}{K_{c}}\frac{\mathrm{d}F(t)}{\mathrm{d}t}-\frac{1}{2\pi\sigma}\frac{\mathrm{d}F(t)}{\mathrm{d}t}\left(\log\frac{r_{\max}}{2R}+B(\theta)\right) \tag{4-146}$$

式中，$X(t)$ 为气泡的位移；K_{c} 为悬臂的弹性常数。当三相接触线固定时：

$$B(\theta)=1+\frac{1}{2}\lg\frac{1+\cos\theta}{1-\cos\theta} \tag{4-147}$$

当接触角 θ 恒定时：

$$B(\theta)=1+\frac{1}{2}\lg\frac{1+\cos\theta}{1-\cos\theta}-\frac{1}{2+\cos\theta} \tag{4-148}$$

SRYL 模型可广泛用于不同类型非平衡实验中的动力学行为研究。通过 Reynolds 润滑方程及 Young-Laplace 方程，能够获得气泡和固体表面间液膜的时空演变特征。具有适当起始条件及边界条件的 SRYL 方程的数值解可以预测气泡和固体表面间动态液膜排液的完整信息。

4.5.2　三相接触线扩展

液膜破裂后，在未补偿的气–水界面张力的影响下，颗粒表面的气–液–固三相接触线（TPCL）发生扩展。在液膜拉回过程中，必须做功来去除固体的润湿，使气–液–固接触面扩展，直到建立平衡。TPCL 运动速度和动态接触角之间的关系可利用分子动力学和流体力学来建立。

分子动力学理论的原理是基于分子和离子在界面上输运过程的统计力学。TPCL 单位长度表面张力的不平衡是 TPCL 运动的驱动力。TPCL 速度可用该理论预测：

$$\frac{\mathrm{d}r_{\mathrm{TPCL}}}{\mathrm{d}t}=v\sin h\left[(\cos\theta_{\mathrm{d}}-\cos\theta_{\mathrm{e}})\frac{\sigma}{a_{\mathrm{t}}v}\right] \tag{4-149}$$

式中，θ_{d} 和 θ_{e} 分别为动态接触角和平衡接触角；v 为分子在平衡时的前后跳跃速率；σ 为表面张力；a_{t} 为 TPCL 位移的迁移率；r_{TPCL} 为三相接触半径。除了表面张力外，式（4-149）中的其他两个模型参数通常是未知的，必须通过适合的实验数据来确定。

流体动力理论给出：

$$\frac{\mathrm{d}r_{\text{TPCL}}}{\mathrm{d}t} = \frac{\sigma}{9\ln(R/L)\mu}\left[\theta_{\text{e}}^{3} - \theta_{\text{d}}^{3}(t)\right] \tag{4-150}$$

式中，R/L 为特征宏观长度尺度与微观（滑移）长度的比值。流体动力学理论的主要假设是 TPCL 运动过程中的主要耗散来自固体表面附近的黏性剪切，而分子动力学理论完全忽略了 TPCL 区内的黏性耗散。为了避免拟合未知的长度尺度比，可以使用针对特定几何形状（如气泡或液滴与固体衬底相互作用）开发的局部流体力学方法。

与浮选有关的气泡与颗粒之间的三相接触线的扩展和弛豫实验较少。浮选中常用的小颗粒和气泡难以直接测量 TPCL 运动的重要参数，如 TPCL 半径或动态接触角。通过高速显微摄像技术从三相界面下方成像并记录，可以对发生 TPCL 扩展的气泡表面区域进行实验研究，以获得有用的实验数据。在对流体力学模型和分子动力学模型的实验验证中，证明了两种模型都能很好地描述 TPCL 运动，但只能描述很短的时间。两种模型在很长一段时间内都发现实验值与预测值有明显的偏差，这可能是由于接触角的半径依赖性和其他曲率依赖性的影响，在流体力学和分子动力学模型中没有考虑到。

通过分子动力学理论得到 TPCL 扩展时间：

$$t_{\text{TPCL}} = \frac{2R_{\text{p}}}{a_{\text{t}}\sigma\sin\theta_{\text{e}}}a_{\text{t}}\tanh\left[\tan\left(\frac{\alpha_{\text{e}}}{2}\right)\frac{\cos\theta_{\text{e}}+1}{\sin\theta_{\text{e}}}\right] \tag{4-151}$$

式中，$\alpha_{\text{e}} = \theta_{\text{e}} + Bo$；邦德数（Bond number，记为 Bo）是颗粒半径的比率与毛细管长度 L_{c} 以及颗粒和水的密度 ρ_{b} 和 ρ 的函数，$Bo = \frac{2}{3}\left(\frac{R_{\text{p}}}{L_{\text{c}}}\right)^{2}\left(\frac{\rho_{\text{b}}}{\rho} - 1\right)$。

因此，已知气泡和颗粒的平衡接触角 θ_{e}、TPCL 迁移率 a_{t} 等物理性质，就可以计算出气泡与颗粒之间的 TPCL 扩展时间。

TPCL 扩展时间的数学模型可通过重力、惯性力和颗粒-气泡黏附力的平衡得到。当颗粒密度较低时，忽略重力的影响，有

$$t_{\text{TPCL}} = \left[\frac{4V_{0}R_{\text{p}}^{3}(\rho_{\text{b}} - \rho)}{3\sigma(1 - \cos\theta_{\text{e}})\overline{V_{\text{r}}}}\right]^{\frac{1}{2}} \tag{4-152}$$

式中，V_{0} 为颗粒向上运动的速度；$\overline{V_{\text{r}}}$ 为液膜径向位移的平均速度。对于不可忽略重力的颗粒，有

$$t_{\text{TPCL}} = \frac{4gR_{\text{p}}^{3}(\rho_{\text{b}} - \rho)}{3\sigma(1 - \cos\theta_{\text{e}})\overline{V_{\text{r}}}} \tag{4-153}$$

除了理论模型外，瞬态 TPCL 半径和动态接触角可以用指数函数描述。

4.5.3 液膜薄化的实验研究

颗粒与气泡间的液膜薄化和破裂受矿物表面性质、溶液化学、表面活性剂和表面力控制。当颗粒和气泡间的距离小于 100 nm 时，表面力开始控制液膜薄化。气泡碰撞颗粒时发生变形，变形的气泡产生毛细压力促使液膜排液。毛细压力随气泡曲率变化，当毛细压力变化至和颗粒与气泡间的表面力相等时，形成一层平衡液膜；如果毛细压力大于表面力，液膜将继续薄化直至破裂。

近年来，在使用原子力显微镜研究颗粒与气泡相互作用方面取得了一些进展。然而，固体颗粒和气泡间作用力的直接测量伴随着在流体动力和表面力作用下气-液界面的变形。力、气泡变形和液膜薄化之间的动态耦合使得理论分析和实验验证都具有挑战性。为了更好地分析颗粒与气泡的黏附作用，必须进一步了解液膜的表面力学和薄化行为。

结合光学显微干涉技术与颗粒气泡相互作用可视化平台（图 4-43），可对液膜排液过程进行研究。本节通过薄液膜厚度试验探究了石英板–气泡液膜在三种不同表面活性剂溶液中的薄化过程，还研究了三种表面活性剂对颗粒与气泡间液膜薄化的影响，可以为浮选中表面活性剂的选择提供理论支持。

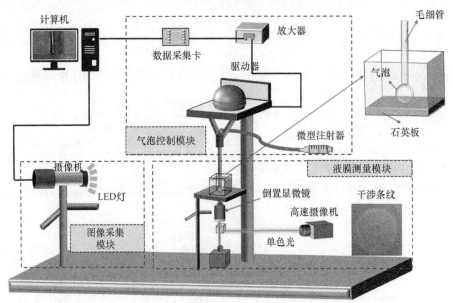

图 4-43 液膜厚度测量平台示意图

1. 液膜薄化实验

1）实验方法

如图 4-43 所示，平台的液膜测量模块由倒置显微镜单色光和高速摄像机组成。

利用高速摄像机采集液膜薄化过程中干涉条纹的变化视频，用编写的 MATLAB 代码对干涉条纹逐帧进行处理，可以得到随时间变化的液膜厚度。

液膜厚度的计算公式为

$$h\left(r,t\right)=\frac{\lambda}{2\pi n_1}\left(\frac{2m_\mathrm{o}+1}{2}\pi\pm\arcsin\sqrt{\frac{\Lambda}{1+4\left(1-\Delta\right)\dfrac{\sqrt{R_{12}R_{23}}}{\left(1-\sqrt{R_{12}R_{23}}\right)^2}}}\right) \tag{4-154}$$

其中：

$$\Delta=\frac{I\left(r,t\right)-I_\mathrm{min}}{I_\mathrm{max}-I_\mathrm{min}}$$

$$R_{12}=\frac{\left(n_\mathrm{g}-n_1\right)^2}{\left(n_\mathrm{g}+n_1\right)^2}$$

$$R_{23}=\frac{\left(n_1-n_\mathrm{s}\right)^2}{\left(n_1+n_\mathrm{s}\right)^2}$$

式中，n_g、n_1、n_s 分别为空气、水及固体基板的折射率，分别取 1、1.33 和 1.5；$I\left(r,t\right)$ 为瞬时光强；I_max 和 I_min 分别为最大和最小光强；λ 为光的波长；m_o 为干涉条纹级次。

2）样品制备

试验所用的透明石英板中的二氧化硅（SiO_2）含量为 99.39%。研磨抛光后，用去离子水清洗并在 55℃下干燥备用。接触角使用座滴法测量，结果以五次测量的平均值表示，其值为 45.1°。

将抛光石英板放入新制备的 Piranha 溶液（质量分数 98% 的浓硫酸和质量分数 30% 的双氧水以 3∶1 的体积比混合）中，在 80～90℃下漂洗 30 min，然后用去离子水清洗。通过上述清洗程序去除了石英表面的污染物，样品接触角接近 0°。

在甲苯中加入 1 mmol 十八烷基三氯硅烷（octadecyltrichlorosilane，OTS）溶液作为反应溶液，将石英板样品放入反应溶液中使其发生硅烷化反应，通过控制浸泡时间得到不同润湿性的石英板。在液膜薄化试验中，选用中等亲水性的石英板，制备好的样品暂存于干净的玻璃容器中。研究中使用的三种表面活性剂分别为甲基异丁基甲醇（methyl isobutyl carbinol，MIBC）、十二烷基苯磺酸钠（sodium dodecylbenzene sulfonate，SDBS）和 CTAB。其中，MIBC 是非离子表面活性剂，SDBS 是阴离子表面活性剂，CTAB 是阳离子表面活性剂。

2. 去离子水中石英板–气泡的液膜薄化

在测试过程中，使用气密微型注射器在玻璃毛细管端形成半径为 1 mm±0.01 mm 的气泡。气泡与石英表面的距离为 1.5 mm，毛细管驱动电压为 1.5～2 V。确定气泡接近时间为 500 ms，并根据溶液环境设置接触时间。为了使液膜薄化过程更加直观，录制了去离子水中液膜薄化过程的视频截图。

图 4-44 记录了液膜薄化到破裂过程的视频。在液膜薄化 0～20 s 期间，干涉条纹环数逐渐减少，干涉条纹环由紧变松。20 s 后，干涉条纹环数没有变化，测量液膜厚度也没有变化。结果表明，20 s 后薄化过程进入平衡阶段直至液膜破裂，液膜在破裂前保持一段时间的平衡。这种现象可以用 SRYL 模型来解释：当气泡远离石英板时，界面上的表面力和变形效应可以忽略。首先，由于拉普拉斯压强，液膜开始变薄；其次，随着分离距离的增加，排斥力开始出现；最后，气泡表面变平，薄化速率减小。当气泡进一步靠近石英板时，流体阻力减小，表面力增大，直至达到平衡膜厚。

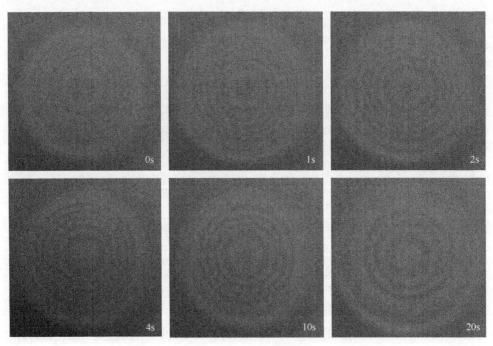

图 4-44　液膜在去离子水中薄化 0～20 s 的过程

利用 MATLAB 对各时间点的光强数据进行处理，得到液膜薄化的时空分布，如图 4-45 所示。最初液膜曲线尖锐而陡峭，后来曲线变得平缓。随着底部截面的不断增大，液膜厚度逐渐减小。最小液膜厚度维持在 144.29 nm 左右，直至液膜破裂消失。

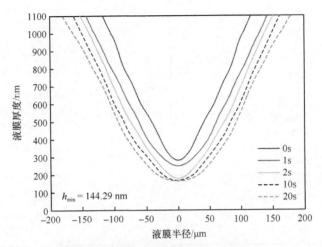

图 4-45　去离子水中液膜的时空厚度分布

h_{min}-最小液膜厚度

3. 表面活性剂溶液中石英板–气泡的液膜薄化

气泡直径设置为 1 mm，研究两种离子表面活性剂浓度对黏附过程的影响。

0.01 mmol/L CTAB、0.1 mmol/L CTAB、1 mmol/L CTAB、0.01 mmol/L SDBS、0.1 mmol/L SDBS 和 1 mmol/L SDBS 时石英表面与气泡之间的液膜薄化时空厚度分布如图 4-46 所示。离子表面活性剂中液膜薄化的规律与去离子水相同。最初液膜迅速变薄，经过一段时间便达到平衡。与去离子水相比，离子表面活性剂溶液中的液膜明显变厚，气泡更加稳定，这可能是因为离子表面活性剂降低了气液界面的表面张力。

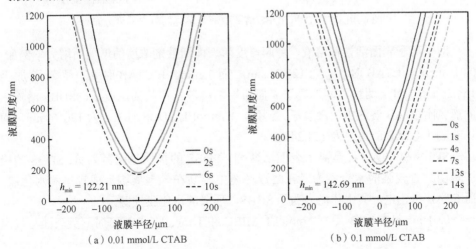

（a）0.01 mmol/L CTAB　　　　　　　（b）0.1 mmol/L CTAB

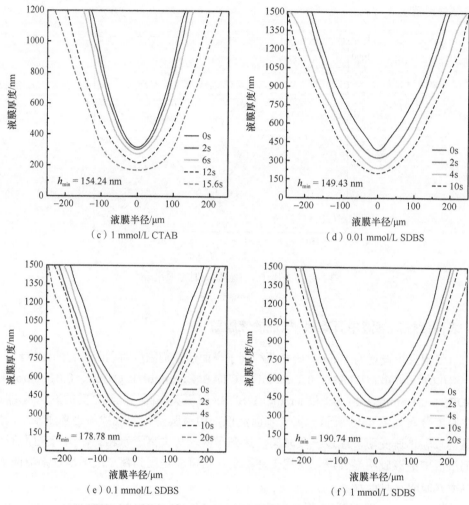

图 4-46　CTAB 和 SDBS 溶液中液膜薄化的时空厚度分布

对于离子表面活性剂溶液，薄膜厚度随表面活性剂浓度的增加而增大。例如，0.01 mmol/L CTAB 时 h_{min} 为 122.21 nm，而 1 mmol/L CTAB 时 h_{min} 显著增加至 154.24 nm。对于两种不同的离子表面活性剂溶液，在相同浓度下，SDBS 溶液中的液膜比 CTAB 溶液中的液膜厚。例如，1 mmol/L SDBS 时 h_{min} 为 190.74 nm，而 1 mmol/L CTAB 时 h_{min} 为 154.24 nm。

SDBS 和 CTAB 都是离子表面活性剂。SDBS 的极性基电荷为负；SDBS 的极性基团具有较强的水合能力，在溶液环境中容易在气泡周围形成较厚的水化膜。而 CTAB 带正电，其水化能力弱于 SDBS，形成的水化膜较薄。

0.01 mmol/L MIBC、0.1 mmol/L MIBC 和 1 mmol/L MIBC 时石英表面与气泡

之间液膜薄化的时空厚度分布如图 4-47 所示。对于非离子表面活性剂，液膜薄化过程不存在液膜平衡时间，薄化到最小厚度时液膜直接破裂。非离子表面活性剂可降低气液界面张力，促进空气分散形成小气泡。MIBC 是一种醇基表面活性剂，具有亲水羟基和疏水非极性碳氢链基团。气–液界面的吸附状态如图 4-48 所示。

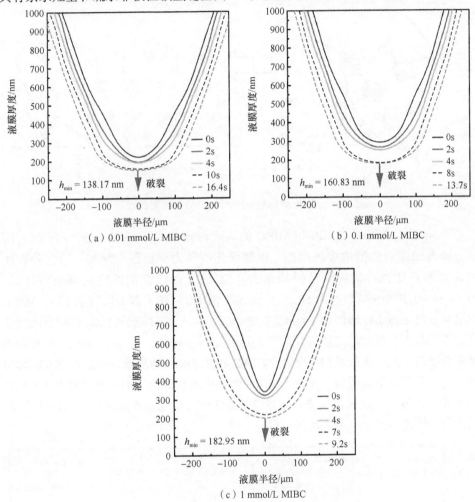

图 4-47　MIBC 溶液中液膜薄化的时空厚度分布

在 MIBC 中，非极性烃链面向气相，羟基面向液相。羟基与水分子形成氢键，进而形成气泡上的液膜。MIBC 分子通常以单分子层的形式吸附在气液界面，它们的分子链直径较长，为 $0.4 \sim 0.5$ nm，分子链长度为 $0.5 \sim 1.1$ nm。根据表面活性剂分子的长度和直径，可以估计表面活性剂分子的吸附面积。根据"站立"和"平躺"两种极端吸附方式，MIBC 分子的饱和吸附面积为 $0.13 \sim 0.55$ nm^2。表面活性剂分子在 MIBC 气液界面饱和吸附处的吸附面积为 0.51 nm²，MIBC 分子以"斜"态吸附在气液界面上，吸附相对较弱，空间利用率较低，在气–液界面上形成的水化膜薄且易破裂。

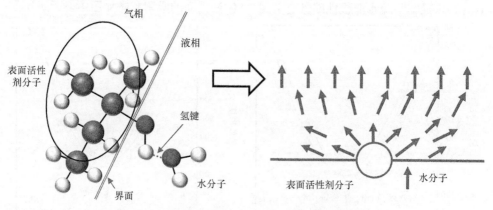

图 4-48　表面活性剂分子在气–液界面吸附的过程

不同浓度 CTAB、SDBS 和 MIBC 的液膜薄化动力学如图 4-49（a）～（c）所示。随着表面活性剂浓度的增加，液膜薄化的动力学过程也增加，这三种表面活性剂都是如此。临界破裂时间记为 t_c。t_c 随表面活性剂浓度的增加而降低；0.01 mmol/L SDBS 时的 t_c 为 58 s，1 mmol/L SDBS 时的 t_c 显著降低至 35 s。MIBC 浓度从 0.01 mmol/L 增加到 1 mmol/L 时，t_c 从 16.4 s 下降到 9.2 s。三种表面活性剂在不同浓度下得到的液膜薄化的平均速度如图 4-49（d）所示。液膜薄化平均速度随表面活性剂浓度的增加而增加。CTAB 和 SDBS 两种离子表面活性剂液膜薄化平均速度相似且增长缓慢。然而，MIBC 溶液中液膜薄化平均速度明显大于 CTAB 和 SDBC 溶液。一般来说，较高的液膜薄化速度可以缩短浮选过程中的诱导时间，从而可以提高浮选速率和矿物回收率。

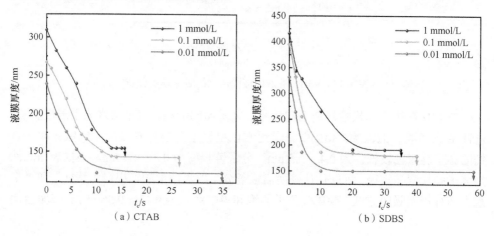

（a）CTAB　　　　　　　　　　　（b）SDBS

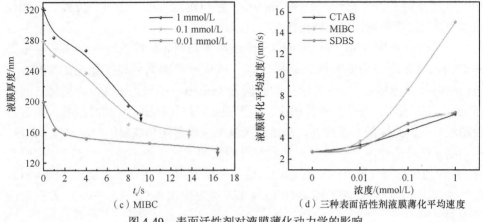

（c）MIBC

（d）三种表面活性剂液膜薄化平均速度

图 4-49　表面活性剂对液膜薄化动力学的影响

4.5.4　黏附作用的模拟研究

图 4-50（a）和（b）分别模拟了球形颗粒（密度 1.45 g/cm³，碰撞角 41.52°）和不规则 e 颗粒（密度 1.45 g/cm³，碰撞角 41.74°）的速度变化曲线[19]。球形和不规则 e 颗粒的速度变化曲线可分为五个阶段：① AB 段为自由沉降阶段；② BC 段为绕气泡面流动阶段；③ CD 段为液膜滑动阶段，球形和不规则 e 颗粒的滑动速度分别从 1.47 mm/s 增加到 2.23 mm/s 和从 1.53 mm/s 增加到 2.37 mm/s；④ DE 段为膜破裂及 TPCL 形成阶段，该阶段颗粒速度急剧下降，球形颗粒的滑动速度从 2.23 mm/s 降低到 0.92 mm/s，不规则 e 颗粒的滑动速度先从 2.37 mm/s 下降到 0.73 mm/s，然后增加到 2.26 mm/s，最后下降到 0.88 mm/s；⑤ EF 段为 TPCL 滑动阶段，颗粒基于 TPCL 继续沿着气泡表面滑动，滑动速度逐渐增加，当颗粒到达气泡"赤道"位置附近时，颗粒滑动速度达到最大值（球形和不规则 e 颗粒的

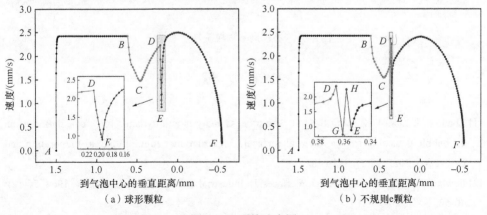

（a）球形颗粒

（b）不规则 e 颗粒

图 4-50　颗粒速度图

最大速度分别为 2.49 mm/s 和 2.41 mm/s），颗粒越过气泡"赤道"位置后，颗粒的滑动速度逐渐降低，最后停留在气泡底部。

　　但对比分析图 4-50（a）和（b），球形和不规则 e 颗粒的速度变化差异主要在 CE 段。CE 段经历的时间为诱导时间，即从碰撞瞬间到建立稳定的 TPCL 所经历的时间。球形颗粒的 CE 段持续时间为 136 ms，不规则 e 颗粒的持续时间为 78 ms。分析表明，与球形颗粒相比，不规则 e 颗粒具有棱角和边缘形状，更容易使颗粒和气泡之间的水膜破裂，从而显著减少液膜薄化和破裂的时间。在 DE 段，不规则 e 颗粒的速度变化比球形颗粒有更明显的波动。当不规则 e 颗粒液膜破裂时，颗粒的棱角与气泡首先形成 TPCL，使不规则 e 颗粒失去平衡而旋转（图 4-51）。图 4-50（b）中 D 点对应于图 4-51（a），GH 段对应图 4-51（b）～（g），E 点对应图 4-51（h）。

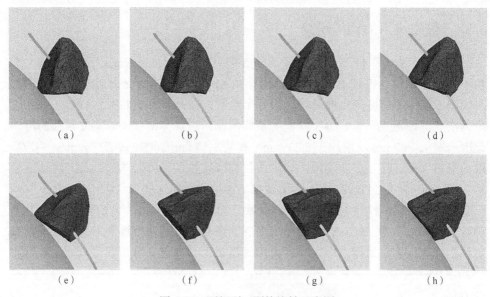

（a）　　　　　　（b）　　　　　　（c）　　　　　　（d）

（e）　　　　　　（f）　　　　　　（g）　　　　　　（h）

图 4-51　不规则 e 颗粒旋转示意图

参 考 文 献

[1] Zhang Z J, Zhao L, Zhuang L, et al. The process analysis and dynamic force calculation of an air bubble detaching from a flat coal surface[J]. International Journal of Coal Preparation and Utilization, 2022, 42(3): 438-448.

[2] Fowkes F M. Attractive forces at interfaces[J]. Industrial & Engineering Chemistry, 1964, 56(12): 40-52.

[3] Owens D K, Wendt R C. Estimation of the surface free energy of polymers[J]. Journal of Applied

Polymer Science, 1969, 13(8): 1741-1747.

[4] van Oss C J, Chaudhury M K, Good R J. Interfacial Lifshitz-van der Waals and polar interactions in macroscopic systems[J]. Chemical Reviews, 1988, 88(6): 927-941.

[5] Li D, Neumann A W. Contact angles on hydrophobic solid surfaces and their interpretation[J]. Journal of Colloid and Interface Science, 1992, 148(1): 190-200.

[6] Kwok D Y, Neumann A W. Contact angle interpretation in terms of solid surface tension[J]. Colloids and Surfaces A: Physicochemical and Engineering Aspects, 2000, 161(1): 31-48.

[7] Ye Y, Khandrika S M, Miller J D. Induction-time measurements at a particle bed[J]. International Journal of Mineral Processing, 1989, 25(3-4): 221-240.

[8] Gu G X, Xu Z H, Nandakumar K, et al. Effects of physical environment on induction time of air-bitumen attachment[J]. International Journal of Mineral Processing, 2003, 69(1-4): 235-250.

[9] Zhang Z J, Zhuang L, Wang L, et al. The relationship among contact angle, induction time and flotation recovery of coal[J]. International Journal of Coal Preparation and Utilization, 2021, 41(6): 398-406.

[10] Verrelli D I, Albijanic B. A comparison of methods for measuring the induction time for bubble-particle attachment [J]. Minerals Engineering, 2015, 80: 8-13.

[11] Helmholtz H. Studien über electrische grenzschichten[J]. Annalen der Physik, 1879, 243(7): 337-382.

[12] Gouy G. Constitution of the electric charge at the surface of an electrolyte[J]. Journal of Physics, 1910, 4(9): 457-476.

[13] Chapman D L. A contribution to the theory of electrocapillarity[J]. Philosophical Magazine, 1913, 25(148): 475-481.

[14] Stern O Z. Elektrochem[J]. Angewandte Chemistry and Physics, 1924, (30): 508-534.

[15] Grahame D C. The electrical double layer and the theory of electrocapillarity[J]. Chemical Reviews, 1947, 41(3): 441-501.

[16] Hogg R, Healy T W, Fuerstenau D W. Mutual coagulation of colloidal dispersions[J]. Transactions of the Faraday Society, 1966, (62): 1638-1651.

[17] Israelachvili J N. Intermolecular and Surface Forces[M]. London: Elsevier, 2011.

[18] Derjaguin B V, Obukhov E. Anomalous properties of thin layers of liquids[J]. Colloid Journal, 1935, 1: 385-398.

[19] Chen Y, Zhuang L, Zhang Z J. Effect of particle shape on particle-bubble interaction behavior: A computational study using discrete element method[J]. Colloids and Surfaces A: Physicochemical and Engineering Aspects, 2022, 653: 130003.

第 5 章　颗粒与气泡的脱附作用

5.1　颗粒与气泡间力学理论基础

遵循牛顿第二定律，从力学角度研究颗粒在气泡表面的运动，对于从本质上理解颗粒与气泡的黏附以及脱附过程是非常重要的。当颗粒成功黏附在气泡上时，我们将其定义为颗粒–气泡结合体。对颗粒–气泡结合体进行力学分析，总体来说，根据作用效果的不同，作用在颗粒上的力可以分为两个部分：黏附力和脱附力。黏附力和脱附力的竞争主导着颗粒在气泡上的运动趋势，当颗粒受到的脱附力大于黏附力时，颗粒便会从气泡表面脱附。在静态条件下，颗粒处于力学平衡状态，即黏附力等于脱附力。

5.1.1　悬浮在水平气–液界面的颗粒力学模型

在气–固–液三相体系中，颗粒悬浮于水平的气–液界面，如图 5-1 所示。虚线是水平界面的初始位置，由于颗粒的黏附，水平界面发生变形、弯曲，形成类似弯月的液面。在静态条件下，颗粒受到四种力的作用：毛细压力、压力、浮力和重力。假设颗粒是光滑的球形颗粒，整个界面关于 z 轴对称，颗粒的接触角沿三相接触线均匀分布。规定 z 轴为正方向，与重力方向相反，则作用在颗粒上的黏附力为正，脱附力为负。

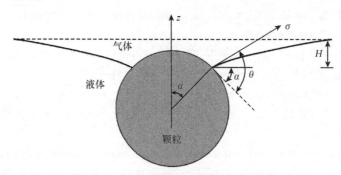

图 5-1　悬浮在气–液界面的颗粒几何示意图

第一个作用在颗粒上的最重要的力是毛细压力 F_c。毛细压力由液体表面张力产生，沿着气–液界面的切线方向作用在颗粒表面的三相接触线上。由于轴对称的几何形状，在整个三相接触线上，毛细压力在水平方向的分量合力为 0，所以只存在垂直方向的分量。通常认为，毛细压力是最主要的黏附力，可以维持颗粒稳定

地黏附在气–液界面。其表达式为

$$F_c = 2\pi R_p \sigma \sin\alpha \sin(\theta-\alpha) \tag{5-1}$$

式中，σ 为液体表面张力；R_p 为颗粒半径；θ 为颗粒三相接触角；α 为颗粒中心角（三相接触线对称两点与颗粒圆心连线夹角的一半）。可以看出，毛细压力与颗粒的三相接触周长 $2\pi R_p \sin\alpha$ 和颗粒三相接触角 θ 密切相关，并且在 $\alpha=\theta/2$ 时取得最大值。

第二个作用在颗粒上的最重要的力是压力 F_p，其支持颗粒悬浮在气–液界面。气–液界面模型的压力由静水压强产生，即静水压力 F_h，该力作用在三相接触线包围的平面上。压力的表达式如下：

$$F_p = F_h = \pi R_p^2 \sin\alpha \rho g H \tag{5-2}$$

式中，ρ 为液体密度；g 为重力加速度；H 为弯曲液面的弯曲深度（从气–液水平界面到三相接触面的垂直距离）。

第三个作用在颗粒上的最重要的力是浮力 F_b，其作用也是维持颗粒悬浮在气–液界面。考虑到颗粒有部分体积暴露在气体中，所以其浮力计算时应采用浸没在液体中的体积，而并非全部球体体积。浮力的最终计算表达式为

$$F_b = \frac{\pi R_p^3 \rho g}{3}(2 + 3\cos\alpha - \cos^3\alpha) \tag{5-3}$$

最后一个作用在颗粒上的最重要的力是重力 F_g。重力作用在颗粒上，将颗粒拉向液相中，促使颗粒从气–液界面脱附。颗粒重力的表达式为

$$F_g = \frac{4\pi R_p^3 \rho_p g}{3} \tag{5-4}$$

式中，ρ_p 为颗粒密度。重力方向垂直向下，与规定的正方向相反，是脱附力。

在静态条件下，悬浮在气–液界面的颗粒处于力学平衡状态，即合力为 0。其力学平衡表达式为

$$F_c + F_p + F_b - F_g = 0 \tag{5-5}$$

5.1.2　黏附在气泡表面的颗粒力学模型

当气泡相对于颗粒的直径无限大时，可以采用 5.1.1 节的气–液界面模型来分析颗粒的力学状态。但在实际浮选中，尤其是微泡浮选或者粗颗粒浮选时，气泡与颗粒的直径相差远没有那么大。同时为了提高颗粒与气泡的碰撞概率，往往会选取更小的气泡，而不是采用巨大的气泡进行浮选。完善的颗粒–气泡结合体力学模型如图 5-2 所示，为了便于分析计算，同样假设模型为轴对称结构，规定向上为正方向，即黏附力为正，脱附力为负。颗粒主要受到四个力的作用：毛细压力、

压力、浮力和重力。其中，毛细压力、浮力和重力的力学表达式与前面的气–液界面模型相同，唯一不同的是压力。

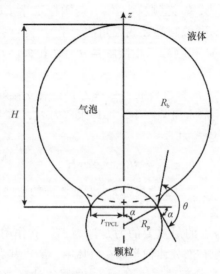

图 5-2　颗粒–气泡结合体力学模型

存在于液体中的气泡，由于存在弯曲的气–液界面，气泡内部存在拉普拉斯压强 ΔP，其表达式为

$$\Delta P = \frac{2\sigma}{R_b} \tag{5-6}$$

颗粒–气泡模型的压力 F_p 是作用在颗粒上的拉普拉斯压力 F_l 与静水压力 F_h 之差。静水压力的作用是维持颗粒黏附在气泡上，而拉普拉斯压力的作用是促使颗粒从气泡上脱附。静水压力与拉普拉斯压力的竞争决定了压力的大小和方向，也决定了其最终的作用效果。因此，作用在三相接触平面上的压力表达式为

$$F_p = F_l - F_h = \pi R_p^2 \sin^2 \alpha \left(\frac{2\sigma}{R_b} - \rho g H \right) \tag{5-7}$$

式中，R_b 为气泡半径；H 为弯曲液面的弯曲深度（从气泡顶部到三相接触面的垂直距离）。一般而言，拉普拉斯压力大于静水压力，因此压力方向向下。

在实际浮选中，由于浮选机内存在大量的湍流，颗粒–气泡结合体还会受到湍流流场的作用。在湍流流场中，颗粒会在气泡表面做圆周运动，如图 5-3 所示。湍流流场作用产生的离心力会促使颗粒从气泡表面脱附，并且当离心力超过一定限度，颗粒与气泡便会脱附。颗粒受到的离心力为

$$F_a = \frac{4}{3} \pi R_p^3 \rho_p b_m \tag{5-8}$$

式中，b_m 为颗粒在气泡表面做圆周运动的加速度，记为"机械加速度"（machine acceleration）。假设颗粒做圆周运动的半径等于气泡直径 d_b，则 b_m 的计算公式为

$$b_m = 1.9 \frac{\varepsilon^{2/3}}{d_b^{1/3}} \tag{5-9}$$

式中，ε 为湍流动能耗散率。

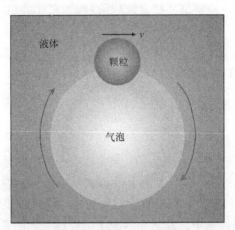

图 5-3　湍流流场中颗粒在气泡表面运动示意图 [1]

v-颗粒运动速度

此后，改进的 b_m 采用气泡半径作为颗粒圆周运动的半径，表达式为

$$b_m = 3.75 \frac{\varepsilon^{2/3}}{d_b^{1/3}} \tag{5-10}$$

总体来说，按照作用效果的不同，可以将作用在颗粒上的力分为两大类：黏附力和脱附力。毛细压力被认为是最主要的黏附力，对维持颗粒稳定黏附在气泡表面起到了至关重要的作用，通过诸如提高矿物表面疏水性等方法来强化毛细压力，可以有效提高矿物的浮选回收率。压力的作用效果取决于静水压力和拉普拉斯压力的高低，有力学计算表明，通常情况下，拉普拉斯压力的作用效果远高于静水压力的作用效果，导致压力为负，起到促使颗粒脱附的作用。重力无疑是脱附力，在流场中离心力是颗粒脱附的主要脱附力。重力和离心力与颗粒的质量（也可以反映在粒度上）密切相关，因此，粒度越大，颗粒受到的脱附力越强。这也从某种程度上解释了为什么粗颗粒的浮选回收率较低。在浮选中，颗粒与气泡的脱附是一种动态过程，作用在颗粒上的力随着脱附过程的进行而呈现出动态的变化。上述力学模型为分析颗粒–气泡脱附过程建立了坚实的理论基础，但由于这些模型仅仅在静态条件下进行了分析，有其局限性，不能完全表征颗粒–气泡的脱附过程。因此，引入动态参数，考虑脱附过程的动态变化，采用动态力学分析研究

颗粒–气泡脱附过程，对解析和表征脱附机理起着极为重要的作用。

5.1.3 颗粒–气泡结合体稳定性理论

颗粒与气泡的脱附和颗粒–气泡结合体的稳定性密切相关。一般来说，颗粒–气泡结合体稳定性越高，颗粒的脱附概率越低，两者呈现相反的变化。为了提高颗粒的浮选回收率，应当努力提高颗粒–气泡结合体的稳定性，降低颗粒–气泡的脱附概率。

在力学理论的基础上，可将颗粒受到的惯性力和毛细压力的比值定义为邦德数 Bo，用来表征颗粒–气泡结合体的稳定性。从定义上看，Bo 是一个无量纲量，其表达式为

$$Bo = \frac{\rho_b g d^2}{\sigma} \tag{5-11}$$

式中，d 为颗粒的特征长度。可以看出，当邦德数数值很大时，惯性力起主导作用，颗粒–气泡黏附体稳定性很低。而对于很小的邦德数，毛细压力起主导作用，颗粒可以稳定地黏附在气泡上。邦德数存在局限性，最初它只是用来描述两相体系。考虑到气–液–固三相体系中，黏附在气泡上的颗粒受到的各黏附力和脱附力，对邦德数进行改进，使其可以用来描述三相体系中颗粒–气泡结合体的稳定性。改进后的邦德数表达式为

$$Bo^* = \frac{F_{de}}{F_{ad}} \tag{5-12}$$

式中，F_{de} 为作用在颗粒上的所有脱附力的总和；F_{ad} 为作用在颗粒上的所有黏附力的总和。理论上讲，当 $Bo^* < 1$ 时，颗粒不会从气泡表面脱附，且 Bo^* 越小，颗粒–气泡结合体越稳定，脱附越难发生；而当 $Bo^* > 1$ 时，颗粒应该从气泡表面脱附，且 Bo^* 越大，颗粒–气泡结合体越脆弱，脱附越易发生；$Bo^*=1$ 是颗粒与气泡是否脱附的边界条件。

邦德数可以从一定程度上评价颗粒–气泡结合体的稳定性，但在实际的实验研究中发现，用邦德数去判断颗粒与气泡是否脱附是不准确的，很难发现一个确定的临界邦德数。在相当小的邦德数条件下，依然有部分颗粒会从气泡表面脱附。因此，脱附概率被用来量化评价颗粒与气泡的脱附。脱附概率的表达式为

$$P_d = \frac{1}{\exp(S / F_{de})} = \exp\left(-\frac{S}{F_{de}}\right) \tag{5-13}$$

式中，S 为颗粒–气泡结合体的强度。结合邦德数的定义，脱附概率可以进一步写为

$$P_{\mathrm{d}} = \exp\left(1 - \frac{1}{Bo^*}\right) \tag{5-14}$$

以上是最基础的脱附概率模型，此后，经许多学者不断发展和完善，从不同的角度提出了各种更为具体的模型，详见 5.1.4 节。

5.1.4　颗粒–气泡的脱附概率

颗粒与气泡发生碰撞并黏附后，并非所有的颗粒都能稳定地黏附在气泡表面，随着气泡上升进入泡沫层成为精矿产品。在外界环境（如流场）的作用下，部分颗粒会从气泡表面脱附，从而进入矿浆中，造成精矿的损失。

脱附概率是反映颗粒与气泡脱附情况的重要指标，同时也直接影响着颗粒的浮选回收率，根据其理论依据的不同，脱附概率数学模型主要分为三个方面：①基于力学平衡的脱附概率数学模型，见表 5-1；②基于能量平衡的脱附概率数学模型，见表 5-2；③基于颗粒最大可浮粒度的脱附概率数学模型，见表 5-3。

表 5-1　基于力学平衡的脱附概率数学模型

研究学者	脱附概率数学模型	公式序号
Hui[2]	$P_{\mathrm{d}} = \exp\left[\dfrac{\sigma(1-\cos\theta)d_{\mathrm{b}}^{1/3}}{14.8d_{\mathrm{p}}^2\Delta\rho\varepsilon^{2/3}}\right]$	（5-15）
Schulze 等[3]	$P_{\mathrm{d}} = \exp\left[1 - \dfrac{6\sigma\sin^2(\theta/2)}{d_{\mathrm{p}}^2\left(g\Delta\rho + \rho_{\mathrm{p}}b_{\mathrm{m}}\right) - d_{\mathrm{p}}\sigma\cos^2(\theta/2)}\right]$	（5-16）
Goel 和 Jameson[4]	$P_{\mathrm{d}} = \exp\left[1 - \dfrac{6\sigma\sin^2(\theta/2)}{3.75d_{\mathrm{p}}^2\rho_{\mathrm{p}}\varepsilon^{2/3}/d_{\mathrm{b}}^{1/3}}\right]$	（5-17）
Nguyen 和 Schulze[5]	$P_{\mathrm{d}} = \begin{cases} \exp\left[1 - \dfrac{3\sigma\left(1-\cos\theta_{\mathrm{a}}\right)}{4R_{\mathrm{p}}^2\left(g+b_{\mathrm{m}}\right)\Delta\rho}\right], & \Delta\theta \leqslant \theta_{\mathrm{r}} \\[3mm] \exp\left[1 - \dfrac{3\sigma\sin\theta_{\mathrm{r}}\sin\left(\Delta\theta\right)}{4R_{\mathrm{p}}^2\left(g+b_{\mathrm{m}}\right)\Delta\rho}\right], & \Delta\theta > \theta_{\mathrm{r}} \end{cases}$	（5-18）

注：θ_{a} 为前进接触角；θ_{r} 为后退接触角；$\Delta\theta$ 为接触角滞后（θ_{a} 与 θ_{r} 之差）；d_{p} 和 d_{b} 分别为颗粒和气泡直径；ε 为湍流动能耗散率；$\Delta\rho$ 为颗粒与液体密度差。

表 5-2　基于能量平衡的脱附概率数学模型

研究学者	脱附概率数学模型	公式序号
Yoon 和 Mao[6]	$P_{\mathrm{d}} = \exp\left[-\dfrac{3\sigma\pi R_{\mathrm{p}}^2\left(1-\cos\theta\right)^2 + 3E_1}{\rho g R_{\mathrm{b}}^2\theta_0\pi R_{\mathrm{p}}^2\sin^2\theta}\right]$	（5-19）

研究学者	脱附概率数学模型	公式序号
Sherrell[7]	$P_d = \exp\left[-\dfrac{2\sigma\pi R_p^2(1-\cos\theta)^2}{(m_p+m_b)(R_{imp}\omega)^2}\right]$	(5-20)
Do[8]	$P_d = \exp\left\{-\dfrac{2\sigma\pi R_p^2(1-\cos\theta)^2}{m_p\left[(d_p+d_b)\sqrt{\varepsilon/\nu}\right]^2}\right\}$	(5-21)
Nguyen 和 Schulze[5]	$P_d = \exp\left[1-\dfrac{3\sigma(1-\cos\theta)^2\times C}{2R_p\Delta\rho(\Delta V)^2}\right]$	(5-22)

注：θ_0 为颗粒覆盖部分的气泡圆心角；E_1 为能垒；m_p 和 m_b 分别为颗粒和气泡质量；ν 为流体运动黏度；R_{imp} 为叶轮半径；ω 为叶轮转速；ΔV 为颗粒和气泡在湍流中运动的速度差；C 为颗粒脱附能量热力学估计修正参数。

表 5-3　基于颗粒最大可浮粒度的脱附概率数学模型

研究学者	脱附概率数学模型	公式序号
Woodburn 等[9]	$P_d = \begin{cases}(d_p/d_{p\max})^{1.5}, & d_p\leqslant d_{p\max}\\1, & d_p > d_{p\max}\end{cases}$	(5-23)
Jameson 等[1]	$P_d = \exp\left[1-\left(\dfrac{d_{p\max}}{d_p}\right)^2\right]$	(5-24)
Brożek 和 Młynarczykowska[10]	$P_d = \left(\dfrac{d_p-d_{p\min}}{d_{p\max}-d_{p\min}}\right)^n$	(5-25)

注：$d_{p\max}$ 为颗粒最大可浮粒度；$d_{p\min}$ 为脱附概率为 0 时的可浮颗粒粒度；n 为经验指数。

　　大量研究表明颗粒粒度对浮选效果有着显著的影响。粗颗粒的回收率明显低于中等颗粒的回收率，粗颗粒的浮选较为困难。这是由于传统机械式浮选槽内的湍流作用，粗颗粒更容易从气泡表面脱附下来，从而降低了浮选回收率。Lynch 等[11] 通过分析不同硫化矿物的工业浮选数据，发现硫化矿物的回收率随粒度的分布如图 5-4 所示，因其形似大象，又被称为"大象图"（elephant curve）。从图 5-4 中可以看出，细颗粒和粗颗粒的回收率均较低，中等粒度颗粒浮选效果最好。已有研究表明，对于大多数矿物来说，最佳的浮选粒度范围为 15～150 μm；而对于煤来说，由于煤的疏水性较好且密度较低，其浮选粒度上限一般可以达到 500 μm 左右。

　　综合碰撞概率、黏附概率和脱附概率的数学模型不难发现，微细颗粒与气泡的碰撞概率很低，而粗颗粒与气泡的脱附概率很高。同时也有研究表明，微细颗粒和粗颗粒回收率低的原因是不同的，对于微细颗粒来说，其与气泡的碰撞概率

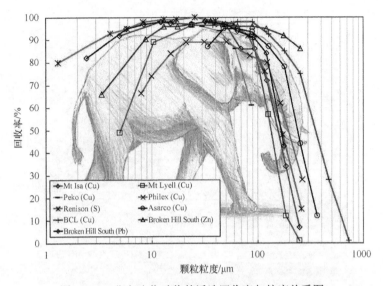

图 5-4　工业上硫化矿物的浮选回收率与粒度关系图

Mt Isa-芒特艾萨；Peko-佩科；Renison-雷尼森；BCL-布干维尔铜业公司；Broken Hill South-布罗肯山南；

Mt Lyell-莱伊尔山；Philex-菲莱克斯；Asarco-美国熔炼公司

很低，碰撞过程是影响微细颗粒回收率的主要原因；相反，粗颗粒具有较高的碰撞概率，但其自身重力较大，并且容易受到周边流体运动的干扰，导致其从气泡表面脱落下来，具有较高的脱附概率，脱附过程是影响粗颗粒回收率的主要原因。工业数据表明，在当前运行的工厂尾矿中，仍存在大量有价值的粗颗粒矿物。因此，对颗粒与气泡的脱附过程进行深入研究，揭示脱附机理，通过调控降低颗粒的脱附概率，从而提高浮选回收率，尤其是粗颗粒的浮选回收率，对浮选工业尤其是粗颗粒浮选工业有着重要的意义。

5.2　颗粒与气泡脱附过程研究

5.2.1　颗粒与气泡脱附界面行为研究

本部分内容应用加拿大阿尔伯塔大学 Qingxia Liu 教授课题组的动态测力仪（dynamic force apparatus，DFA），该设备可同时实现颗粒–气泡相互作用过程的微观观测和作用力的精准测定，其操作界面如图 5-5 所示。

实验参数设置：气泡直径 1.3 mm，颗粒直径 1.0 mm，颗粒经疏水化处理 60 min，毛细管外径 1.27 mm，毛细管运动速度 1 mm/s，毛细管运动加速度 1 mm/s^2，电荷放大器放大倍数 10 倍。图 5-6 为经典的颗粒–气泡脱附动态过程微观图，整个脱附过程毛细管垂直向上位移为 940.0 μm。从图 5-6 中可以发现，随着毛细管

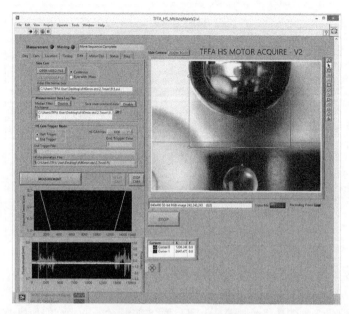

图 5-5　DFA 操作界面图

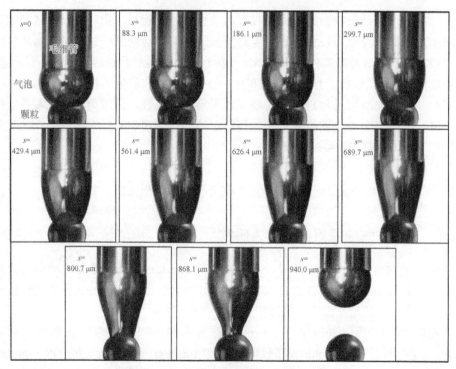

图 5-6　颗粒–气泡脱附动态过程微观图

s-毛细管垂直向上位移

不断向上运动，气泡在拉力的作用下不断被拉伸变形，由球形变成椭球形。观察气泡与颗粒接触的部分界面形状，可以发现随着气泡的不断拉伸，三相接触角呈现出动态增加的趋势。粗略观察颗粒与气泡的三相接触面积，可以发现在脱附动态过程的初期，三相接触面积没有明显的缩小趋势，这表明在气泡开始被拉伸阶段，三相接触线并没有明显的滑移，被"钉扎"在颗粒表面。然后，随着脱附的不断进行，气泡拉伸变形愈加剧烈，三相接触面积开始不断缩小，并且可以大致看出，三相接触线滑移收缩的速度越来越快。而到了脱附动态过程的末段，气泡在三相接触线附近形成一个明显的细颈状界面，直至最后完成整个脱附过程。

　　通过图像处理提取各特征参数，动态解析颗粒–气泡脱附过程的界面变化。颗粒–气泡脱附过程的界面变化主要体现在三个方面：动态接触角、三相接触线和界面形状，如图 5-7 所示。

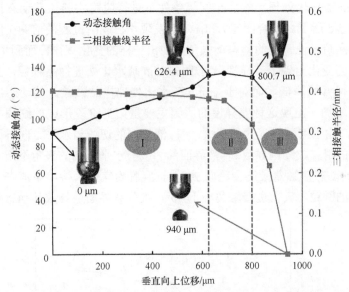

图 5-7　颗粒–气泡脱附动态过程的界面变化（60 min 疏水化处理样品颗粒）

　　从图 5-7 中可以看出，颗粒–气泡脱附的界面变化经历了三个较为明显的阶段：在第 I 阶段中，颗粒–气泡的脱附开始进行时，气泡在毛细管提供的竖直向上拉力的作用下被拉伸变形，逐渐变成椭球状，导致动态接触角不断增大，而三相接触半径几乎保持不变，这说明在第 I 阶段中，三相接触线没有明显的滑移收缩，三相接触线"钉扎"在颗粒表面。在拉力的持续作用下，当动态接触角增大到前进接触角时，脱附过程开始进入第 II 阶段（毛细管垂直向上位移 626.4 μm 处），在此阶段中，气泡在拉力的持续作用下维持椭球状的变形形状，动态接触角几乎维持不变，等于前进接触角，而随着毛细管垂直向上位移的增加，三相接触半径有了较为明显的减小，这是因为当动态接触角达到前进接触角后，三相接触线开始"脱钉扎"（depinning），三相接触线开始在颗粒表面滑移并收缩。随着毛细管垂直位移的不断增加，气泡拉伸变形逐渐加剧，三相接触半径不断缩小，当到达一定程度时，三相接触线附近的气泡开始出现细颈状的界面形状，标志着脱附过程进入第Ⅲ阶段（毛细管垂直向上位移 800.7 μm 处），在此阶段中，由于细颈状的界面形状，动态接触角减小，而三相接触半径急速降低，这说明三相接触线滑移收缩的速度不断变大。分析整个脱附过程三相接触半径的变化规律，不难看出，三相接触半径随毛细管垂直位移变化规律曲线的斜率绝对值不断增大，说明随着脱附过程的进行，三相接触线滑移收缩的速度逐渐增加，脱附进程不断加快。

颗粒的前进接触角受其表面性质（表面粗糙度、表面疏水性等）的影响，为了确保对脱附过程中动态接触角变化规律分析的准确性，选取相同的球形光滑颗粒，经 1 min 疏水化处理，然后在同等条件下进行脱附实验，其动态接触角的变化规律如图 5-8 所示。结合图 5-7 和图 5-8 发现，在脱附过程的前两个阶段，低疏水性颗粒和高疏水性颗粒的动态接触角呈现出一样的变化规律，而到了第Ⅲ阶段，动态接触角的变化出现了差异性：对于 60 min 疏水化处理样品颗粒，其动态接触角在第Ⅲ阶段开始降低，而对于 1 min 疏水化处理样品颗粒，其动态接触角在第Ⅲ阶段反而增加。出现这种差异性的原因主要是第Ⅲ阶段形成的细颈状界面，如图 5-9 所示，由于细颈状界面的形成，气–液界面的切线与水平方向近似垂直，而三相接触线的滑移收缩则导致固–液界面的切线与水平方向的夹角不断减小，这样颗粒–气泡的动态接触角最终会趋向 90°，直到脱附完成，接触角消失。因此，对于疏水性差的颗粒，其前进接触角小于 90°，细颈状界面会导致其动态接触角进一

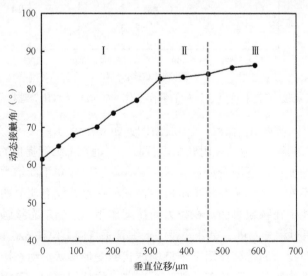

图 5-8　颗粒–气泡脱附过程动态接触角变化（1 min 疏水化处理样品颗粒）

步增大，而对于疏水性强的颗粒，其前进接触角大于 90°，细颈状界面反而会导致其动态接触角降低。

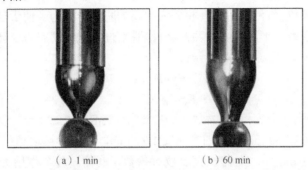

（a）1 min　　　　　　　（b）60 min

图 5-9　脱附过程第Ⅲ阶段界面形状对比（1 min 疏水化处理样品颗粒和
60 min 疏水化处理样品颗粒）

综上所述，根据颗粒–气泡脱附过程界面行为特征分析，可以发现，颗粒从气泡表面完全脱附需要进行三个子过程，分别为气泡拉伸阶段、气泡滑移阶段以及气泡细颈阶段。颗粒–气泡脱附进行的初始阶段为气泡拉伸阶段，在外界脱附力的作用下，气泡被逐渐拉伸变形，动态接触角不断增加，而三相接触线固定不动。直到动态接触角的值增大到前进接触角时，开始进入气泡滑移阶段。此阶段中，动态接触角几乎恒定不变，等于前进接触角，而三相接触线开始在颗粒表面有着较为明显的滑移收缩。随着脱附的不断进行，当颗粒–气泡三相接触面附近区域形成明显的细颈状界面形状时，标志着脱附进入气泡细颈阶段。此阶段中，动态接触角会从前进接触角逐渐趋向 90°（或增大或缩小，由前进接触角的值决定），三相接触线在颗粒表面快速地滑移收缩，导致三相接触面积迅速缩小，最终颗粒与气泡完全脱附。

5.2.2　颗粒与气泡脱附力学行为研究

颗粒–气泡的脱附过程是各个动态力综合作用的结果，黏附力和脱附力的动态竞争决定了脱附过程是否能够进行完全。对颗粒–气泡脱附过程的力学行为进行研究分析，可以深入解析颗粒–气泡脱附过程的力学作用机制，从本质上揭示颗粒–气泡脱附的内在机理。从 5.1.2 节颗粒力学模型可以知道，在三相体系中，当颗粒与气泡成功黏附形成颗粒–气泡结合体后，静态条件下颗粒受到的力主要为毛细压力、压力（拉普拉斯压力和静水压力的差值）、浮力以及重力。根据各个力对颗粒的作用效果不同，可以将其划分为两大类：黏附力和脱附力。其中，毛细压力是最主要的黏附力，静水压力和浮力是黏附力，拉普拉斯压力和重力是脱附力。这是基于静态条件下，颗粒受到的内部力作用，已有研究指出，在静态条件下，颗粒–气泡结合体稳定性很高，单纯依靠重力作用，很难使颗粒从气泡表面脱附。颗粒–气泡的脱附往往需要外界脱附力的作用。本实验中，由毛细管向上移动提供足够的拉力使颗粒–气泡脱附，此拉力为主要的脱附力，为了便于理解，后续统称为脱附力。采用力学平衡方法对颗粒–气泡脱附过程进行动态力学计算，相关计算公式如式（5-26）、式（5-27）所示：

$$F_{de}=F_{ad}=F_c-F_p \tag{5-26}$$

$$F_p=F_1-F_h \tag{5-27}$$

与前面界面行为研究相同，本次实验参数为：气泡直径 1.3 mm，颗粒直径 1.0 mm，颗粒经疏水化处理 60 min，毛细管外径 1.27 mm，毛细管运动速度 1 mm/s，毛细管运动加速度 1 mm/s^2，电荷放大器放大倍数 100 倍。各个作用力的计算和测定结果如图 5-10 所示。从图 5-10 中可以看出，测定脱附力与计算脱附力很好地吻合一致，说明该研究方法是真实可靠的。整体来看，在颗粒–气泡脱附过程中，毛细压力、压力以及需求的脱附力都处于动态变化之中，以往单纯地依靠静态毛细压力来评价颗粒–气泡黏附稳定性和脱附概率等行为存在一定的局限性，在分析颗粒–气泡脱附性能时，将其动态作用力考虑进去是非常有必要的。

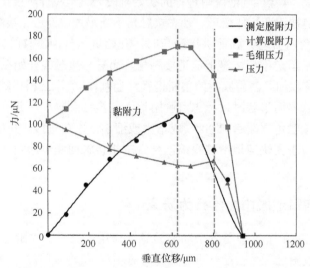

图 5-10　颗粒–气泡脱附动态过程力学分析（各力随垂直位移动态变化）

结合颗粒–气泡脱附过程的三个阶段，对其进行动态力学分析发现，在气泡拉伸阶段，由于动态接触角的增大和三相接触线的"钉扎"效应，颗粒受到的毛细压力持续增加；同时气泡不断被拉伸变形，导致气泡内部的拉普拉斯压力降低，因此压力逐渐减小；在增大的毛细压力和降低的压力共同作用下，颗粒受到的黏附力不断升高，也就需要更大的脱附力来维持这种平衡，因此，在此阶段脱附力处于持续增加的状态。在气泡滑移阶段，由于动态接触角的值维持在前进接触角，几乎保持不变，而三相接触线的滑移收缩导致三相接触周长减小，颗粒受到的毛细压力开始下降；而气泡的持续拉伸和三相接触面积的减小也导致压力降低，但幅度并不明显；因此，综合作用下，脱附力也随之降低。值得注意的是，在此阶段的末端，气泡细颈的逐渐形成，反而会导致气泡内部拉普拉斯压力反向升高，因此，虽然三相接触面积在减小，但仍可能会导致压力略微升高。进入气泡细颈阶段以后，三相接触线迅速滑移收缩，会同时导致毛细压力和压力大幅下降，与此同时，所需求的脱附力也快速降低。

综观整个脱附过程，毛细压力和脱附力都呈现出先增加后减少的变化趋势，这说明随着脱附过程的进行，颗粒–气泡脱附的难度先变大后变小。力学分析表明通过强化毛细压力和弱化压力的作用，可以有效地提高颗粒–气泡结合体的稳定性，需要更大的脱附力来完成颗粒–气泡的脱附过程。在颗粒–气泡脱附过程中，接触角滞后现象（动态接触角增大至前进接触角）有效地强化颗粒受到的毛细压力，从而阻止颗粒–气泡脱附的进行。气泡初期的拉伸变形，则有效降低了气泡内部的拉普拉斯压力，降低了颗粒受到的压力作用，也导致颗粒–气泡脱附需要更大的脱附力，从而也在一定程度上阻止了颗粒–气泡的脱附。

将脱附过程中脱附力的最大值定义为临界脱附力 F_{cride}（即颗粒–气泡完成脱附所需的最小脱附力）。临界脱附力决定了颗粒与气泡是否可以脱附，从力学角度分析，只有当颗粒受到的脱附力（自身重力和外界脱附力）大于临界脱附力并做足够的功时，颗粒与气泡才能完全脱附；当颗粒受到的脱附力小于临界脱附力或未做足够的功时，颗粒–气泡的脱附会在第 I 或第 II 阶段进行，并不能完全脱附。可以发现，相比于传统的静态毛细压力，临界脱附力将颗粒–气泡脱附的动态作用力考虑在内，可以更加精准地评价颗粒–气泡的脱附性能，同时，还可以在临界脱附力的基础上，对传统的颗粒–气泡脱附概率理论模型进行修正，可以更加真实可靠地反映颗粒–气泡的黏附稳定性以及脱附性能。

5.3 颗粒–气泡脱附过程影响因素研究

本节探究了颗粒粒度、颗粒表面疏水性和气泡尺寸对颗粒–气泡脱附过程的影响。

5.3.1 颗粒粒度

大量研究表明，浮选对矿物颗粒入料的粒度有着较为严格的要求，粒度过细或过粗均不能达到良好的浮选效果，其中影响细颗粒浮选回收率的主要因素是碰撞概率低，而影响粗颗粒浮选回收率的主要因素是脱附概率高。由此可见，颗粒粒度是影响颗粒–气泡脱附过程的一个重要因素。

选取不同粒度的样品颗粒进行清洗并疏水化处理 60 min，使其具有相同的表面疏水性，然后进行脱附试验。试验中，气泡直径为 1.5 mm，颗粒粒度分别为 0.43 mm、0.79 mm 和 1.19 mm，脱附时间为 1500 ms。采用图像处理法分析脱附过程录像，各个界面特征参数见表 5-4。从表 5-4 中可以看出，由于经过了相同时间的疏水化处理，0.43 mm、0.79 mm 和 1.19 mm 三个粒度颗粒表面具有相同的疏水性，所以其初始接触角几乎相同，约为 90°，但其初始三相接触半径有着明显的差异，颗粒粒度越大，初始三相接触半径越大。前进接触角主要与颗粒表面粗糙度和疏水性有关，本试验中采用的均为光滑球形颗粒，因此不同粒度颗粒在脱附过程中具有的动态接触角的最大值（即前进接触角）几乎一致，约为 103°。通过对整个脱附过程中毛细管在垂直方向的位移（脱附位移）分析可以发现，随着颗粒粒度的增加，脱附位移不断增加，这在一定程度上表明，在本试验条件下，颗粒粒度越大，颗粒-气泡脱附越困难，需要更大的位移才能完成整个脱附过程。但是，分析脱附力做的功需要同时考虑到作用力和作用位移的大小，后续需结合动态力的测定来精准判断颗粒粒度对颗粒-气泡脱附过程的影响规律。

表 5-4　颗粒–气泡脱附过程界面特征参数（不同粒度、相同疏水性颗粒）

颗粒粒度/mm	初始接触角/(°)	初始三相接触半径/mm	前进接触角/(°)	脱附位移/mm
0.43	91.12	0.21	103.40	0.59
0.79	90.26	0.36	103.23	0.70
1.19	89.40	0.47	102.47	0.85

相同疏水性、不同粒度颗粒与气泡脱附过程动态脱附力测定结果如图 5-11 所示。从图 5-11 中不难发现，颗粒-气泡脱附的临界脱附力随着颗粒粒度的增加而变大。表 5-5 详细展示了不同粒度颗粒的临界脱附力，重复试验结果证明了该测力系统良好的准确性和重现性。将脱附力曲线与横坐标（垂直位移）所围成的面积定义为脱附功，即颗粒-气泡脱附过程脱附力所做的功。从图 5-11 可以发现，随着颗粒粒度的增大，颗粒-气泡脱附的脱附功也逐渐增大，这说明在相同表面疏水性条件下，需要更大的脱附功才能使粒度较大的颗粒从气泡上脱附下来，也就是说，在本试验条件下（即毛细管提供的垂直向上的拉力为唯一的脱附力），颗粒粒度越大，颗粒-气泡越难脱附。但我们不能简单地认为增大颗粒粒度有助于降低颗粒浮选中的脱附概率，这是因为在实际矿物浮选中，导致颗粒-气泡脱附的主要脱附力为离心力、惯性力和颗粒重力，这些力都与颗粒自身的质量密切相关，随着颗粒粒度的增大，颗粒质量增加得更加明显，导致颗粒在浮选过程中受到更强的脱附力的作用，从而与气泡发生脱附，这就解释了为什么在浮选试验中，粗颗粒的回收率低。

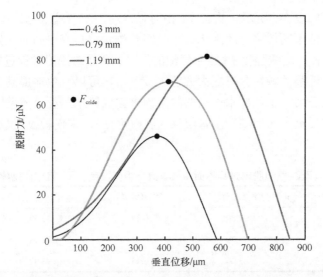

图 5-11　颗粒–气泡脱附过程动态脱附力随垂直位移变化图（不同粒度、相同疏水性颗粒）

表 5-5　相同疏水性、不同粒度颗粒与气泡脱附的临界脱附力（三次重复试验）

颗粒粒度/mm	临界脱附力/μN			
	重复 1	重复 2	重复 3	平均
0.43	45.29	46.31	46.91	46.17
0.79	71.45	69.28	70.40	70.38
1.19	80.20	81.60	83.17	81.66

5.3.2　颗粒表面疏水性

颗粒表面疏水性是影响其浮选效果最重要的一个参数。在矿物浮选中，只有颗粒表面具有一定的疏水性，才能与气泡黏附形成矿化气泡，最后被成功分选富集出来；亲水性颗粒则不能与气泡黏附，最终会留在矿浆里进入尾矿中。通常用接触角来量化反映固体表面的疏水性，接触角越大，其疏水性越强。已有研究表明，在常规浮选条件下，存在一个临界表面疏水性，或者临界接触角（65°～70°），只有高于此临界值，矿物、煤或者沥青才能达到高效率的浮选（回收率在 90% 以上）。可见，颗粒表面疏水性对其浮选回收率起着决定性作用，当然也会显著影响颗粒–气泡脱附过程。

本小节研究中，选取粒度相同（约为 1.2 mm）的球形光滑颗粒，分别对其疏水化处理 1 min、2 min 和 20 min（在后面图表中简称 1 min、2 min、20 min 样品），使其具有不同的表面疏水性，然后分别进行脱附试验。试验所用气泡直径均为 1.5 mm，脱附时间为 1500 ms。通过图像处理法分析脱附视频，提取脱附过程各界面特征参数，如表 5-6 所示。从表 5-6 中可以发现，随着疏水化处理时间的增加，颗粒表面疏水性不断增强，疏水化处理时间长的颗粒具有更高的初始接触角和初始三相接触半径，这些强化了颗粒–气泡的黏附。并且对脱附过程进行分析可以发现，初始疏水性强的颗粒具有更大的前进接触角，可以有效地提高颗粒脱附过程中的动态毛细压力，也就要求更高的脱附力来完成脱附过程。随着颗粒表面疏水性的提高，需要更大的毛细管垂直位移（脱附位移），来使颗粒–气泡完成整个脱附过程。

表 5-6　颗粒–气泡脱附过程界面特征参数（相同粒度、不同表面疏水性颗粒）

样品疏水化处理时间/min	初始接触角/(°)	初始三相接触半径/mm	前进接触角/(°)	脱附位移/mm
1	69.80	0.37	82.50	0.70
2	75.70	0.41	88.05	0.74
20	83.20	0.45	93.02	0.83

同一粒度、不同表面疏水性颗粒与气泡脱附过程中动态脱附力及临界脱附力的测定结果如图 5-12 和表 5-7 所示。从图 5-12 中可以发现，表面疏水性较强的颗粒，其动态脱附力在整个脱附过程中均大于表面疏水性较弱的颗粒。表 5-7 中重复试验的结果也表明，临界脱附力随着颗粒表面疏水性的增强而变大。通过面积法分析颗粒–气泡脱附过程的脱附功，很容易发现，高疏水性颗粒与气泡脱附所需的脱附功大于低疏水性颗粒脱附所需的脱附功。因此，强化颗粒表面疏水性是阻止颗粒–气泡脱附，提高颗粒–气泡黏附稳定性的一种重要手段。

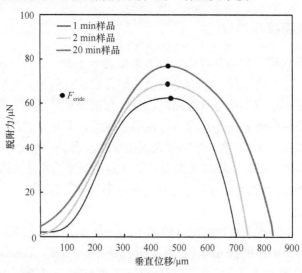

图 5-12　颗粒–气泡脱附过程动态脱附力随垂直位移变化图（同一粒度、不同表面疏水性颗粒）

表 5-7　相同粒度、不同疏水性颗粒与气泡脱附的临界脱附力（三次重复试验）

疏水化处理时间/min	临界脱附力/μN			
	重复 1	重复 2	重复 3	平均
1	63.77	61.22	62.64	62.54
2	66.83	69.91	69.35	68.70
20	75.69	76.06	78.58	76.78

5.3.3　气泡尺寸

气泡尺寸是浮选中的一个重要调控参数，通过减小气泡与颗粒的直径比，可提高颗粒–气泡碰撞概率，微泡的运用大大提高了微细颗粒的浮选效率。而对于粗颗粒来说，由于其本身粒径较大，碰撞概率本就较高，而且微泡不能提供足够的上升浮力，适当采用直径稍大的气泡也许浮选效果更佳。在液相内的气泡内部存在拉普拉斯压强，计算公式如下：

$$\Delta P = \frac{2\sigma}{R_b} = \frac{\sigma}{R_1} + \frac{\sigma}{R_2} \tag{5-28}$$

若气泡为球形，则直接用其半径 R_b 计算；若气泡不为球形，则采用过其弯曲液面顶点的曲率半径 R_1 和 R_2 进行计算。由于拉普拉斯压强的存在，当颗粒与气泡黏附形成三相接触后，颗粒便会受到拉普拉斯压力的作用。不管是在静态黏附还是动态脱附过程中，拉普拉斯压力都起到促使颗粒脱附的作用，因此，理论上猜测，降低拉普拉斯压力的作用，可以起到强化颗粒–气泡黏附的效果。

采用粒径约为 1 mm 的样品颗粒，分别进行 1 min 和 60 min 疏水化处理，控制毛细管产生直径分别为 1.3 mm、1.7 mm、2.0 mm 和 2.3 mm 的气泡，进行颗粒–气泡脱附试验，探究并比较气泡尺寸对低疏水性颗粒和高疏水性颗粒与气泡脱附的影响。通过图像处理法，得到的脱附过程界面特征参数如表 5-8 所示。从表 5-8 中可以发现，气泡大小对颗粒的初始接触角和前进接触角并无明显影响，接触角主要受颗粒表面疏水性和粗糙度的影响。随着气泡直径的增大，颗粒–气泡的初始三相接触半径和脱附位移均有所增加，但增幅并不十分明显。对比高、低疏水性颗粒脱附的特征参数差异可以发现，相对来说，气泡直径对高疏水性颗粒脱附过程的影响比低疏水性颗粒大。

表 5-8　气泡直径对颗粒–气泡脱附过程界面特征参数的影响规律

样品疏水化处理时间/min	气泡直径/mm	初始接触角/(°)	初始三相接触半径/mm	前进接触角/(°)	脱附位移/mm
1	1.3	61.61	0.302	83.42	0.657
	1.7	62.11	0.332	83.86	0.661

样品疏水化处理时间 /min	气泡直径 /mm	初始接触角 /(°)	初始三相接触半径 /mm	前进接触角 /(°)	脱附位移 /mm
1	2.0	59.82	0.339	81.68	0.669
	2.3	58.39	0.345	81.85	0.711
60	1.3	102.58	0.405	132.47	0.940
	1.7	102.56	0.427	134.61	1.074
	2.0	103.92	0.435	134.69	1.143
	2.3	101.00	0.436	134.11	1.158

气泡尺寸对颗粒–气泡脱附过程动态脱附力的影响如图 5-13（1 min 疏水化处理样品颗粒）和图 5-14（60 min 疏水化处理样品颗粒）所示。从图 5-13 和图 5-14 中可以发现，气泡直径越大，脱附所需的动态脱附力也越大。从表 5-9 中的临界脱附力可以发现，颗粒的临界脱附力随着气泡直径的增加而增大，对比 1 min 疏水化处理样品和 60 min 疏水化处理样品可以发现，当气泡直径从 1.3 mm 增大至 2.3 mm 时，1 min 疏水化处理样品的临界脱附力增幅约为 13 μN，而 60 min 疏水化处理样品的临界脱附力增幅达到 34 μN 左右，这表明随着颗粒表面疏水性的增加，气泡尺寸对临界脱附力的强化作用愈加明显。对比气泡直径从 1.3 mm 到 1.7 mm、从 1.7 mm 到 2.0 mm、从 2.0 mm 到 2.3 mm 各阶段临界脱附力的增幅可以发现，在气泡直径较小时，增加气泡直径可以明显提升颗粒的临界脱附力，而随着气泡直径逐步增大，后续再增大气泡尺寸，则不能明显提高颗粒的临界脱

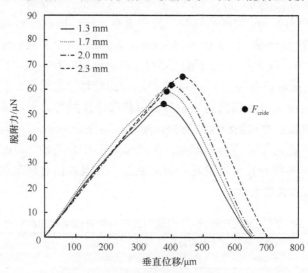

图 5-13　不同气泡直径条件下颗粒–气泡脱附过程动态脱附力曲线
（1 min 疏水化处理样品颗粒）

附力。分析各气泡直径的脱附力曲线与横坐标轴（垂直位移）所围成的面积，可以发现，气泡直径越大，其脱附力曲线与横坐标轴围成的面积越大，表明使颗粒脱附所需的脱附功越大，增大气泡直径可以有效地阻止颗粒–气泡脱附，强化颗粒–气泡的黏附稳定性。

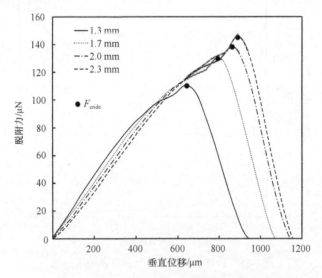

图 5-14 不同气泡直径条件下颗粒–气泡脱附过程动态脱附力曲线
（60 min 疏水化处理样品颗粒）

表 5-9 颗粒与不同直径气泡脱附的临界脱附力（三次重复试验）

样品疏水化处理 时间/min	气泡直径 /mm	临界脱附力/μN			
		重复 1	重复 2	重复 3	平均
1	1.3	48.96	52.10	54.00	51.69
	1.7	59.36	59.50	59.99	59.62
	2.0	62.50	62.30	61.92	62.24
	2.3	64.94	65.29	64.82	65.02
60	1.3	110.72	112.44	111.35	111.50
	1.7	130.34	130.28	130.07	130.23
	2.0	138.57	137.88	138.62	138.36
	2.3	145.73	146.02	145.55	145.77

从式（5-28）可以发现，拉普拉斯压力主要受到气泡半径或其曲率半径的影响，并且与其呈反比例关系，如图 5-15 所示。从图 5-15 可以看出，当气泡直径小于 2 mm，尤其是小于 1 mm 时，增大气泡直径，拉普拉斯压力会显著降低，而当气泡直径大于 2 mm 时，即便大幅增大气泡直径，拉普拉斯压力的降低效果也不明

显。遗憾的是，由于试验条件所限，本节未能对直径小于 1 mm 的气泡与颗粒脱附进行研究，但通过对 1.3～2.3 mm 直径气泡的研究，结合拉普拉斯压力与气泡直径的反比例函数关系，也证实了气泡尺寸对颗粒–气泡脱附的影响规律。

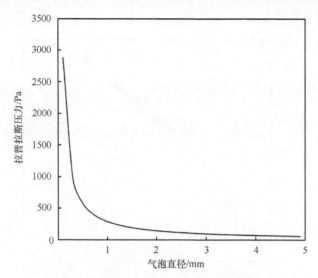

图 5-15　拉普拉斯压力与气泡直径关系曲线

通过三种因素（颗粒粒度、颗粒表面疏水性和气泡尺寸）对颗粒–气泡脱附过程的影响规律研究，结合颗粒–气泡脱附的界面行为和力学行为研究，可以发现：首先，增大颗粒表面疏水性可以显著强化颗粒–气泡的黏附稳定性，阻止颗粒–气泡的脱附。其次，增大颗粒粒度虽然可以提高颗粒的临界脱附力，但是由于在浮选中颗粒受到的脱附力（离心力、惯性力和重力等）与其自身质量（反映在粒度上）呈正相关，增大颗粒粒度也会增大其受到的脱附力，并不一定能够提高颗粒–气泡黏附稳定性，还需后续对脱附概率等方面进行深入研究。最后，气泡尺寸对颗粒–气泡脱附的影响随着颗粒表面疏水性的增强而增强，增大气泡尺寸可以提高颗粒的临界脱附力，但并不是气泡越大越好，结合气泡稳定性、颗粒–气泡碰撞及黏附、气泡内部拉普拉斯压力变化规律等，在一定程度上增加气泡尺寸，是可以强化颗粒–气泡的黏附，弱化颗粒–气泡的脱附，有助于矿物颗粒的浮选。

5.4　颗粒–气泡脱附力学理论计算

本节从颗粒–气泡结合体稳定性研究入手，通过将力学理论和颗粒–气泡脱附动态过程相结合，建立临界脱附力数学模型，并在此基础上改进邦德数模型和临界脱附力模型。

5.4.1　颗粒–气泡结合体稳定性研究

1. 颗粒–气泡黏附平衡状态研究

目的矿物颗粒与气泡的稳定黏附是高效浮选的关键所在，到目前为止，有不少学者从力学角度对颗粒–气泡结合体稳定性进行了研究，如通过毛细压力的计算分析评价颗粒–气泡结合体稳定性，或是通过推导的韧性力来反映颗粒–气泡黏附的稳定性。这些研究单纯侧重于从力学角度出发，评价颗粒–气泡结合体稳定性，而忽略了对颗粒–气泡黏附平衡状态的分析。

颗粒–气泡黏附平衡状态，即当颗粒与气泡发生碰撞后，颗粒与气泡间液膜薄化并破裂形成三相接触，三相接触线在颗粒表面不断扩展最终达到平衡状态。一般来说，颗粒的黏附平衡状态主要由三个参数来确定，颗粒静态接触角、中心角以及三相接触线半径。对于已知半径的球形气泡和光滑球形颗粒来说，由颗粒中心角 α 经简单计算便可以得到颗粒–气泡的三相接触半径，如式（5-29）所示；同时通过颗粒中心角还可以精准定位三相接触线在颗粒表面的位置，如图 5-16 所示，而通过三相接触半径则不能精确定位三相接触线的位置，相同的三相接触半径可能对应三相接触线的两个位置，为颗粒–气泡黏附位置的分析带来一定的干扰；如果采用三相接触半径进行颗粒黏附位置的确定，还需结合颗粒的静态接触角才能实现，使得定位复杂化。因此，本小节采用颗粒静态接触角和中心角来定义和研究颗粒–气泡黏附平衡状态。

$$r_{\text{TPCL}} = R_{\text{p}} \sin \alpha \tag{5-29}$$

式中，r_{TPCL} 为三相接触半径；α 为颗粒中心角。

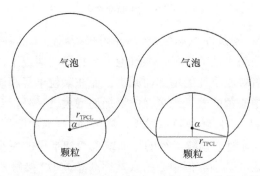

图 5-16　根据颗粒三相接触半径和中心角确定三相接触线位置对比图

颗粒–气泡黏附平衡状态对颗粒–气泡结合体稳定性有着重要的影响。从黏附在气泡上的颗粒受力模型不难发现，不管是颗粒的静态接触角还是中心角，均对颗粒–气泡间主要作用力（如毛细压力、拉普拉斯压力和静水压力等）有着显著的影响，这些作用力之间相互竞争与平衡从根本上决定了颗粒–气泡结合体的稳定性。因此，本小节通过诱导时间仪进行颗粒–气泡静态黏附试验，通过控制毛细管带动气泡与光滑球形玻璃颗粒碰撞并接触足够时间，使三相接触线充分扩张至平衡状态，通过图像处理法分析颗粒–气泡黏附平衡状态。然后结合颗粒–气泡脱附过程力学分析，研究颗粒–气泡黏附平衡状态对颗粒–气泡结合体稳定性的影响规律。

分别将低疏水性样品颗粒（经 1 min 疏水化处理）和高疏水性样品颗粒（经 60 min 疏水化处理）与气泡碰撞并黏附，其黏附平衡状态如图 5-17 所示。可以发现，相比于低疏水性颗粒，高疏水性颗粒与气泡黏附后具有更大的中心角，也就是说，对于光滑的球形颗粒，其表面疏水性越高，颗粒–气泡结合体中心角越大，从图像特征来看就是颗粒被气泡"吞"进去的部分越多，相对而言，颗粒–气泡结合体稳定性越高，两者黏附性越强。

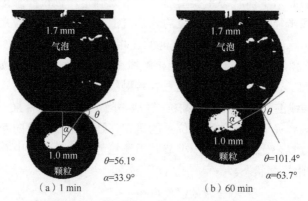

图 5-17　不同疏水性球形颗粒与气泡黏附平衡状态图（疏水化处理 1 min 样品与疏水化处理 60 min 样品对比）

表 5-10 展示了不同条件下颗粒–气泡黏附平衡状态下的各特征参数值，可以发现，对于相同表面疏水性的样品，在气泡半径相同的情况下，颗粒–气泡黏附平衡状态的中心角随着颗粒半径的增加而减小；而在颗粒半径相同的情况，颗粒–气泡黏附平衡状态的中心角随着气泡半径的增加而增大。另外，对比颗粒–气泡黏附平衡状态的中心角和 1/2 接触角可以发现，当颗粒–气泡黏附平衡时，中心角总是大于 1/2 接触角。尽管随着颗粒半径的增加或者气泡半径的减小，颗粒–气泡黏附平衡状态的中心角逐渐减小，但中心角只是逐渐靠近 1/2 接触角，并未小于 1/2 接触角。这一点已经通过大量重复试验（不同疏水性样品在不同条件下进行颗粒–气泡黏附试验）证实，因此，可以得出结论：在黏附平衡状态下，颗粒–气泡结合体的中心角总是大于 1/2 接触角。

表 5-10　不同条件下颗粒–气泡黏附平衡状态下的接触角和中心角

疏水化处理时间/min	颗粒半径/mm	气泡半径/mm	接触角/(°)	中心角/(°)	1/2 接触角/(°)
	0.16	1.6	103.9	92.6	52.0
	0.33	1.6	102.5	79.6	51.3
	0.50	1.6	103.4	71.3	51.7
60	0.60	1.6	104.6	62.8	52.3
	0.58	1.3	104.7	56.1	52.4
	0.58	1.7	101.4	63.7	50.7
	0.58	2.0	101.2	69.0	50.6
	0.58	2.3	103.8	74.1	51.9

　　结合力学原理来分析，根据毛细压力的计算公式，经简单的数学推导可知，当 $\alpha=\theta/2$ 时，毛细压力取得最大值，如图 5-18 所示。可以发现，在给定的颗粒半径、颗粒接触角和气泡半径条件下，毛细压力随着中心角的减小呈现出先增大后减小的趋势，并在 $\alpha=\theta/2$ 处达到最大值。对于颗粒–气泡结合体来说，一般认为，毛细压力是最主要的黏附力，拉普拉斯压力和颗粒重力是主要的脱附力。因此，随着颗粒粒度的增大，颗粒重力增加，需要更大的毛细压力来维持力学平衡状态。对于 $\alpha>\theta/2$ 的区间来说，减小 α 值可以获得更大的毛细压力，因此，颗粒–气泡处于黏附平衡状态时，其中心角随着颗粒粒度的增大而减小。而随着气泡半径的减小，拉普拉斯压力明显增大，也导致需要更大的毛细压力来达到力学平衡状态，与上述颗粒粒度分析原理相同，因此，颗粒–气泡处于黏附平衡状态时，其中心角

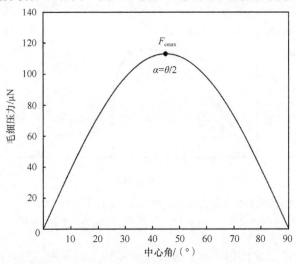

图 5-18　毛细压力随中心角变化曲线（颗粒半径 0.5 mm，气泡半径 1.0 mm，接触角 90°）

F_{cmax}-最大毛细压力

随着气泡半径的减小而减小。

2. 颗粒表面滑移区域研究

颗粒–气泡结合体在重力和外界脱附力等的作用下，颗粒会与气泡发生脱附。从现象上观察，颗粒–气泡的脱附其实是三相接触线在颗粒表面滑移收缩的过程，伴随着中心角的减小和三相接触线位置的移动。在本节进行的脱附试验中，随着脱附过程的进行，中心角不断减小，三相接触线不断上移，直至从颗粒表面完全脱离消失。图 5-19 展示了颗粒–气泡脱附过程中脱附力与中心角的关系，可以发现，脱附初期，颗粒–气泡的中心角几乎不变，脱附力迅速增加；此后，随着中心角的降低，脱附力仍持续增加，但增幅变缓，直到达到最大值；此后脱附力则会随着中心角的减小而迅速降低，最终完成整个脱附过程。从图 5-19 中颗粒–气泡黏附平衡状态的对比可以看出，高疏水性样品（经 60 min 疏水化处理）具有更大的中心角，远超过低疏水性样品（经 1 min 疏水化处理）的中心角。在其他条件相同的情况下，更大的中心角意味着更大的脱附力和脱附位移，这就表明，随着颗粒–气泡黏附平衡状态中心角的增加，需要脱附力做更多的功，才能使颗粒–气泡脱附。因此，可以简单地采用颗粒–气泡黏附平衡状态的中心角，定性地对颗粒–气泡结合体稳定性进行评价，即颗粒–气泡处于黏附平衡状态时中心角越大，颗粒–气泡结合体稳定性越高。

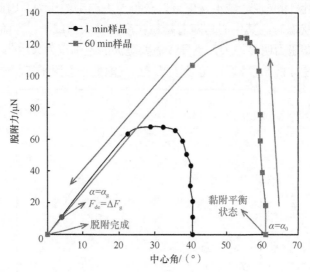

图 5-19　颗粒–气泡脱附过程中脱附力随中心角变化（颗粒半径约 1.0 mm，气泡半径约 1.7 mm）

ΔF_g-颗粒表观重力；α_g-F_{de}=ΔF_g 对应的中心角；α_0-黏附平衡状态中心角

根据脱附力产生原因的不同，将作用在颗粒上的脱附力分为内在脱附力（颗粒表观重力 ΔF_g，即颗粒在水中表现出的重力）和外界脱附力（浮选中主要是离心力、惯性力等）。内在脱附力与颗粒本身的性质（密度、体积）相关，除非改变浮选入料粒度，否则很难对其进行调控，而外界脱附力则可以通过很多手段调控。定义图 5-19 中灰色圆点位置为临界位置，即脱附力等于颗粒表观重力的位置（$F_{de}=\Delta F_g$，$\alpha=\alpha_g$），认为此临界位置处颗粒–气泡间黏附力等于颗粒表观重力。因此，当 $\alpha<\alpha_g$ 时，无论怎么进行外界调控，颗粒–气泡间黏附力总是小于颗粒表观重力，也就意味着颗粒–气泡的脱附是难以阻止的，当三相接触线的位置滑移到此区域后，脱附的进行将势必完成，将此区域定义为危险区域。与之相对应，对于 $\alpha_0<\alpha<\alpha_g$ 的区域，当三相接触线在此区域内，通过外界调控降低外界脱附力的作用，颗粒受到的黏附力则会大于脱附力，颗粒–气泡的脱附过程被中止，颗粒与气泡不会完全脱附，可以将此区域定义为安全滑移区。

5.4.2 临界脱附力模型的建立

1. 力学基础理论

临界脱附力的提出充分考虑到颗粒–气泡脱附的动态过程，是量化评价颗粒–气泡脱附性能（或黏附稳定性）的一个重要参数。因此，在颗粒–气泡力学分析的基础上，建立临界脱附力的计算模型，实现颗粒–气泡脱附性能的量化评定，对矿物最大可浮粒度的确定和浮选参数的调控有着重要的指导意义。在理想静态条件下，颗粒–气泡结合体几何模型如图 5-20 所示，结合力学分析，可知颗粒受到的力分别为毛细压力 F_c、压力 F_p、浮力 F_b 和重力 F_g。

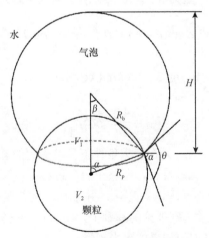

图 5-20 颗粒–气泡结合体几何模型示意图

当颗粒受力平衡时，有

$$F_c-F_p+F_b-F_g=0 \tag{5-30}$$

对颗粒受到的浮力进行详细地分析，如图 5-20 所示，当颗粒黏附在气泡上以后，颗粒的上部为浸没在空气中的球缺（体积 V_1），而颗粒的下部浸没在水中（体积 V_2）。因此，式（5-30）可以转化为

$$F_c - F_p + F_b - F_g + F_{b1} - F_{b1} = 0 \tag{5-31}$$

式中，F_{b1} 为球缺部分在水中的浮力（对应图 5-20 中的体积 V_1）；F_b 为颗粒剩余部分在水中的浮力（对应图 5-20 中的体积 V_2）。

式（5-31）可化简为

$$F_c - F_p + F_{b0} - F_g - F_{b1} = 0 \tag{5-32}$$

式中，F_{b0} 为整个颗粒在水中的浮力。

将颗粒所受的重力和浮力移至式（5-32）等式右侧，则可以得到：

$$F_c - F_p - F_{b1} = \Delta F_g \tag{5-33}$$

式中，ΔF_g 为颗粒在水中的表观重力，$\Delta F_g = F_g - F_{b0}$。将式（5-33）等号左侧的力记作颗粒受到的总黏附力 F_{ad}，等号右侧的力记作颗粒受到的总脱附力 F_{de}。

球缺体积的计算公式为

$$V_1 = \frac{\pi}{3} R_p^3 (2 - 3\cos\alpha + \cos^3\alpha) \tag{5-34}$$

因此，球缺在水中浮力的计算公式为

$$F_{b1} = \frac{\pi}{3} R_p^3 \rho g (2 - 3\cos\alpha + \cos^3\alpha) \tag{5-35}$$

将毛细压力、压力、重力和式（5-35）代入式（5-33）中，则可得

$$F_{ad} = 2\pi R_p \sigma \sin(\theta - \alpha) + \pi R_p^2 \sin^2\alpha \left(\rho g H - \frac{2\sigma}{R_b} \right)$$
$$- \frac{\pi}{3} R_p^3 \rho g (2 - 3\cos\alpha + \cos^3\alpha) \tag{5-36}$$

$$F_{de} = \frac{4}{3} \pi R_p^3 g \Delta\rho \tag{5-37}$$

式（5-36）和式（5-37）为在静态条件下颗粒受到的总黏附力和总脱附力，而颗粒–气泡的脱附是一个动态过程，在整个脱附过程中，颗粒的接触角、三相接触线以及气泡的曲率半径均呈现动态变化，并且在不同的脱附子过程有着不同的变化规律。因此，应在力学基础理论的基础上，结合试验研究颗粒–气泡脱附过程的动态规律，建立颗粒–气泡间临界脱附力模型。

2. 经验模型联立

考虑到颗粒–气泡脱附的动态过程，结合界面行为和力学行为分析，可以发现，

颗粒–气泡间临界脱附力出现在脱附的第Ⅱ阶段（气泡滑移阶段），在此阶段，颗粒的动态接触角等于前进接触角；同时，气泡在毛细压力作用下变形，假设在临界脱附力出现时，变形气泡的曲率半径为 R_1 和 R_2。用前进接触角和两个曲率半径替换式（5-36）中的接触角 θ 和气泡半径 R_b，则可得

$$F_{ad} - 2\pi R_p \sigma \sin\alpha \sin(\theta_a - \alpha) + \pi R_p^2 \sin^2\alpha \left[\rho g H - \left(\frac{\sigma}{R_1} + \frac{\sigma}{R_2} \right) \right]$$

$$- \frac{\pi}{3} R_p^3 \rho g (2 - 3\cos\alpha + \cos^3\alpha) \tag{5-38}$$

式中，θ_a 为颗粒在脱附过程中的前进接触角。

此时，颗粒所受到的总脱附力为

$$F_{de} = \frac{4}{3}\pi R_p^3 g \Delta\rho + F_{deex} \tag{5-39}$$

式中，F_{deex} 为作用在颗粒上的外界脱附力。

定义毛细长度为

$$L = \sqrt{\frac{\sigma}{\rho g}} \tag{5-40}$$

在去离子水中，毛细长度约为 2.7 mm。

对式（5-38）等号左右两端同时除以 $2\pi L\sigma$，则可得

$$\frac{F_{ad}}{2\pi L\sigma} = \frac{R_p}{L}\sin\alpha \sin(\theta_a - \alpha) + \frac{R_p^2 \sin^2\alpha}{2L\sigma}\left[\rho g H - \left(\frac{\sigma}{R_1} + \frac{\sigma}{R_2} \right) \right]$$

$$- \frac{R_p^3}{L^3}\left(\frac{2 - 3\cos\alpha + \cos^3\alpha}{6} \right) \tag{5-41}$$

将式（5-41）中等号右边第二项单独拿出来，即

$$\frac{F_p}{2\pi L\sigma} = \frac{R_p^2 \sin^2\alpha}{2L\sigma}\left[\rho g H - \left(\frac{\sigma}{R_1} + \frac{\sigma}{R_2} \right) \right] \tag{5-42}$$

当气泡侧面曲率半径为 R_1 时，根据几何关系，可以得到 H 的计算表达式如下：

$$H = R_1 + R_1\cos\beta \tag{5-43}$$

式中，β 为气泡中心角。

又因为：

$$R_1\sin\beta = R_p\sin\alpha \tag{5-44}$$

结合式（5-43）和式（5-44），可得

$$H = R_1 + R_1\sqrt{1 - \left(\frac{R_p}{R_1}\right)^2 \sin^2\alpha} \tag{5-45}$$

将式（5-45）代入式（5-42）并进行化简，具体步骤如下：

$$\frac{F_p}{2\pi L\sigma} = \frac{R_p^2 \sin^2\alpha}{2L\sigma}\rho gH - \frac{R_p^2 \sin^2\alpha}{2L}\left(\frac{1}{R_1}+\frac{1}{R_2}\right)$$

$$= \frac{R_p^2 R_1 \sin^2\alpha}{2L^3}\left[1+\sqrt{1-\left(\frac{R_p}{R_1}\right)^2\sin^2\alpha}\right] - \frac{R_p^2 \sin^2\alpha}{2L}\left(\frac{1}{R_1}+\frac{1}{R_2}\right) \qquad (5\text{-}46)$$

$$= \frac{R_p^2}{2L^2}\sin^2\alpha\left(\frac{R_1}{L}-\frac{L}{R_1}-\frac{L}{R_2}\right) + \frac{R_p^3 \sin^2\alpha}{2L^3}\sqrt{\frac{R_1^2}{R_p^2}\sin^2\alpha}$$

在本节研究和实际浮选中，颗粒半径 R_p 均小于 0.5 mm，而 L 约为 2.7 mm，因此，$R_p^3/L^3 \ll 1$，则式（5-46）中含有 R_p^3/L^3 的项均可忽略不计，简化后可得

$$\frac{F_{ad}}{2\pi L\sigma} = \frac{R_p}{L}\sin\alpha\sin(\theta_a-\alpha) + \frac{R_p^2}{2L^2}\sin^2\alpha\left(\frac{R_1}{L}-\frac{L}{R_1}-\frac{L}{R_2}\right) \qquad (5\text{-}47)$$

结合一个典型的颗粒–气泡脱附过程试验，颗粒半径为 0.5 mm，颗粒经疏水化处理 60 min（静态接触角为 102.70°），在脱附过程中，当临界脱附力出现时，前进接触角为 134.7°，变形气泡的曲率半径 R_1 和 R_2 分别为 1.81 mm 和 0.92 mm，毛细长度和液体表面张力分别取 2.7 mm 和 0.072 N/m，进行理论计算，则颗粒受到的总黏附力与中心角的关系如图 5-21 所示。显而易见，随着中心角的减小，颗粒受到的总黏附力呈现先增加后减小的趋势，并在 $\alpha=\alpha_m$ 处达到最大值。因此，总黏附力的最大值（与临界脱附力 F_{cride} 相等）由以下准则方程决定。

$$\frac{\mathrm{d}F_{ad}}{\mathrm{d}\alpha} = 0 \qquad (5\text{-}48)$$

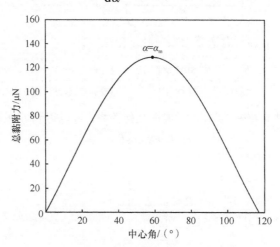

图 5-21 颗粒受到的总黏附力与中心角的关系图
（R_p=0.5 mm，θ_a=134.7°，R_1=1.81 mm，R_2=0.92 mm）

将式（5-48）代入式（5-47），可得

$$\sin(\theta_a - 2\alpha_m) - A\sin2\alpha_m = 0 \qquad (5\text{-}49)$$

其中：

$$A = \frac{1}{2}\left(\frac{R_p}{R_1} + \frac{R_p}{R_2} - \frac{R_p R_1}{L^2}\right)$$

解得

$$\alpha_m = \frac{1}{2}\arcsin\left(\frac{\sin\theta_a}{\sqrt{1 + 2A\cos\theta_a + A^2}}\right) \qquad (5\text{-}50)$$

将式（5-50）代入式（5-47），则可得临界脱附力的计算公式：

$$F_{\text{cride}} = \pi R_p \sigma\left(\sqrt{1 + 2A\cos\theta_a + A^2} - \cos\theta_a - A\right) \qquad (5\text{-}51)$$

式（5-51）为基于力学理论，结合颗粒–气泡脱附动态过程推导出的临界脱附力的数学模型，但模型中有颗粒前进接触角 θ_a、变形气泡曲率半径 R_1 和 R_2 等参数，需进一步通过经验公式建立其与颗粒静态接触角 θ_S、气泡半径 R_b 的关系。

1）前进接触角 θ_a

采用具有不同表面疏水性的颗粒分别进行颗粒–气泡脱附试验，分析脱附过程，可得到颗粒的前进接触角与静态接触角的关系如图 5-22 所示。从图 5-22 中可以发现，颗粒的前进接触角与静态接触角呈现良好的线性关系，其经验模型表达式为

$$\theta_a = 1.356\theta_S, \quad R^2 = 0.998 \qquad (5\text{-}52)$$

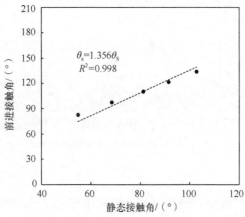

图 5-22　颗粒的前进接触角与静态接触角关系图

2）曲率半径 R_1

采用具有不同表面疏水性的颗粒，在不同气泡尺寸条件下分别进行颗粒–气泡脱附试验，分析脱附过程。结合测力结果，当临界脱附力出现时，分析提取变形气泡的曲率半径 R_1 和 R_2。变形气泡的曲率半径 R_1 与气泡半径 R_b 的关系如图 5-23 所示，可以看出，对于低疏水性（疏水化处理 1 min，静态接触角约 54°）和高疏水性（疏水化处理 60 min，静态接触角约 102°）的样品颗粒，临界脱附力出现时气泡的曲率半径 R_1 随气泡半径的增大呈现近似恒定分布，说明在本试验条件下，曲率半径 R_1 不受气泡半径的影响，反而受到样品颗粒表面疏水性的影响，可以发现高疏水性样品脱附过程的气泡曲率半径 R_1 大于低疏水性样品。图 5-24 展示了颗粒–气泡脱附过程中气泡曲率半径 R_1 与颗粒静态接触角的关系。可以发现，曲率半径 R_1 随着颗粒静态接触角的增大而增大，两者呈现近似指数分布，其拟合后的经验公式为

$$R_1=0.75e^{0.0086\theta_s}, \quad R^2=0.970 \tag{5-53}$$

式中，所得曲率半径 R_1 单位为 mm。

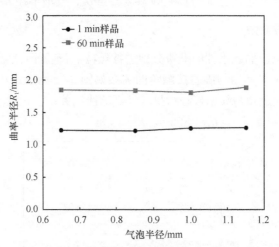

图 5-23 气泡半径与临界脱附力出现位置变形气泡曲率半径 R_1 关系图
（高、低表面疏水性样品颗粒的对比）

3）曲率半径 R_2

颗粒–气泡脱附过程中，变形气泡的曲率半径 R_2 与气泡半径的关系如图 5-25 所示。从图 5-25 中可以发现，变形气泡的曲率半径 R_2 随着气泡半径的增加呈现线性增加，两者近似为正比关系。并且对比低疏水性样品（疏水化处理 1 min，静态接触角为 54.80°）和高疏水性样品（疏水化处理 60 min，静态接触角为 102.70°）

可以发现，变形气泡的曲率半径 R_2 与样品颗粒的表面疏水性无关。因此，变形气泡的曲率半径 R_2 与气泡半径的经验公式为

$$R_2=0.979R_b, \quad R^2=0.999 \tag{5-54}$$

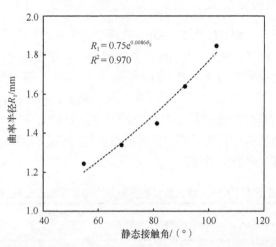

图 5-24 临界脱附力出现位置变形气泡曲率半径 R_1 与颗粒静态接触角关系图

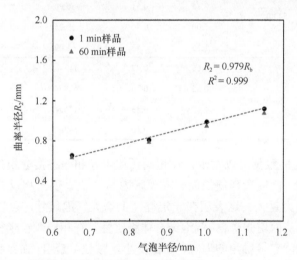

图 5-25 临界脱附力出现位置变形气泡曲率半径 R_2 与气泡半径关系图

将式（5-52）～式（5-54）代入式（5-51）中，可得

$$F_{cride} = \pi R_p \sigma \left[\sqrt{1+2A\cos(1.356\theta_S)+A^2} - \cos(1.356\theta_S) - A \right] \tag{5-55}$$

$$A = \frac{1}{2}\left(\frac{R_p}{0.75e^{0.0086\theta_S}} + \frac{R_p}{0.979R_b} - \frac{R_p 0.75e^{0.0086\theta_S}}{L^2} \right)$$

值得注意的是，由于经验公式的存在，在 A 的计算中出现了静态接触角 θ_S，$0.75e^{0.00860\theta_S}$ 其实为 R_1 值，单位为 mm。因此，最终所得的 A 应为一个无量纲数。

3. 临界脱附力模型验证及应用

在给定条件下（毛细长度为 2.7 mm，表面张力为 0.072 N/m），通过式（5-55）所示的临界脱附力模型对颗粒–气泡间临界脱附力进行理论预测，各具体参数、理论计算结果以及试验测定结果如表 5-11 所示。从表 5-11 中可以看出，临界脱附力的理论预测结果与试验测定结果几乎一致，两者偏差在很小的范围内，这充分说明了该临界脱附力模型的准确性，并且该模型仅需要知道颗粒半径、气泡半径以及颗粒静态接触角这三个参数，即可预测颗粒–气泡间临界脱附力，具有方便快捷的特点，因而具有较强的实用性。

表 5-11　基于式（5-55）理论预测临界脱附力与试验测定临界脱附力对比

颗粒半径/mm	静态接触角/(°)	气泡半径/mm	A 值	理论预测临界脱附力/μN	试验测定临界脱附力/μN
0.55	54.80	0.65	0.62	52.54	51.69
		0.85	0.51	56.90	59.62
		1.00	0.46	59.25	62.24
		1.15	0.43	61.09	65.02
0.50	102.70	0.65	0.47	113.44	111.5
		0.85	0.38	128.67	130.23
		1.00	0.33	136.45	138.36
		1.15	0.30	142.33	145.77

从表 5-11 中的数据可以发现，在相同颗粒半径和静态接触角条件下，随着气泡半径的增加，A 值逐渐降低。而临界脱附力与 A 值表现出相反的趋势，即 A 值越小，临界脱附力越大。这表明在一定程度上增大气泡尺寸，可以有效提高颗粒的临界脱附力，从而增强颗粒–气泡结合体稳定性。在相同颗粒半径和气泡半径条件下，随着颗粒静态接触角的增加，A 值变小，颗粒–气泡间临界脱附力增加。也就是说，增强颗粒表面的疏水性可以明显地提高颗粒的临界脱附力，强化颗粒–气泡结合体稳定性。

A 值对颗粒–气泡间临界脱附力的影响如图 5-26 所示，颗粒半径为 0.5 mm，表面张力为 0.072 N/m。从图 5-26 中可以看出，在不同的 A 值条件下，颗粒–气泡间临界脱附力随着静态接触角（0°～120°）的增加而增加。此外，在相同静态接触角条件下，A 值越小，颗粒–气泡间临界脱附力越大，并且这种差异随着静态接触角的增加而更加明显。对比各曲线的趋势可以发现，当 $\theta_S<90°$ 时，曲线 $A=0.1$

与曲线 $A=0$ 偏差不大，可以认为两者近似重合。当 $A=0$ 时，即可对式（5-55）进行简化，得

$$F_{\text{cride}} = \pi R_{\text{p}} \sigma \left[1 - \cos(1.356\theta_{\text{S}}) \right] \tag{5-56}$$

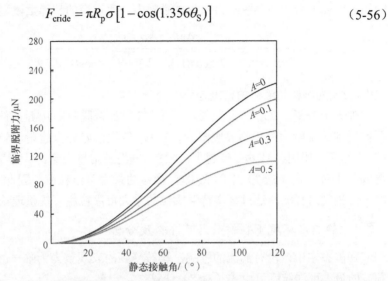

图 5-26　基于式（5-56）的颗粒静态接触角与临界脱附力的关系图（不同 A 值间的对比）

值得注意的是，简化后的临界脱附力模型式（5-56）仅适用于 $A<0.1$ 的情况，从式（5-56）中可以发现，临界脱附力仅与颗粒半径和静态接触角有关，而气泡的影响被忽略掉。通过 A 的表达式，结合浮选实际情况，当 $R_{\text{p}}<0.25~\text{mm}$、$\theta_{\text{S}}<90°$、$R_{\text{p}}/R_{\text{b}} \leqslant 0.1$ 时，计算可得 $A<0.1$；也就是说，在实际浮选中，只有当气泡半径为颗粒半径 10 倍及以上时，气泡大小对颗粒–气泡间临界脱附力的影响才可忽略不计，可以用式（5-56）近似估测颗粒–气泡间临界脱附力。但对于粗颗粒浮选来说，其具有相对较大的 $R_{\text{p}}/R_{\text{b}}$ 值，用式（5-55）进行颗粒–气泡间临界脱附力的预测更为准确。

5.4.3　邦德数和脱附概率模型的改进

1. 邦德数模型的改进及验证

邦德数经过不断发展，已成为评价颗粒–气泡结合体稳定性、判定颗粒–气泡脱附行为的一个重要参数。迄今为止，有很多学者根据各自对黏附在气泡上颗粒受到的各种作用力的理解，提出了许多版本的邦德数模型，但其中共同存在的一个问题就是这些模型中各黏附力的计算均是建立在静态条件下，如采用静态接触角、静态中心角等参数，而并未考虑到颗粒–气泡脱附过程中的动态变化。事实上，在颗粒–气泡脱附过程中，接触角、中心角均呈现动态变化，因此，颗粒受到的总黏附力也在不断变化，应当寻找颗粒–气泡脱附过程中总黏附力的最大值（也就是

我们上面提出的临界脱附力），在此基础上改进邦德数模型，则更加具有物理意义和现实意义。结合上述临界脱附力模型，将临界脱附力作为颗粒–气泡间总黏附力，颗粒的表观重力和外界脱附力作为总脱附力，改进后的邦德数模型 Bo_m 为

$$Bo_m = \frac{4\pi R_p^3 g\Delta\rho + F_{deex}}{3\pi R_p\sigma\left[\sqrt{1+2A\cos(1.356\theta_S)+A^2}-\cos(1.356\theta_S)-A\right]} \tag{5-57}$$

式中，$\Delta\rho$ 为颗粒与液体的密度差。

理论上分析，$Bo_m=1$ 应为判定颗粒–气泡是否脱附的边界条件。当 $Bo_m=1$ 时，颗粒受到的脱附力等于临界脱附力，颗粒–气泡恰好完全脱附。当 $Bo_m<1$ 时，颗粒–气泡不会脱附，且 Bo_m 值越小，颗粒–气泡黏附越稳定。从力学平衡上来分析，当 $Bo_m=1$ 时，式（5-57）中的 R_p 即该颗粒的最大可浮粒度。因此，本研究中改进的 Bo_m 模型对预测浮选过程中待浮颗粒的最大可浮粒度可提供理论参考和指导。

1）静态水环境下颗粒最大可浮粒度分析

在静态水中，没有湍流的影响，颗粒受到的表观重力为唯一的脱附力，因此，颗粒的最大可浮粒度可由式（5-58）计算：

$$Bo_m = \frac{4R_p^3 g\Delta\rho}{3R_p\sigma\left[\sqrt{1+2A\cos(1.356\theta_S)+A^2}-\cos(1.356\theta_S)-A\right]} \tag{5-58}$$

从式（5-58）中可以看出，影响颗粒最大可浮粒度的主要因素为颗粒密度与颗粒疏水性。假设气泡直径为 2.0 mm，颗粒静态接触角为 80°，基于式（5-58）绘制不同密度的颗粒与气泡黏附平衡时 Bo_m 随颗粒粒度变化曲线，如图 5-27 所示。可以看出，在任一颗粒密度下，Bo_m 均随着颗粒粒度的增加而增大，这是因为增加颗粒粒度提高了颗粒的表观重力，从而降低了颗粒–气泡结合体的稳定性。而对不同密度的颗粒进行分析对比发现，由于颗粒密度的增加，颗粒的表观重力变大，Bo_m 也随之变大。因此，颗粒密度越大，颗粒–气泡结合体越不稳定。根据力学分析，从图 5-27 中提取 $Bo_m=1$ 的边界条件，可以发现，对于密度分别为 1500 kg/m³、2500 kg/m³、3500 kg/m³ 和 4500 kg/m³ 的颗粒，在静水中的最大可浮粒度分别为 3.92 mm、2.68 mm、2.24 mm 和 2.00 mm，可见颗粒密度越大，其最大可浮粒度越小。

静水条件下，令 $Bo_m=1$，假设颗粒密度为 2500 kg/m³，气泡直径为 2.0 mm，通过式（5-58）计算得到颗粒最大可浮粒度与静态接触角的关系，如图 5-28 所示。可以发现，随着静态接触角的增大，颗粒最大可浮粒度逐渐增加，但增幅逐渐放缓，大约在静态接触角达到 80° 之后，再增加静态接触角，对提高颗粒最大可浮粒度上限没有太过明显的作用。因此，当颗粒静态接触角较小时，采取适当方法提高其疏水性（如添加捕收剂等），可以明显提高其浮选粒度上限，改善浮选效果。

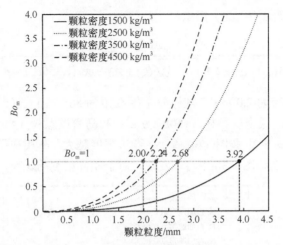

图 5-27　改进的邦德数与颗粒粒度、颗粒密度关系曲线［基于式（5-58），颗粒静态接触角 80°，气泡直径 2.0 mm］

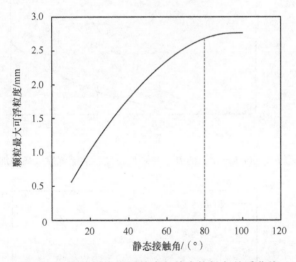

图 5-28　颗粒最大可浮粒度与静态接触角关系曲线

2）湍流条件下颗粒最大可浮粒度分析

在实际浮选中存在着湍流流场，尤其是机械搅拌式浮选槽中，在绝大多数情况下，湍流是颗粒-气泡脱附的主要原因。湍流作用在颗粒上产生的离心力 F_a 如式（5-59）所示：

$$F_a = \frac{4\pi R_p^3 \Delta \rho a_m}{3} \tag{5-59}$$

式中，a_m 为湍流作用在颗粒-气泡结合体上的离心加速度。因此，在湍流场作用下，

相应的 Bo_m 模型如式（5-60）所示：

$$Bo_m = \frac{4R_p^3\Delta\rho(g+a_m)}{3R_p\sigma\left[\sqrt{1+2A\cos(1.356\theta_S)+A^2}-\cos(1.356\theta_S)-A\right]} \tag{5-60}$$

假设气泡直径为 2.0 mm，颗粒静态接触角为 80°，由式（5-60）分析湍流强度对 Bo_m 的影响，低密度颗粒（1500 kg/m³）和高密度颗粒（4500 kg/m³）的 Bo_m 理论预测结果如图 5-29 和图 5-30 所示。湍流强度越大，作用在颗粒上的离心加速度越大。从图 5-29 和图 5-30 中可以发现，对于相同粒度的颗粒，随着离心加速度

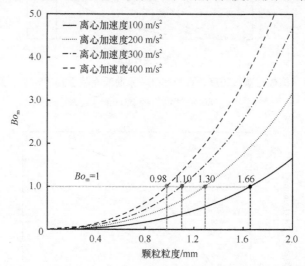

图 5-29　低密度颗粒（1500 kg/m³）的 Bo_m 与颗粒粒度、湍流强度（离心加速度）关系曲线

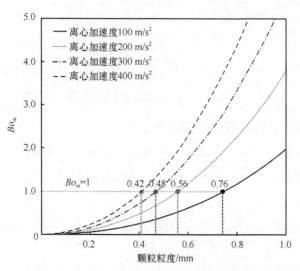

图 5-30　高密度颗粒（4500 kg/m³）的 Bo_m 与颗粒粒度、湍流强度（离心加速度）关系曲线

的增加，其 Bo_m 值快速升高，并且颗粒粒度越大，增幅越加明显。这说明湍流作用极大地降低了颗粒–气泡结合体的稳定性，尤其是对粗颗粒的作用更加明显。令 $Bo_m=1$，计算不同湍流强度下颗粒的最大可浮粒度，可以发现，对于低密度颗粒，当离心加速度分别为 100 m/s^2、200 m/s^2、300 m/s^2 和 400 m/s^2 时，颗粒的最大可浮粒度分别为 1.66 mm、1.30 mm、1.10 mm 和 0.98 mm；而对于高密度颗粒，其最大可浮粒度分别为 0.76 mm、0.56 mm、0.48 mm 和 0.42 mm。在相同的湍流条件下，高密度颗粒的最大可浮粒度明显小于低密度颗粒，颗粒密度越大，其最大可浮粒度越小。而在静水条件下，低密度颗粒和高密度颗粒的最大可浮粒度分别为 3.92 mm 和 2.00 mm。两者对比可以得出结论：湍流作用严重影响了颗粒–气泡结合体的稳定性，并极大地降低了颗粒的最大可浮粒度上限。

Bo_m 模型理论预测的颗粒最大可浮半径与 Schulze[12] 的试验数据对比如表 5-12 所示。实验室浮选机由容积为 64 L 的浮选槽、"双指"叶轮和挡板组成，钾石岩颗粒密度为 2000 kg/m^3，静态接触角约为 60°，表面张力约为 0.07 mN/m，在每次试验中测定湍流平均能量耗散率，并据此计算出颗粒的离心加速度，在不同湍流强度下获取颗粒最大可浮粒度试验结果。

表 5-12　Bo_m 模型理论预测的颗粒最大可浮半径与钾石岩颗粒浮选试验数据对比

湍流平均能量耗散率/(W/kg)	离心加速度/(m/s^2)	颗粒最大可浮半径/μm	
		理论预测	试验数据
0.43	43.61	702	700
1.0	85.75	505	480
1.5	118.58	449	430

从表 5-12 中可以发现，通过 Bo_m 模型理论预测的颗粒最大可浮半径与 Schulze[12] 的试验数据整体上显示出较好的相关性和一致性。其中的差异也许主要是实际矿物颗粒的形状、表面粗糙度等造成。从表 5-12 中还可以发现，离心加速度很大，是重力加速度的数倍乃至十倍以上，这说明了在浮选过程中湍流对颗粒–气泡脱附的重要作用。在浮选中，相较于重力来说，湍流作用产生的离心力才是颗粒–气泡脱附的重要因素。湍流的强度与浮选机本身性质、运行参数密切相关。

综上所述，由改进的邦德数模型可以发现，颗粒粒度、颗粒表面疏水性、气泡大小以及颗粒密度是影响颗粒–气泡结合体稳定性的主要参数。结合浮选的实际情况，合理地调整这些参数，以提高颗粒–气泡结合体稳定性，减弱颗粒–气泡脱附，优化浮选效果。当 $Bo_m=1$ 时，对颗粒的最大可浮粒度进行研究，发现颗粒在静水中具有较高的最大可浮粒度，为实际浮选中矿物颗粒最大可浮粒度的数倍。因为在实际浮选中，颗粒还要受到诸多外界脱附力的作用，从而降低了其最大可浮粒度，如若能将颗粒在浮选机中受到的外界脱附力进行量化，则可以通过 Bo_m

模型为实际浮选生产中颗粒最大可浮粒度的确定提供理论依据和指导。同时，随着颗粒表面疏水性的增强，其对颗粒最大可浮粒度上限的提高效果逐渐弱化，相当于存在一个最佳的静态接触角，结合浮选实际过程，可以据此指导浮选药剂（主要为捕收剂）的调控，控制药剂的最优利用，提高矿物颗粒的浮选粒度上限，改善矿物浮选效率。

2. 脱附概率模型的改进及验证

1）模型改进

在临界脱附力模型和改进的邦德数模型的基础上，考虑颗粒–气泡脱附的动态过程，对已有的脱附概率模型进行改进，得到：

$$P_d = \exp\left(1 - \frac{1}{Bo_m}\right)$$
$$= \exp\left\{1 - \frac{3\pi R_p \sigma\left[\sqrt{1 + 2A\cos(1.356\theta) + A^2} - \cos(1.356\theta) - A\right]}{4\pi R_p^3 g\Delta\rho + F_{deex}}\right\} \tag{5-61}$$

根据式（5-61），图 5-31 和图 5-32 展示了低、高密度颗粒（密度分别为 1500 kg/m³、4500 kg/m³）在不同湍流强度下，颗粒–气泡的脱附概率随颗粒粒度的变化。假设气泡直径为 2.0 mm，颗粒静态接触角为 80°。从图 5-31 和图 5-32 中可以看出，随着湍流强度的增加，颗粒–气泡脱附概率增大，说明湍流在很大程度上

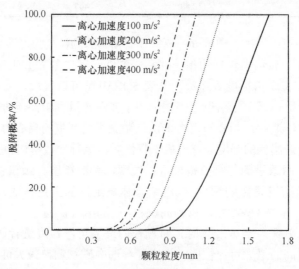

图 5-31　低密度颗粒（1500 kg/m³）在不同湍流强度下颗粒–气泡的脱附概率随颗粒粒度的变化［基于式（5-61）］

降低了颗粒–气泡结合体的稳定性，导致颗粒–气泡脱附。分析粒度的变化，可以发现，对于细颗粒（低密度颗粒粒度约＜0.40 mm，高密度颗粒粒度约＜0.15 mm），其脱附概率几乎为0，而此后随着颗粒粒度的增加，颗粒–气泡的脱附概率迅速提高，也就导致其浮选回收率迅速下降。因此，进一步论证了影响粗颗粒浮选回收率的主要因素是颗粒–气泡脱附。并且对两种密度颗粒的脱附概率进行对比，可以发现在相同外界条件下，高密度颗粒的脱附概率大于低密度颗粒的脱附概率，说明颗粒密度越大，颗粒–气泡黏附越不稳定，颗粒越容易从气泡表面脱附。

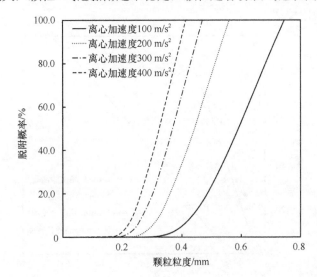

图 5-32　高密度颗粒（4500 kg/m³）在不同湍流强度下颗粒–气泡的脱附概率随颗粒粒度的变化 [基于式（5-61）]

2）模型验证

通过颗粒–气泡脱附概率试验，对改进的颗粒–气泡脱附概率模型进行验证。当一个颗粒–气泡结合体在外力作用下振动时，可以将其近似看作一个弹簧质子系统。假设气泡是刚性的，可以用简谐振动描述颗粒–气泡结合体的振动，颗粒受到的最大振动脱附力 $F_{v,max}$ 可以由式（5-62）表示：

$$F_{v,max}=m(2\pi f)^2 A_v \qquad (5-62)$$

式中，m 为颗粒质量；f 为振动频率；A_v 为振幅。可以发现，对于特定的颗粒，改变振动频率或者振幅，均可以调节颗粒受到的振动脱附力。本节采用固定振幅，调节振动时间来控制颗粒的振动脱附力，测定颗粒–气泡的脱附概率。

颗粒–气泡脱附概率的理论预测结果与试验测定结果（气泡直径为1.3 mm）如图5-33所示。可以发现，整体上脱附概率的试验测定结果与理论预测结果近似一致，其中，低疏水性样品（1 min 疏水化处理样品）脱附概率试验测定结果与理论预测结果吻合程度较高，而高疏水性样品（60 min 疏水化处理样品）脱附概率试验测定结果与理论预测结果的偏差增大。偏差增大的主要原因是，在振动脱附力的计算中，我们把气泡近似看作刚性球体，但实际上在振动脱附力的作用下，气泡会发生形变，导致颗粒实际受到的脱附力发生变化，并且随着振动脱附力的增加，气泡形变程度加剧，颗粒实际受到的脱附力与计算的振动脱附力的误差也变大，最终导致颗粒–气泡脱附概率试验测定结果与理论预测结果的误差变大，但整体上两者还是体现出较好的一致性，改进的脱附概率模型可以较为精准地预测颗粒–气泡的脱附概率。

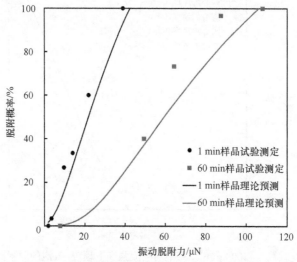

图 5-33　颗粒–气泡脱附概率的理论预测结果与试验测定结果对比

颗粒–气泡脱附概率与改进的邦德数 Bo_m 的关系如图 5-34 所示。从图 5-34 中可以发现，对于疏水化处理 1 min 样品和疏水化处理 60 min 样品，当 Bo_m 小于 0.2 时，颗粒–气泡的脱附概率几乎为 0，可以认为并未发生脱附；而随着 Bo_m 的增加，颗粒–气泡的脱附概率逐渐升高，直至 Bo_m 达到 1.0 时，颗粒–气泡的脱附概率上升至 100%，此处进一步证明了前面用 $Bo_m=1$ 来确定颗粒的最大可浮粒度的正确性。总体来看，当 Bo_m 为 0.2～1.0 时，颗粒–气泡均有脱附行为发生。因此，从图 5-34 可以确定，颗粒–气泡的脱附概率与 Bo_m 呈指数分布，Bo_m 越小，颗粒–气泡的脱附概率越低，但并不存在一个确切的 Bo_m 值来判定颗粒–气泡脱附是否发生。

3）影响因素探究

结合理论分析和试验研究，不难发现，颗粒–气泡脱附概率的影响因素主要有颗粒粒度、颗粒表面疏水性、气泡尺寸以及外界脱附力。已经分析颗粒粒度的影响，当颗粒–气泡结合体处于相同的外界环境中时，颗粒粒度越大，质量越大，因为主

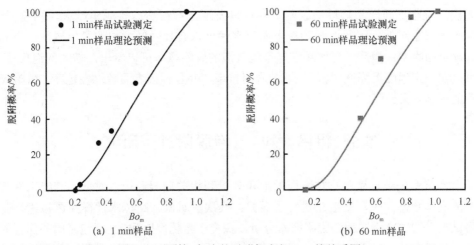

(a) 1 min样品　　　　　　　　　(b) 60 min样品

图 5-34　颗粒–气泡的脱附概率与 Bo_m 的关系图

要的脱附力（如重力、离心力和惯性力等）都与颗粒质量成正比，粗颗粒受到更强的脱附力作用，所以粗颗粒–气泡脱附概率更高。颗粒表面疏水性、气泡尺寸对颗粒–气泡脱附概率的影响规律如图 5-35 所示。图 5-35 中的数据点是试验测定脱附概率，虚线为通过式（5-61）和式（5-62）理论计算预测的脱附概率，计算条件为：颗粒粒度为 1 mm，颗粒密度为 2500 kg/m³，疏水化处理 1 min 样品颗粒静态接触角约为 54.80°，疏水化处理 60 min 样品颗粒静态接触角约为 102.70°。从图 5-35 中可以看出，首先，随着振动脱附力的增加，颗粒–气泡的脱附概率均快速增大；

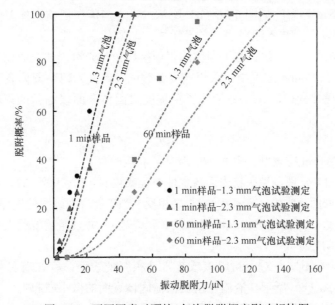

图 5-35　不同因素对颗粒–气泡脱附概率影响规律图

其次，对比不同样品颗粒的脱附概率可以发现，颗粒静态接触角越大，颗粒–气泡脱附概率越低，因此增强颗粒表面疏水性可以有效降低颗粒的脱附概率，提高其浮选回收率；最后，对比颗粒与不同气泡的脱附概率可以看出，增大气泡尺寸，可以在一定程度上降低颗粒–气泡的脱附概率，并且颗粒表面疏水性越高，气泡尺寸的影响效果越强。

5.5 粗糙颗粒–气泡脱附过程研究

本节首先结合粗糙颗粒表面的形貌分析和相关润湿理论，对低、高疏水性表面的润湿状态和表观接触角进行了研究；其次，对低、高疏水性样品颗粒进行脱附试验，通过脱附过程和脱附概率分析，探究了粗糙度对颗粒–气泡脱附的作用规律；最后在此基础上，以颗粒–气泡脱附为主并考虑颗粒–气泡黏附，分析了粗糙度对浮选的影响。

5.5.1 粗糙颗粒接触角研究

1. 粗糙固体表面润湿状态和接触角基础理论

在实际浮选过程中，几乎所有的矿物表面都是粗糙的。粗糙度是对矿物表面微观不规则结构的度量，其对矿物浮选有着极其重要的影响。通常认为，在粗糙矿物表面存在两种润湿状态，一种是文策尔（Wenzel）态，另一种是凯西–巴克斯特（Cassie-Baxter）态。如图 5-36（b）所示，当水滴落在粗糙固体表面并达到平衡状态时，可以完全渗入粗糙表面的孔隙中，与固体表面完全接触。这种润湿状态被定义为 Wenzel 态，此状态下固体的表观接触角与光滑固体表面杨氏接触角有所差异。通过在 Young 方程中引入粗糙度参数 r_n（定义为粗糙固体表面的实际面积与投影面积的比值），Wenzel 量化了粗糙度对固体表面接触角的影响，Wenzel 方程可表示为

$$\cos\theta_W = r_n\cos\theta_Y \tag{5-63}$$

式中，θ_W 为 Wenzel 态表观接触角；θ_Y 为 Young 接触角。

由式（5-63）发现，当矿物表面疏水性中等或较弱（$\theta_Y < 90°$）时，粗糙度会进一步弱化矿物表面疏水性（$\theta_W < \theta_Y$）；与之相反，当矿物表面疏水性较强（$\theta_Y > 90°$）时，粗糙度会进一步强化矿物表面疏水性（$\theta_W > \theta_Y$），并且粗糙度越大，这种弱化和强化效果越明显。

与 Wenzel 态不同，对于粗糙度或疏水性很强的表面，存在着另外一种润湿形式，如图 5-36（c）所示。液滴停留在粗糙固体表面的微小凸起上，而空气存留在孔隙中，在固体表面形成一种复杂的接触形式，这种润湿状态被定义为 Cassie-

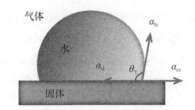

（a）光滑固体表面Young平衡状态

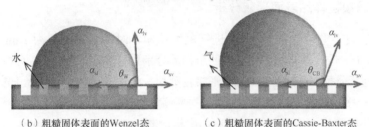

（b）粗糙固体表面的Wenzel态　　　　　（c）粗糙固体表面的Cassie-Baxter态

图 5-36　光滑固体和粗糙固体表面的润湿状态及接触角示意图

α_{sl}-固–液界面张力；α_{lv}-液–气界面张力；α_{sv}-固–气界面张力

Baxter 态。显而易见，与 Wenzel 态相比，此状态下固–液接触面积减小，增加了固–气接触面积。在 Cassie-Baxter 态下，固体的表观接触角为

$$\cos\theta_{CB}=f_1\cos\theta_1+f_2\cos\theta_2 \tag{5-64}$$

式中，θ_{CB} 为 Cassie-Baxter 态表观接触角；f_1 为单位面积上固–液界面总面积；f_2 为单位面积上固–气界面总面积；θ_1 和 θ_2 分别为固体和气体对水的接触角。如果固–液界面不是平的，那么必须考虑被润湿区域的粗糙度。假设液–气界面是平的，f_a 为液–气界面的面积分数，r_f 为润湿区域的粗糙度，f_s 为固–液界面投影的面积分数，则 $f_a+f_s=1$。另外，一般认为气体对水的接触角为 180°，并且 $\theta_1=\theta_Y$，则 Cassie-Baxter 方程可以重新写成：

$$\cos\theta_{CB}=r_f f_s\cos\theta_Y+f_s-1 \tag{5-65}$$

在 Cassie-Baxter 态下，由于粗糙表面孔隙中气体的超疏水性，θ_{CB} 总是大于 θ_Y。值得注意的是，只有当液滴的尺寸远远大于固体表面粗糙度的尺度时，Wenzel 方程和 Cassie-Baxter 方程才是有效的。

总的来说，在粗糙固体表面上，存在两种基础润湿状态：Wenzel 态和 Cassie-Baxter 态。对比式（5-63）和式（5-65），可以发现，当 $f_s=1$、$r_f=r_n$ 时，式（5-65）的 Cassie-Baxter 方程转变为式（5-63）的 Wenzel 方程。已有大量研究从理论和试验上证明，通过调控固体表面的粗糙度和疏水性，或者在外界条件作用下，均可以实现两种润湿状态的互相转变。从文献中可以发现，固体表面粗糙度和疏水性是影响其自然润湿状态最主要的两个因素。在实际中，粗糙固体表面的润湿状态非常复杂，往往并不是存在单一润湿状态，只能说更倾向于某种润湿状态。对

于疏水性较差、粗糙度较低的固体表面，其润湿状态倾向于 Wenzel 态，而对于疏水性较强、粗糙度较高的固体表面，其润湿状态倾向于 Cassie-Baxter 态。即使在超疏水固体表面，也存在三种润湿状态：Wenzel 态、Cassie-Baxter 态和 Wenzel-Cassie-Baxter 混合态，但是由于超疏水表面的强疏水性和高粗糙度，Cassie-Baxter 态占据主导地位。

2. 球形玻璃颗粒样品表面形貌分析

将球形玻璃颗粒分别采用 HF 进行刻蚀试验，时间分别设置为 1 min、2 min、3 min 和 4 min。选取原样和刻蚀后的四个样品分别进行表面形貌分析，分析设备采用德国布鲁克斯公司生产的 GT-X 三维形貌轮廓仪。该设备是新一代白光干涉仪，结合先进的 64 位多核操作和分析处理软件，垂直分辨率可精确至纳米级，具有精确度高、测量重现性好等优点。经扫描分析后，原样、刻蚀 1 min、刻蚀 2 min、刻蚀 3 min 和刻蚀 4 min 这五种样品的 2D 及 3D 形貌图像分别如图 5-37 和图 5-38 所示。

在图 5-37 中，原样表面的 2D 扫描图像整体接近于红色，并且没有出现绿色、蓝色区域，表明原样表面没有明显的凹陷，整体较为光滑。经过 HF 刻蚀处理以后，刻蚀 1 min 和刻蚀 2 min 样品表面主体仍为红色，但开始逐渐产生零星绿色区域，说明刻蚀 1 min 和刻蚀 2 min 样品表面开始出现较为明显的凹陷，相比于原

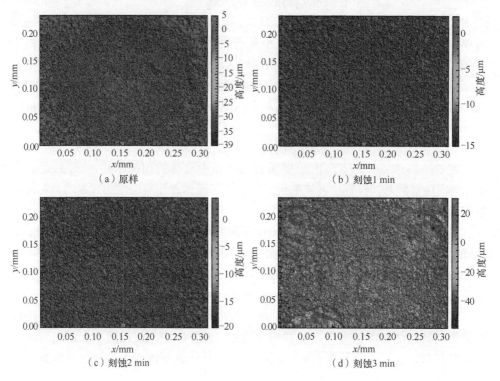

（a）原样　　　　　　　　　　　　（b）刻蚀1 min

（c）刻蚀2 min　　　　　　　　　　（d）刻蚀3 min

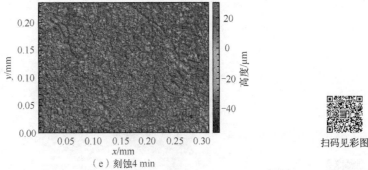

（e）刻蚀4 min

图 5-37　原样及 HF 刻蚀后玻璃球颗粒表面形貌 2D 图

样，这两种样品表面的粗糙程度增加。对于刻蚀 3 min 和刻蚀 4 min 样品，其表面的 2D 扫描图像整体范围呈现明显的绿色，样品表面存在大量明显的凹陷，样品粗糙程度远远大于原样、刻蚀 1 min 和刻蚀 2 min 样品。结合图 5-38 的 3D 扫描图像可以发现，原样表面几乎没有凹陷和沟壑，整体较为光滑；而经过 HF 刻蚀处理以后，随着处理时间的不同，样品表面的形貌有着明显的变化；与原样相比较，刻蚀 1 min 和刻蚀 2 min 样品的表面存在一定程度的凹陷，表面整体看上去给人一种

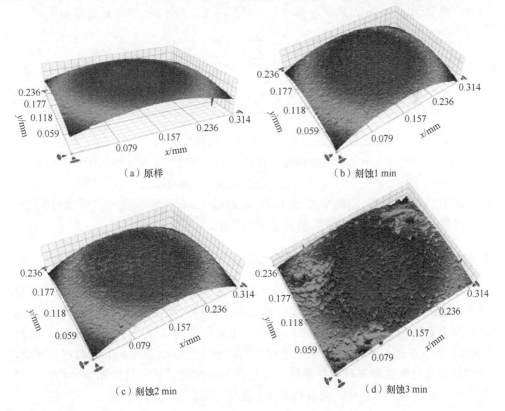

（a）原样　　　　　　　　　　　　　　　（b）刻蚀1 min

（c）刻蚀2 min　　　　　　　　　　　　　（d）刻蚀3 min

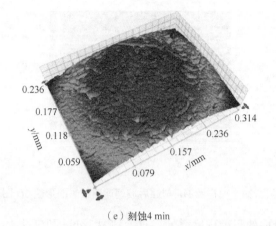

扫码见彩图

（e）刻蚀4 min

图 5-38　原样及 HF 刻蚀后玻璃球颗粒表面形貌 3D 图

类似"磨砂"感，变得略微凹凸不平；随着 HF 刻蚀处理时间的进一步增大，刻蚀 3 min 和刻蚀 4 min 样品的表面可以看到非常明显的凹陷，整体上看，在样品表面分布着许多"沟壑"，样品表面粗糙程度大大增加。

为了减小误差并提高精确度，实现颗粒表面粗糙度的量化表征。本节采用算数平均数 R_a 和均方根 R_q 来表示颗粒表面的粗糙度。R_a 和 R_q 的计算公式如下：

$$R_a = \frac{1}{n}\sum_{i=1}^{n} y_i \tag{5-66}$$

$$R_q = \sqrt{\frac{1}{n}\sum_{i=1}^{n} y_i^2} \tag{5-67}$$

式中，n 为测定点的数量；y_i 为对应每个测定点凹陷的高度。

原样、刻蚀 1 min、刻蚀 2 min、刻蚀 3 min 和刻蚀 4 min 样品表面粗糙度 R_a 和 R_q 的值如图 5-39 所示。可以发现，在刻蚀前 3 min 内，样品颗粒的 R_a 和 R_q 值均随着 HF 刻蚀处理时间的增加而变大；而超过 3 min 以后，进一步增加 HF 刻蚀处理时间，样品颗粒的 R_a 和 R_q 值开始明显降低。

3. 粗糙度对颗粒的表观接触角影响研究

由基础理论可知，影响颗粒表面润湿状态最主要的两个因素为疏水性和粗糙度，也就是说，对于具有不同表面疏水性的颗粒，粗糙度对其润湿状态和表观接触角有着不同的影响规律。因此，将上述五种样品（原样、刻蚀 1 min、刻蚀 2 min、刻蚀 3 min 和刻蚀 4 min）进行不同时间（1 min、20 min）的疏水化试验，分别制备低疏水性和高疏水性颗粒，进行接触角测定试验，结合图像分析，考察粗糙度对低、高疏水性样品润湿状态和表观接触角的影响规律。

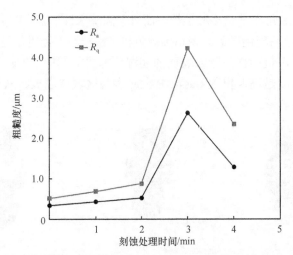

图 5-39　样品表面粗糙度算数平均数 R_a 和均方根 R_q 的值随 HF 刻蚀处理时间变化图

　　不同粗糙度的低、高疏水性样品与气泡静态黏附平衡时的图像分别如图 5-40 和图 5-41 所示。从图 5-40 和图 5-41 中观察低、高疏水性样品颗粒的表面均可以发现，原样表面亮度较高且有光泽，说明表面光滑度较好；而随着粗糙度的增加，样品表面变得暗淡，颜色加深。同时样品表面有不规则凹坑出现，并且粗糙度越大，凹坑越明显，这与前面样品粗糙度表征分析一致。观察不同样品颗粒与气泡的黏附平衡状态可以发现，对于低疏水性样品，与光滑样品（原样）相比，经 HF 刻蚀后粗糙样品的表观接触角和三相接触半径明显减小。产生这种现象的主要原因是在低疏水性样品表面，润湿状态更倾向于 Wenzel 态，从而弱化样品表面疏水

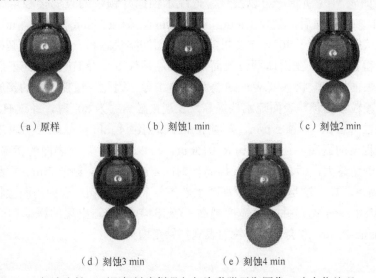

（a）原样　　　　　　　　（b）刻蚀1 min　　　　　　　（c）刻蚀2 min

（d）刻蚀3 min　　　　　　　（e）刻蚀4 min

图 5-40　低疏水性、不同粗糙度样品与气泡黏附平衡图像（疏水化处理 1 min）

性，降低表观接触角和三相接触半径。而对于高疏水性样品，与光滑样品（原样）相比，经 HF 刻蚀后粗糙样品的表观接触角和三相接触半径明显增大。这是因为随着疏水性的提高，粗糙样品颗粒表面的润湿状态更加倾向于 Cassie-Baxter 态，并且样品表面粗糙度越高，出现 Cassie-Baxter 态的区域就越大，从而提高了表观接触角和三相接触半径。

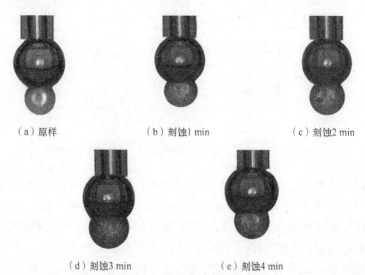

（a）原样　　　　　　　　（b）刻蚀1 min　　　　　　　　（c）刻蚀2 min

（d）刻蚀3 min　　　　　　　　（e）刻蚀4 min

图 5-41　高疏水性、不同粗糙度样品与气泡黏附平衡图像（疏水化处理 20 min）

通过图像分析法，提取各样品的表观接触角数据，每个样品重复测定三次，测定结果如表 5-13 所示。可以发现，低疏水性原样颗粒的表观接触角约为 52°，而经 HF 刻蚀处理后，刻蚀 1 min、刻蚀 2 min、刻蚀 3 min 和刻蚀 4 min 样品颗粒的表观接触角均小于 30°。结合粗糙固体表面润湿状态和表观接触角基础理论分析，可以得出结论：在固体颗粒表面低疏水性条件下，经 HF 刻蚀处理后的四种样品颗粒表面的润湿状态以 Wenzel 态为绝对主导。因此，粗糙颗粒的接触角远远小于光滑颗粒。当颗粒表面疏水性提高，表观接触角约为 80° 时，经过 HF 刻蚀处理后，刻蚀 1 min、刻蚀 2 min、刻蚀 3 min 和刻蚀 4 min 样品颗粒的表观接触角有着不同程度的提高，结合 R_a 和 R_q 的分析，可以发现，颗粒表面的粗糙度越大，其表观接触角越大，即刻蚀 3 min 样品＞刻蚀 4 min 样品＞刻蚀 2 min 样品＞刻蚀 1 min 样品＞原样。这是由于在较高疏水性条件下，粗糙颗粒表面的润湿状态更倾向于 Cassie-Baxter 态，并且粗糙度越高，Cassie-Baxter 态出现的概率和面积也就越大。Cassie-Baxter 态会导致颗粒的表观接触角增大。

表 5-13 不同疏水性、不同粗糙度样品颗粒的表观接触角测定结果

样品		表观接触角/(°)			
		重复 1	重复 2	重复 3	平均
低疏水性	原样	51.70	51.08	52.90	51.89
	刻蚀 1 min	20.36	29.91	27.01	25.76
	刻蚀 2 min	23.61	21.46	19.05	21.37
	刻蚀 3 min	22.51	21.99	21.68	22.06
	刻蚀 4 min	21.74	22.75	18.35	20.95
高疏水性	原样	79.04	79.49	80.08	79.54
	刻蚀 1 min	94.32	89.46	81.20	88.33
	刻蚀 2 min	85.34	96.76	87.96	90.02
	刻蚀 3 min	110.76	109.45	117.73	112.65
	刻蚀 4 min	114.20	106.64	106.81	109.22

通过光滑颗粒（原样）和粗糙颗粒（经 HF 刻蚀处理后样品）表面的润湿状态和接触角分析，结合相关基础理论，可以得出结论：两种润湿状态相比较，Cassie-Baxter 态更利于颗粒浮选。因为在常规浮选中，若粗糙颗粒表面润湿状态为 Wenzel 态，则会导致颗粒的表观接触角降低，不利于矿物颗粒的浮选。而当粗糙颗粒表面润湿状态为 Cassie-Baxter 态，其表面会存在大量的纳米或微米气泡，不仅提高了粗糙颗粒的疏水性和表观接触角，同时也有研究表明，这种微泡的存在会促进颗粒与气泡间液膜的薄化和破裂过程，提高颗粒–气泡的黏附概率，并且微泡可以提高黏附后的气泡体积，增大三相接触半径，提高颗粒–气泡结合体的稳定性。因此，合理调控颗粒表面的疏水性和粗糙度，使目的矿物颗粒在浮选中尽可能处于 Cassie-Baxter 态，而使脉石矿物颗粒尽可能处于 Wenzel 态，不仅可以有效提高浮选效率，也能改善浮选效果。

5.5.2 低疏水性粗糙颗粒–气泡脱附过程研究

1. 脱附过程界面特征分析

采用不同粗糙度（粗糙度分别为原样、刻蚀 1 min、刻蚀 2 min、刻蚀 3 min 和刻蚀 4 min）的低疏水性样品进行颗粒–气泡脱附试验，分析其脱附过程的界面行为和力学行为，研究粗糙度对颗粒–气泡脱附过程的影响规律。通过图像处理法分析脱附录像，各样品颗粒的初始脱附状态（此状态下测力数据显示脱附力为 0）如图 5-42 所示，图中五种样品颗粒直径约为 1.2 mm，气泡直径约为 1.6 mm。

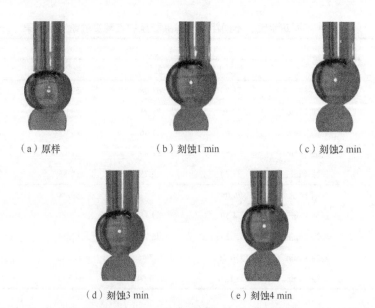

（a）原样　　　　　　　（b）刻蚀1 min　　　　　　　（c）刻蚀2 min

（d）刻蚀3 min　　　　　　　（e）刻蚀4 min

图 5-42　不同粗糙度的低疏水性样品颗粒与气泡脱附的初始脱附状态

从图 5-42 中可以看出，对于低疏水性颗粒，与原样颗粒相比，经 HF 刻蚀处理后的粗糙颗粒，其初始脱附状态中颗粒与气泡重叠的区域有着较为明显的减小趋势，并且颗粒的表面粗糙度越大，初始脱附状态中颗粒与气泡的重叠区域越小。提取各样品初始脱附状态的接触角和三相接触半径数据，如表 5-14 所示。从表 5-14 中数据可以看出，对于低疏水性样品颗粒，随着样品表面粗糙度的增加，其初始脱附状态的接触角和三相接触半径均明显降低。而更小的接触角和三相接触半径意味着更弱的颗粒–气泡黏附稳定性，因此可以推测，粗糙度促进低疏水性颗粒与气泡的脱附。

表 5-14　各低疏水性样品初始脱附状态的接触角和三相接触半径数据

低疏水性样品	接触角/(°)	三相接触半径/mm
原样	58.40	0.36
刻蚀 1 min	44.50	0.26
刻蚀 2 min	42.90	0.25
刻蚀 3 min	38.40	0.23
刻蚀 4 min	34.10	0.21

分析粗糙颗粒与气泡的脱附过程可以发现，其脱附过程的界面行为与光滑颗粒与气泡脱附的界面行为保持一致，即可以分为三个过程：气泡拉伸、气泡滑移和气泡细颈，随着脱附进行，颗粒的动态接触角逐渐增大至前进接触角，三相接触线逐渐滑移收缩，最终完成整个脱附过程。研究发现，在颗粒–气泡脱附动态过

程中，表面粗糙度主要影响的是前进接触角和脱附位移（也可以反映三相接触线的滑移距离）。

前进接触角和脱附位移是反映颗粒-气泡脱附过程的两个重要特征参数。图 5-43 展示了各粗糙度低疏水性样品颗粒与气泡脱附过程的前进接触角图像，对比原样图像和经 HF 刻蚀处理样品的图像可以看出，在低疏水性条件下，粗糙度大大降低了颗粒-气泡脱附过程的前进接触角。通过图像处理法提取具体的前进接触角和脱附位移数据，如表 5-15 所示。从表 5-15 中可以看出，对于低疏水性样品，随着颗粒表面粗糙度的增加，前进接触角和脱附位移均持续下降，这与样品颗粒-气泡初始脱附状态的接触角和三相接触半径随粗糙度的变化规律相一致。综上所述，结合对各特征参数的分析，不难看出，对于低疏水性颗粒-气泡的脱附，与光滑表面相比较，粗糙表面的初始脱附状态、前进接触角和脱附位移均有明显降低，从侧面表明粗糙度促进了低疏水性颗粒与气泡的脱附，也就是弱化了低疏水性颗粒与气泡的黏附稳定性。

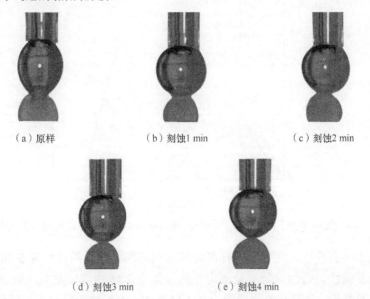

（a）原样　　　　　　　　（b）刻蚀1 min　　　　　　　　（c）刻蚀2 min

（d）刻蚀3 min　　　　　　　　（e）刻蚀4 min

图 5-43　各粗糙度低疏水性样品颗粒与气泡脱附过程的前进接触角图像

表 5-15　各低疏水性样品脱附过程的前进接触角和脱附位移数据

低疏水性样品	前进接触角/(°)	脱附位移/μm
原样	74.35	692.30
刻蚀 1 min	47.82	213.01
刻蚀 2 min	45.15	216.87
刻蚀 3 min	40.26	175.63
刻蚀 4 min	39.65	168.77

2. 脱附过程力学特征分析

低疏水性不同粗糙度样品颗粒与气泡脱附过程的动态脱附力测定结果如图 5-44 所示。从图 5-44 中可以看出，粗糙样品颗粒与气泡脱附过程中脱附力的动态变化规律和光滑颗粒的基本一致，随着脱附过程的进行，脱附力均呈现出先增大直至最大值，而后减小至 0 的变化规律。在低疏水性条件下，对比原样、刻蚀 1 min、刻蚀 2 min、刻蚀 3 min 和刻蚀 4 mm 样品的脱附力测定曲线可以发现，当颗粒表面经 HF 刻蚀处理后由光滑变为粗糙时，颗粒的临界脱附力大幅降低，并且粗糙度越大，颗粒的临界脱附力越小。分析各样品脱附力做功，即脱附力测定曲线与横坐标轴（垂直位移）围成的面积，可以发现，粗糙样品的脱附功远远低于光滑样品，脱附功随着粗糙度的增加而减小。

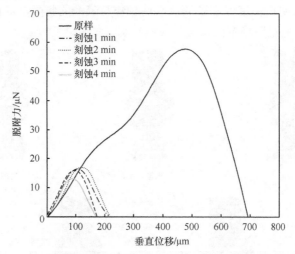

图 5-44　低疏水性不同粗糙度样品颗粒与气泡脱附过程的动态脱附力测定结果

低疏水性条件下，各粗糙度样品颗粒与气泡的临界脱附力如表 5-16 所示，为确保数据准确性，每组试验重复测定 3 次。从表 5-16 中可以发现，对于低疏水性原样的光滑颗粒，其平均临界脱附力为 57.58 μN；而当颗粒经过不同时间的 HF 刻蚀处理后，样品表面具有一定的粗糙度，粗糙颗粒的临界脱附力大幅降低，刻蚀 1 min、刻蚀 2 min、刻蚀 3 min 和刻蚀 4 min 样品的平均临界脱附力均小于 18 μN。对比五种样品的临界脱附力可以发现，随着表面粗糙度的增加，颗粒的临界脱附力降低，与上述界面特征和力学特征的分析结论相一致。

表 5-16　低疏水性不同粗糙度样品颗粒与气泡的临界脱附力测定结果

低疏水性样品	临界脱附力/μN			
	重复 1	重复 2	重复 3	平均
原样	57.75	56.61	58.39	57.58
刻蚀 1 min	16.55	17.80	18.35	17.57
刻蚀 2 min	17.11	15.89	17.08	16.69
刻蚀 3 min	16.14	15.02	15.89	15.68
刻蚀 4 min	13.14	14.30	14.70	14.05

3. 脱附概率分析

将低疏水性样品颗粒测定所得的临界脱附力代入式（5-57）中作为分母，将颗粒在浮选中受到的表观重力和离心力作为分子，则式（5-57）可变为

$$Bo_m = \frac{4\pi R_p^3 g\Delta\rho + F_a}{F_{decri}} \tag{5-68}$$

假设颗粒在浮选中受到的离心加速度为 100 m/s²，根据式（5-68）计算颗粒的改进邦德数 Bo_m，结果如图 5-45 所示。可以发现，在同一粒度条件下，相比于原样颗粒，经 HF 刻蚀处理样品颗粒的 Bo_m 明显升高，说明颗粒-气泡的稳定性大大降低。因此，在低疏水性条件下，粗糙度会降低颗粒-气泡黏附稳定性，并且在不考虑形状因素的影响下，颗粒表面粗糙度越高，颗粒-气泡结合体越不稳定。对比五种样品的 Bo_m 值，其从低到高的顺序为：原样＜刻蚀 1 min 样品＜刻蚀 2 min 样品＜刻蚀 3 min 样品＜刻蚀 4 min 样品，与颗粒测定的临界脱附力大小顺序一致。

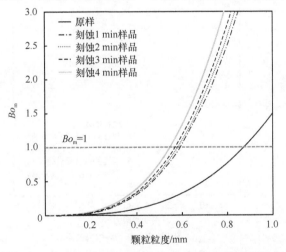

图 5-45　五种低疏水性样品颗粒的 Bo_m 随颗粒粒度的变化规律

从图 5-45 中取 Bo_m=1，分析粗糙度对低疏水性颗粒最大可浮粒度的影响规律。结果发现，五种样品的最大可浮粒度分别为 0.88 mm（原样）、0.59 mm（刻蚀 1 min 样品）、0.58 mm（刻蚀 2 min 样品）、0.57 mm（刻蚀 3 min 样品）、0.55 mm（刻蚀 4 min 样品）。因此，在低疏水性条件下，颗粒表面粗糙度降低了颗粒的最大可浮粒度，并且在不考虑形状因素的影响下，颗粒表面粗糙度越大，颗粒的最大可浮粒度越小。

采用振动脱附法，在不同振动频率下进行颗粒–气泡脱附概率试验，测定颗粒–气泡的脱附概率，验证粗糙度对颗粒–气泡脱附性能的影响规律。此试验中，颗粒受到的振动脱附力可以通过式（5-62）计算。五种低疏水性样品颗粒与气泡的脱附概率随振动脱附力的变化规律如图 5-46 所示。可以看出，随着振动脱附力的升高，五种样品颗粒的脱附概率均增加，这说明外界脱附力越大，颗粒–气泡结合体越不稳定，颗粒–气泡越易脱附。对比原样和 HF 刻蚀处理样品颗粒可以发现，当振动脱附力大于 50 μN 后，原样颗粒的脱附概率才达到 100%，而 HF 刻蚀处理样品颗粒（刻蚀 1 min、刻蚀 2 min、刻蚀 3 min 和刻蚀 4 min 样品）的脱附概率在振动脱附力小于 10 μN 时就已达到 100%。放大分析图 5-46（a）中 I 区域，可以看出，随着振动脱附增加，经 HF 刻蚀处理时间越长的样品颗粒越快达到 100% 的脱附概率；并且，在相同的振动脱附力条件下，HF 刻蚀处理时间越长的样品颗粒脱附概率越高。可以得出结论，对于低疏水性颗粒，表面粗糙度会降低颗粒–气泡结合体的稳定性，从而促使颗粒从气泡表面脱附，提高颗粒–气泡的脱附概率，此外，在排除形状因素的影响后，颗粒表面粗糙度越大，颗粒–气泡脱附概率越高，颗粒–气泡越容易脱附。因此，粗糙度有助于提高低疏水性颗粒的脱附概率，从而降低其浮选回收率。

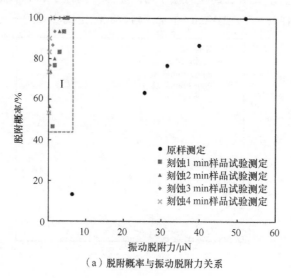

（a）脱附概率与振动脱附力关系

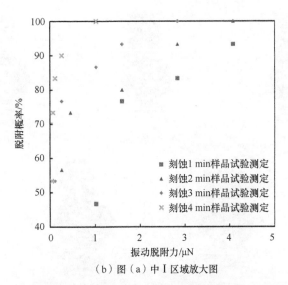

（b）图（a）中Ⅰ区域放大图

图 5-46　五种低疏水性样品颗粒与气泡的脱附概率及振动脱附力的关系

5.5.3　高疏水性粗糙颗粒–气泡脱附过程研究

1. 脱附过程界面特征分析

　　与上述低疏水性样品颗粒脱附试验相似，本小节采用不同粗糙度（粗糙度分别为原样、刻蚀 1 min、刻蚀 2 min、刻蚀 3 min 和刻蚀 4 min）的高疏水性样品进行颗粒–气泡脱附试验，分析其脱附过程的界面行为和力学行为，研究在高疏水性条件下粗糙度对颗粒–气泡脱附过程的影响规律。

　　通过图像处理法分析脱附录像，图 5-47 为不同粗糙度的高疏水性样品颗粒与气泡脱附的初始脱附状态（此状态下测力数据显示脱附力为 0），图中五种样品颗粒直径约为 1.2 mm，气泡直径约为 1.6 mm。提取图 5-47 中各样品颗粒初始脱附状态的接触角和三相接触半径，结果如表 5-17 所示。从表 5-17 中可以看出，相比于光滑的原样颗粒，经 HF 刻蚀处理后的粗糙颗粒与气泡初始脱附状态的接触角和三相接触半径整体上均有所增加。但对于刻蚀 4 min 样品存在一个相反的趋势，即刻蚀 4 min 样品初始脱附状态的接触角和三相接触半径反而小于刻蚀 3 min 样品。样品表面粗糙凸起或凹陷的形状同样影响着对颗粒–气泡的界面特征，由于长时间的 HF 刻蚀处理，刻蚀 4 min 样品表面的粗糙凹陷相对于刻蚀 3 min 样品更加圆润，可能会出现这种相反的结果。通过初始脱附状态的界面分析，可以在一定程度上说明粗糙度强化了高疏水性颗粒与气泡的初始脱附状态，也就是提高了颗粒–气泡结合体的稳定性，而且颗粒表面粗糙度越高，颗粒–气泡结合体的稳定性越强。

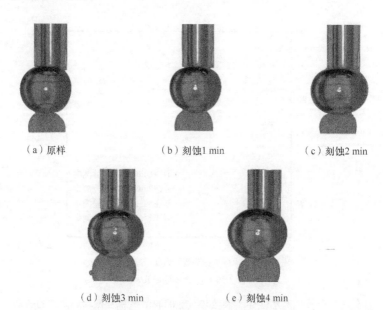

（a）原样　　　　　　　　（b）刻蚀1 min　　　　　　　　（c）刻蚀2 min

（d）刻蚀3 min　　　　　　　　（e）刻蚀4 min

图 5-47　不同粗糙度的高疏水性样品颗粒与气泡脱附的初始脱附状态

表 5-17　各高疏水性样品初始脱附状态的接触角和三相接触半径数据

高疏水性样品	接触角/(°)	三相接触半径/mm
原样	71.08	0.41
刻蚀 1 min	72.98	0.41
刻蚀 2 min	74.41	0.43
刻蚀 3 min	80.48	0.52
刻蚀 4 min	78.78	0.49

　　分析颗粒–气泡的动态脱附过程。图 5-48 为各粗糙度高疏水性样品颗粒与气泡脱附过程的前进接触角图像，通过图像处理法提取各样品颗粒脱附过程的前进接触角和脱附位移，如表 5-18 所示。结合图 5-48 和表 5-18 分析发现，相比于光滑的原样颗粒，经 HF 刻蚀处理 1 min、2 min 和 3 min 的粗糙样品颗粒的前进接触角和脱附位移均有不同程度的增大，但对于刻蚀 4 min 样品存在一个相反的趋势，对比刻蚀 3 min 和刻蚀 4 min 样品的脱附力测定曲线，发现刻蚀 4 min 样品的临界脱附力反而小于 3 min 样品。这是因为，刻蚀 4 min 样品表面凹陷的边缘较为圆润，而 3 min 样品表面凹陷较为锐利，有研究表明，锐利的边缘对三相接触线有着更强的"钉扎"作用，因此，虽然刻蚀 4 min 样品表面粗糙度更大，但由于此条件下颗粒表面凹陷形状的主导作用，刻蚀 3 min 样品的临界脱附力大于刻蚀 4 min 样品。五种样品中，经 HF 刻蚀处理 3 min 样品的表面粗糙度最大，同时刻蚀 3 min 样品

与气泡脱附的前进接触角和脱附位移也最大，分别达到了 117° 左右和 964 μm 左右。这与样品颗粒–气泡初始脱附状态的接触角和三相接触半径随粗糙度的变化规律相一致。此外，从图 5-48 的图像中还可以看出，在粗糙颗粒样品表面，会存在微小气泡，这种微小气泡的存在，会促进颗粒–气泡的黏附，并且扩展颗粒–气泡黏附平衡后的三相接触线。因此，从界面特征不难看出，对于高疏水性颗粒–气泡的脱附，与光滑表面相比较，粗糙表面的初始脱附状态、前进接触角和脱附位移均有不同程度的提高，这说明粗糙度抑制了高疏水性颗粒与气泡的脱附，也就是强化了高疏水性颗粒与气泡黏附的稳定性。

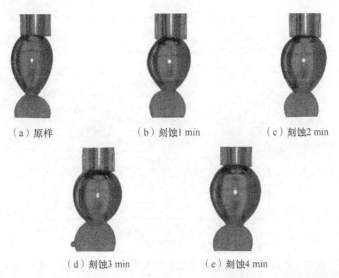

（a）原样　　　　　　　（b）刻蚀1 min　　　　　　（c）刻蚀2 min

（d）刻蚀3 min　　　　　　（e）刻蚀4 min

图 5-48　各粗糙度高疏水性样品颗粒与气泡脱附过程的前进接触角图像

表 5-18　各高疏水性样品脱附过程的前进接触角和脱附位移数据

高疏水性样品	前进接触角/(°)	脱附位移/μm
原样	93.28	811.60
刻蚀 1 min	95.83	825.61
刻蚀 2 min	96.08	833.94
刻蚀 3 min	116.73	963.98
刻蚀 4 min	112.19	881.87

2. 脱附过程力学特征分析

　　不同粗糙度各高疏水性样品颗粒与气泡脱附过程的动态脱附力测定结果如图 5-49 所示。从图 5-49 中可以看出，经 HF 刻蚀处理后的粗糙颗粒与气泡脱附过程中脱附力的动态变化规律及光滑颗粒的基本一致，五种样品气泡的动态脱附力均随着脱附过程的进行呈现出由 0 先增大至最大值，而后减小至 0 的变化规律。对于高疏水性颗粒，分析图 5-49 中脱附力测定曲线的峰值可以发现，与光滑的原样颗粒相比，经 HF 刻蚀处理 1 min、2 min、3 min 和 4 min 样品颗粒的临界脱附力均有所增加。五种样品中，粗糙度最大的刻蚀 3 min 样品颗粒的临界脱附力最大，对比原样颗粒有了明显的增加。分析各样品颗粒–气泡的脱附功，即脱附力测定曲线与横坐标轴（垂直位移）围成的面积，可以发现，粗糙样品的脱附功均高于光滑样品，并且除刻蚀 4 min 样品外，脱附功随着粗糙度的增加而增加。

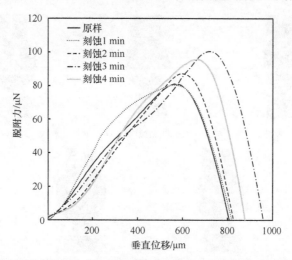

图 5-49　不同粗糙度各高疏水性样品颗粒与气泡脱附过程的动态脱附力测定结果

对不同粗糙度高疏水性样品颗粒与气泡的临界脱附力进行测定，为确保数据准确性，每组试验重复测定 3 次，测定结果如表 5-19 所示。从表 5-19 中可以发现，对于光滑的原样颗粒，其平均临界脱附力为 79.46 μN；而当颗粒经过不同时间的 HF 刻蚀处理后，样品表面具有一定的粗糙度，粗糙颗粒的临界脱附力均有所升高，刻蚀 1 min、刻蚀 2 min、刻蚀 3 min 和刻蚀 4 min 样品的平均临界脱附力均大于 80 μN，其中 3 min 样品的临界脱附力达到了 100.33 μN，相比原样约增加了四分之一。对比原样、刻蚀 1 min、刻蚀 2 min、刻蚀 3 min 和刻蚀 4 min 样品的测定结果可以发现，颗粒的临界脱附力随着表面粗糙度的增加而增加，刻蚀 4 min 样品的临界脱附力呈现出相反的规律，与上述界面特征和力学特征的分析结果一致。通过力学特征的分析可以得出结论：对于高疏水性颗粒，粗糙度提高了颗粒–气泡脱附的临界脱附力，强化了颗粒–气泡黏附的稳定性，从而抑制了颗粒–气泡的脱附。

表 5-19　高疏水性不同粗糙度样品颗粒与气泡的临界脱附力测定结果

高疏水性样品	临界脱附力/μN			
	重复 1	重复 2	重复 3	平均
原样	81.00	77.86	79.53	79.46
刻蚀 1 min	80.24	78.65	81.28	80.06
刻蚀 2 min	87.06	85.80	89.38	87.41
刻蚀 3 min	100.61	98.12	102.25	100.33
刻蚀 4 min	95.43	93.43	93.51	94.12

3. 脱附概率分析

　　与低疏水性颗粒研究相同，假设颗粒在浮选中受到的离心加速度为 100 m/s²，根据式（5-68）计算颗粒的改进邦德数 Bo_m，五种样品颗粒的 Bo_m 随颗粒粒度的变化如图 5-50 所示。可以发现，当粒度相同时，经 HF 刻蚀处理后样品颗粒的 Bo_m 相比原样颗粒均有不同程度的降低，并且表面粗糙度越高的样品颗粒，其 Bo_m 越低（刻蚀 4 min 样品除外），这说明粗糙度增加了颗粒–气泡结合体的稳定性，强化了颗粒与气泡的黏附，并且颗粒表面粗糙度越高，颗粒–气泡结合体越稳定。

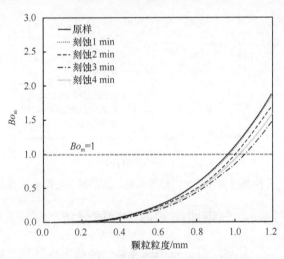

图 5-50　五种高疏水性样品颗粒的 Bo_m 随颗粒粒度的变化规律

　　从图 5-50 中取 Bo_m=1，分析粗糙度对高疏水性颗粒最大可浮粒度的影响规律。结果发现，五种样品的最大可浮粒度分别为：0.97 mm（原样）、0.98 mm（刻蚀 1 min 样品）、1.01 mm（刻蚀 2 min 样品）、1.05 mm（刻蚀 3 min 样品）和 1.03 mm（刻蚀 4 min 样品）。可以看出，当颗粒表面疏水性较高时，粗糙度的存在提高了颗粒的最大可浮粒度。

　　采用振动脱附法，在不同振动频率下进行颗粒–气泡脱附概率试验，测定颗粒–气泡的脱附概率，验证粗糙度对高疏水性颗粒–气泡脱附性能的影响规律。计算颗粒受到的振动脱附力，五种高疏水性样品颗粒与气泡的脱附概率随振动脱附力的变化规律如图 5-51 所示。从图 5-51 中颗粒看出，在相同的振动脱附力条件下，表面粗糙的刻蚀 2 min、刻蚀 3 min 和刻蚀 4 min 样品的脱附概率均小于光滑的原样颗粒，并且样品表面粗糙度越大，其脱附概率越小。对比 100% 脱附概率可以发现，刻蚀 3 min 样品和刻蚀 4 min 样品的脱附概率在振动脱附力超过 100 μN 后才达到 100%，而原样颗粒的脱附概率在 70 μN 左右就已达到 100%。整体而言：对于高疏水性颗粒，表面粗糙度的存在提升了颗粒–气泡结合体的稳定性，从而阻止了颗粒从气泡表面脱附，降低颗粒–气泡的脱附概率，此外，颗粒表面粗糙度越大，颗粒–气泡脱附概率越低，颗粒–气泡越难脱附。因此，粗糙度有助于降低高疏水性颗粒的脱附概率，从而提高其浮选回收率。

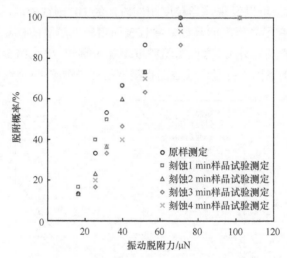

图 5-51　五种高疏水性样品颗粒与气泡的脱附概率与振动脱附力的关系

5.5.4　粗糙度对颗粒–气泡脱附的影响规律分析

　　5.5.2 节和 5.5.3 节分别分析了粗糙度对低、高疏水性颗粒–气泡脱附的影响规律，本节从颗粒–气泡脱附的角度出发，综合分析对比粗糙度对矿物浮选效果的影响。假设 5.5.2 节中的低疏水性颗粒为矸石颗粒，密度为 2500 kg/m³，而 5.5.3 节中的高疏水性颗粒为煤颗粒，密度为 1400 kg/m³，颗粒在浮选中受到的离心加速度为 300 m/s²，结合 5.5.2 节和 5.5.3 节中的测力数据和分析，进行煤泥浮选中煤颗粒和矸石颗粒脱附概率的理论计算，依次探讨粗糙度对煤泥浮选的综合影响。

　　光滑、粗糙煤颗粒和矸石颗粒的脱附概率随颗粒粒度的变化如图 5-52 所示。

在相同粒度条件下进行比较，可以发现，粗糙矸石颗粒的脱附概率远高于光滑矸石颗粒的脱附概率。其中，对于光滑矸石颗粒，粒度小于 0.3 mm 时，脱附概率约为 0%，粒度大于 0.62 mm 后，脱附概率达到 100%；对于粗糙矸石颗粒，粒度小于 0.22 mm 时，脱附概率约为 0%，粒度大于 0.4 mm 后，脱附概率达到 100%。可以发现，粗糙度提高了矸石颗粒的脱附概率，降低了矸石颗粒的最大可浮粒度，这样可以有效地防止矸石颗粒进入精矿产品，从而可以提高精矿产品的质量，优化浮选效果。对于光滑煤颗粒，粒度小于 0.56 mm 时，脱附概率约为 0%，粒度达到 1.0 mm 时，脱附概率约为 80%；对于粗糙煤颗粒，粒度小于 0.6 mm 时，脱附概率约为 0%，粒度达到 1.0 mm 时，脱附概率约为 58%，比光滑煤颗粒减少了 22 个百分点。可以发现，粗糙度降低了煤颗粒的脱附概率，提高了煤颗粒的最大可浮粒度，可以有效地提高煤颗粒的浮选回收率，提高浮选效率。因此，从颗粒-气泡脱附的角度出发，在精矿、矸石颗粒疏水性适宜的情况下，粗糙度有利于矿物颗粒的浮选，不仅可以提高精矿颗粒的浮选回收率，也可以提高精矿颗粒的选择性，提高精矿产品的品位，优化浮选效果。

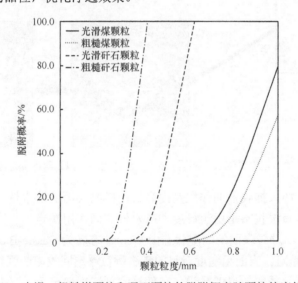

图 5-52 光滑、粗糙煤颗粒和矸石颗粒的脱附概率随颗粒粒度的变化

与此同时，从颗粒-气泡黏附来考虑，粗糙度也同样有利于矿物的浮选。已有研究表明，矿物表面凸起或凹陷的存在，可以促使颗粒与气泡间薄液膜的破裂，加快颗粒与气泡的黏附。结合矿物表面的润湿理论分析，对于具有一定疏水性的颗粒，粗糙度的存在，会使其表面产生纳米（或微米）气泡，此时，固体表面的润湿状态为 Cassie-Baxter 态。在颗粒-气泡黏附时，气泡与固体间液膜薄化则变成气泡与纳米气泡间液膜薄化，而气泡-气泡间液膜薄化并破裂的速度是气泡-固

体间的上千倍，因此，纳米气泡的存在可以大大缩短诱导时间，促使气泡与颗粒快速黏附。此外，在颗粒–气泡黏附过程中，纳米气泡会与气泡兼并，提高三相接触线的扩展速度，在达到黏附平衡时，颗粒–气泡结合体具有更大的三相接触周长和接触角，从而强化了颗粒–气泡结合体的稳定性。而对于疏水性较差的颗粒，粗糙度的存在使其表面的润湿状态为 Wenzel 态，不能产生纳米气泡，则不会产生强化颗粒–气泡黏附和提高颗粒–气泡结合体稳定性的效果，原理示意图如图 5-53 所示。

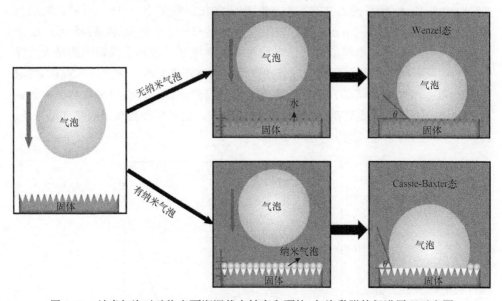

图 5-53   纳米气泡对矿物表面润湿状态转变和颗粒–气泡黏附的促进原理示意图

在浮选中，加入捕收剂的作用是提高目的矿物表面的疏水性，基于之前的讨论，矿物表面的润湿状态是由粗糙度和疏水性共同作用决定的，因此，捕收剂的加入可以促使粗糙颗粒表面的润湿状态由 Wenzel 态转为 Cassie-Baxter 态，从而强化颗粒–气泡的黏附。表面粗糙度对目的矿物颗粒浮选回收率的强化效果会随着捕收剂浓度的提高而减弱。也就是说，在低捕收剂浓度情况下，只有更粗糙的颗粒表面可以实现润湿状态的转变，促进颗粒–气泡的黏附和提高黏附的稳定性，达到更好的浮选效果；而在高捕收剂浓度情况下，即使颗粒表面粗糙度较低，也可以通过疏水性的提高来实现润湿状态的转变，从而弱化了粗糙度的作用效果。但是，浮选药剂是相对昂贵的，单纯通过增加药剂添加量来提高矿物的浮选效果成本太大。从这个角度来考虑，优化矿物表面的粗糙度就显得尤为重要，一方面，粗糙度可以使目的矿物颗粒在较低的捕收剂浓度下达到 Cassie-Baxter 态，不仅降低了药剂成本，也提高了浮选效果；另一方面，粗糙度也可以使疏水性差的矸石颗粒表面处于 Wenzel 态，从而可以提高浮选的选择性，优化精矿产品的质量。因此，未来对于颗粒表面粗糙度的优化和构造的研究尤为重要。

参 考 文 献

[1] Jameson G J, Nguyen A V, Ata S. The Flotation of Fine and Coarse Particles[M]//Fuerstenau M C, Jameson G J, Yoon R H. Froth Flotation: A Century of Innovation. Denver: Society for Mining, Metallurgy & Exploration, 2007: 339-372.

[2] Hui S. Three-phase Mixing and Flotation in Mechanical Cells[D]. Newcastle: University of Newcastle, 2001.

[3] Schulze H J, Wahl B, Gottschalk G. Determination of adhesive strength of particles within the liquid/gas interface in flotation by means of a centrifuge method[J]. Journal of Colloid and Interface Science, 1989, 128(1): 57-65.

[4] Goel S, Jameson G J. Detachment of particles from bubbles in an agitated vessel[J]. Minerals Engineering, 2012, 36-38: 324-330.

[5] Nguyen A, Schulze H J. Colloidal Science of Flotation[M]. Boca Raton: CRC Press, 2003.

[6] Yoon R H, Mao L. Application of extended DLVO theory, IV: derivation of flotation rate equation from first principles[J]. Journal of Colloid and Interface Science, 1996, 181(2): 613-626.

[7] Sherrell I M. Development of a flotation rate equation from first principles under turbulent flow conditions[D]. Blacksburg: Vierginia Polytechnic Institute and State University, 2004.

[8] Do H. Development of a turbulent flotation model from first principles[D]. Blacksburg: Vierginia Polytechnic Institute and State University, 2010.

[9] Woodburn E, King R, Colborn R. The effect of particle size distribution on the performance of a phosphate flotation process[J]. Metallurgical and Materials Transactions B, 1971, 2(11): 3163-3174.

[10] Brożek M, Mlynarczykowska A. Probability of detachment of particle 3bdetermined according to the stochastic model of flotation kinetics[J]. Physicochemical Problems of Mineral Processing, 2010, 44: 23-34.

[11] Lynch A J, Johnson N W, Manlapig E, et al. Mineral and Coal Flotation Circuits: Their Simulation and Control[M]. North-Holland: Elsevier Scientific Publishing Company, 1981.

[12] Schulze H J. Zur Berechnung der maximal flotierbaren Korngroess under turbulenten Stroemungsbedingungenam Beispiel von Sylvinit[J]. Neue Berghautech, 1980, 10: 119-121.

第6章 浮选泡沫

6.1 泡沫结构与泡沫排液

6.1.1 泡沫概述

在浮选过程中，浮选精矿的品位与泡沫的结构和稳定性有着极其紧密的联系，虽然三相泡沫结构复杂，但它是当前浮选研究领域中的热点和难点。

20世纪90年代起，泡沫开始应用于监测浮选过程和预测浮选效果。这些研究可以有效改善浮选自动控制并提高生产效率，在提升矿物品位方面有着极其重要的作用。疏水颗粒黏附气泡后，随气泡进入泡沫层形成精矿，亲水颗粒依然留在浮选溶液中并且返回矿浆。浮选中泡沫有两个功能：一是将矿化气泡从泡沫–矿浆界面输送到精矿槽；二是将水通过重力排放回含脉石的矿浆，促进疏水与亲水颗粒进一步分离。气泡的尺寸必须与浮选矿物的粒度相匹配，并且有一定量的气体溶解后形成微泡，才能确保达到最佳浮选效果。气泡在泡沫层中破裂和消失的主要原因包括脱水作用、气泡兼并以及液膜破裂。

在浮选过程中，依据泡沫结构等特性将浮选泡沫层分成两个区域：泡沫层底部的气泡尺寸较小，并且液体含量较高，气泡多为球形，具有较低的气体含量；而泡沫层上部的气泡由于排液、兼并和液膜破裂，气泡的形状从球形变为多边形，并且含水量低。图6-1展示了浮选过程中颗粒与泡沫在浮选槽中的分布。

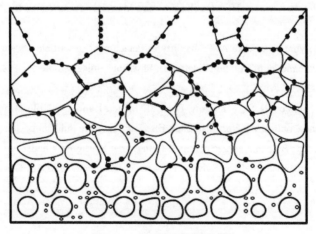

图 6-1　三相泡沫纵剖图[1]

黑色颗粒为疏水颗粒，白色颗粒为亲水颗粒

在纯液体中通入气体虽然会产生气泡，但是产生的气泡会马上破裂消失，只有两种不同液体才能形成较为稳定的气泡。非连续相的气体在连续相的液体中，由于密度不同，气泡在液体中快速上升并且形成泡沫。在泡沫液膜中，将能与溶剂分子相互作用并且结合的称为结合水，反之则称为游离水，它们对泡沫排液过程的影响，是确定泡沫是否稳定的重要因素。此外，影响泡沫稳定性的因素还包括表面张力、液体黏度、表面黏度、马兰戈尼（Marangoni）效应、表面膨胀弹性膜数、表面电荷等。

在表面活性剂溶液中产生的泡沫从产生到稳定的过程中，表面活性剂起着重要的作用。处于表面活性剂溶液中的气泡表面上会吸附一定量的表面活性剂分子，吸附的表面活性剂分子可以很好地降低气泡的表面张力，使气泡的稳定性得到有效提高。如果气泡上升，会产生包围着液膜的泡沫。这些液膜都能够与其他气泡周围的液膜联结，从而形成稳定的泡沫。液膜由两层表面活性剂分子组成，其中一侧由向上运动的表面活性剂分子组成，另一侧由先前抵达气泡表面的表面活性剂分子组成。液膜因为表面活性剂分子的吸附熵而稳定，因为内部压力（拉普拉斯压力）和重力流出液膜液体（排液）而不稳定。不稳定的因素导致液体的泡沫逐渐减少并消失。由于表面活性剂分子的结构不同，表面活性剂溶液的性质存在差异，其起泡能力和形成泡沫以后的稳定性差异也很大。

在浮选过程中，泡沫除了选择性地使精矿产品随溢流排出，还可以提升精矿品位。所以，研究精矿品位与泡沫性质之间的关系是非常重要的，可以被应用于浮选过程的多个重要环节，对于浮选自动化的实现有重要帮助。但是三相泡沫的结构十分复杂，在其产生和消失环节中有泡沫排液、气泡兼并、破裂、泡沫中气泡与颗粒的脱附等多个过程，所以非常有必要对泡沫的机理进行相关研究。

6.1.2　泡沫结构

泡沫中气泡的几何形状与气液比、分散度和气体堆积状态有关。在单分散泡沫体系中，当气体体积分数达到 50% 或者 74% 时，在气液接触界面会发生气泡变形并且形成液膜。在多体系泡沫中，由简单形状向多面体结构的转变发生在泡沫的膨胀度小于 4 时。由球形向多面体结构转变而形成的结构称为蜂窝状结构。这些蜂窝状结构倾向于符合最小自由能，并且泡沫的自由能最小化必须满足空间填充规则，即要求每个单元以最小的表面积包围最大的体积。

普拉托（Plateau）第一定律指出：在干燥环境中，液膜相交的数量最多为 3 个，且液膜之间相交的角度为 120°。因为液膜张力约为表面张力的 2 倍，所以在 3 个交叉角度相同的情况下，作用在交叉点的 3 个相等的液膜张力矢量是平衡的。液膜可以是平面的或弯曲的，交叉角由接触线上任意点表面的切线形成。对于液相中的泡沫，三个气泡接触处由液膜构成一个三角状液体通道，称为 Plateau 边界（图 6-2）。在 Plateau 边界与相邻液膜连接的位置，气液面平滑连接。

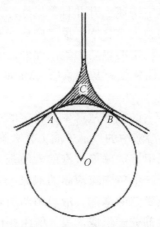

图 6-2 Plateau 边界横截面

在液体中当两个气泡相互接触时，形成液膜的形状主要取决于气泡的大小和内部压力。如果两个气泡的大小和内部压力都不相同，那么这两个气泡间的液膜将会弯曲，并且弯曲的凸面朝向大气泡。液膜的曲率半径为

$$R_3 = \frac{2R_1R_2}{R_2 - R_1} \tag{6-1}$$

式中，R_1 和 R_2 分别为两气泡的半径。

当两个气泡没有完全浸没于液体中，且每个气泡都被一个液膜包裹（拥有两个曲面），那么这两个气泡相互接触时，它们形成液膜的曲率半径为

$$R_3 = \frac{R_1R_2}{R_2 - R_1} \tag{6-2}$$

而对于较薄液膜的气泡，需要考虑液膜的张力变化，其曲率半径应该为

$$R_3 = \frac{2R_1R_2}{R_2 - R_1}\cos\theta \tag{6-3}$$

式中，θ 为较薄液膜处于平衡状态时的外相（液体）间的夹角。

由式（6-1）和式（6-2）可以看出，当两个气泡的大小相同时，两气泡间的液膜是平直的；当两个气泡尺寸相差很大时，液膜的曲率半径与小气泡的半径接近。

对于三维多面体泡沫，Plateau 第二定律指出：最多有 4 个 Plateau 边界（或 6 个面）可以在一个交界处（顶点或节点）相交，并且每个 Plateau 边界间的角度均为 109.47°（图 6-3）。

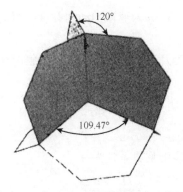

图 6-3　4 个 Plateau 边界相交于一个顶点

　　泡沫顶点由 Plateau 边界连接，构成连续的排液网络。常用的泡沫单体模型包括五角十二面体、紧凑十四面体和最小十四面体。Plateau 边界的体积和形状主要取决于泡沫的膨胀度。在一个球形单层并紧密填充的泡沫中，所有的气-液界面都是球形的，并且一个单体中液体的量可以通过相对应的多面体的体积和镶嵌在其中球体的体积差来计算。

6.1.3　泡沫稳定性

　　泡沫是一种热力学不稳定体系，它具有的高表面自由能会导致其内部气泡扩散与兼并。泡沫中相邻气泡直径之间存在差异时，气泡内的毛细压力不尽相同，小气泡的毛细压力大于大气泡的毛细压力，因此小气泡内的气体会由于压力差透过水层进入大气泡内，从而使得小气泡越来越小，最终被大气泡兼并。Monin 等 [2] 提出泡沫兼并的两个机理：一是兼并时液膜破裂是由于在毛细压力的作用下液膜变薄；二是气泡兼并是随机分布在泡沫中的。兼并行为的研究从微观到宏观包括液膜兼并、气泡兼并和泡沫兼并，通常在有电解质、起泡剂或颗粒的条件下进行。其中表面活性剂的临界兼并浓度是一个被广泛研究的因素，指的是气泡兼并被部分或全部阻止的溶液浓度。

　　泡沫由大量气泡和夹带在气泡之间的液膜组成，液膜稳定保证了气泡之间的独立和稳定，所以在一定意义上，液膜稳定性就代表泡沫稳定性。泡沫层的排液作用可以使液膜层的厚度薄化至极限，如果没有外力作用，液膜层可以持续存在一定时间，一旦存在外力和药剂影响，液膜的薄化速度就会改变。

　　液膜较厚时受毛细压力的影响明显，当液膜厚度小于 200 nm 时，表面张力对液膜的排液速度起决定性作用。小直径液膜（$2r < 0.1\ \mu m$）的薄化速度 V 为

$$V = -\frac{\mathrm{d}h}{\mathrm{d}t} = \frac{2h^3}{3\mu r^2}(P_\sigma - \Pi) \tag{6-4}$$

式中，h 为液膜厚度；t 为时间；μ 为液体的动力黏度；r 为液膜半径；P_σ 为毛细压强；Π 为分离压。

直径大的液膜可分解为几个较小的中心，其液膜薄化速度为

$$V = \frac{1}{6\mu} \sqrt[5]{\frac{h^{12}\left(P_\sigma - \Pi\right)^8}{4\sigma^3 r^4}} \tag{6-5}$$

式中，σ 为液体的表面张力。

液膜从稳定状态到破裂的临界条件为

$$\frac{\mathrm{d}\Pi}{\mathrm{d}h} = \frac{\mathrm{d}P_\sigma}{\mathrm{d}h} \tag{6-6}$$

基于上述临界条件，得到液膜临界破裂厚度 h_{cr} 的公式：

$$h_{\mathrm{cr}} V^{1/5} = 0.97 \frac{(kT)^{1/10} K_{\mathrm{vw}}^{2/5}}{\mu^{1/5} \sigma^{3/10}} \tag{6-7}$$

式中，k 为玻尔兹曼常数；T 为温度；$K_{\mathrm{vw}} = \dfrac{A}{6\pi}$，$A$ 为 Hamaker 常数。又由经验公式 $V = -\alpha h$，液膜临界破裂厚度可以表示为

$$h_{\mathrm{cr}} = 0.98 \frac{(kT)^{1/12} K_{\mathrm{vw}}^{1/3}}{\mu^{1/6} \sigma^{1/4}} \left(\frac{1}{\alpha}\right)^{1/6} \tag{6-8}$$

式中，α 为在试验过程中测定的液膜薄化系数。

6.2 气泡稳定性研究

本节基于不同表面活性剂的不同浓度的溶液，从三个角度对气泡的稳定性进行试验：气泡兼并难易程度、气泡形变程度和气泡在气–液界面的破裂时间。研究了气泡大小、气泡运动速度、表面活性剂种类、表面活性剂浓度、溶液黏度等因素对气泡稳定性的影响。

6.2.1 气泡稳定性理论计算

本节研究的气泡稳定性使用理论计算，从理论上计算气泡在不可压缩的牛顿流体中，气泡自由上升过程中的破裂情况。一般情况下，气泡发生破裂的条件是气泡外部表面产生的应力比气泡内部维持稳定的黏性力的效果强，气泡外部的力通常是气泡破裂的主导作用力，气泡内部的力是防止气泡破裂的力，两者达到平衡时气泡维持稳定状态。

近年来，随着计算机技术的成熟和数值模拟方法的发展，出现了许多用数值

模拟方法来描述气泡在溶液中的行为，从一些数值模拟的文献中可以得到气泡在液体中自由上升的变化过程：气泡由溶液底部开始上升时是球形，但是随着上升时间的增加，气泡由球形变成底部凹进去的球帽状，并且随着气泡上升距离的增大，气泡向内凹陷的程度越来越大，最终凹陷由气泡底部推穿到气泡顶部，由于气泡的高宽相等，并且初始气泡是球状的，气泡破裂的位置应该在气泡顶部的正中间，所以在气泡自由上升过程中，气泡从球形变成环状结构。这是因为气泡在溶液中自由上升过程受到的浮力是气泡的主要作用力，由静止开始上升时，气泡底部和顶部之间存在着一定的压力差，从而导致从气泡底部推向气泡顶部的溶液流动，并在气泡周围形成了漩涡。气泡上升到后期溶液流动的强度足够大，最终克服了气泡的表面张力影响，溶液穿透气泡顶部，使得气泡破裂。

气泡在静态的溶液环境中自由上升，为了计算方便假设气泡内的温度均匀，并且忽略气泡运动过程中内部传热的影响。

考虑溶液深度、气泡壁的初始运动速度、环境压力和液体的密度等因素对气泡在自由上升过程中破裂的影响，依据动力学规律建立气泡在有限深度的溶液中自由上升的破裂模型：

$$\frac{2\sigma}{\rho R_b} - \frac{p_0}{\rho} = \left(R_b - \frac{R_b^2}{h_0}\right)\frac{d^2 R_b}{dt^2} + \left(\frac{3}{2} - \frac{2R_b}{h_0} + \frac{R_b^4}{2h_0^4}\right)\left(\frac{dR_b}{dt}\right)^2 - \left(\frac{4\mu R_b^2}{\rho h_0^3} - \frac{4\mu}{\rho R_b}\right)\frac{dR_b}{dt}$$

$$(6-9)$$

式中，ρ 为液体密度；p_0 为液面上的环境压力；R_b 为气泡半径；h_0 为液面高度，即液面到气泡表面的距离。

为计算方便，定义以下的无量纲量：

$$R_b' = \frac{R_b}{R_0}, h_0' = \frac{h_0}{R_0}, t' = \frac{t}{R_0\sqrt{\rho / p_0}}, \mu' = \frac{\mu}{R_0\sqrt{\rho p_0}}, \sigma' = \frac{\sigma}{R_0 p_0} \qquad (6-10)$$

式中，R_0 为气泡初始半径；R_b' 为无量纲气泡半径；h_0' 为无量纲液面高度；t' 为无量纲时间；μ' 为无量纲溶液黏度；σ' 为无量纲表面张力。

将无量纲量代入式（6-9），得到：

$$\left(R_b' - \frac{R_b'^2}{h_0'}\right)\frac{d^2 R_b'}{dt'^2} + \left(\frac{3}{2} - \frac{2R_b'}{h_0'} + \frac{R_b'^4}{2h_0'^4}\right)\left(\frac{dR_b'}{dt'}\right)^2 + \left(\frac{4\mu'}{R_b'} - \frac{4\mu' R_b'^2}{h_0'^3}\right)\frac{dR_b'}{dt'} - \frac{2\sigma'}{R_b'} = -1$$

$$(6-11)$$

根据式（6-11），利用 MATLAB，采用数值解求取气泡自由上升过程破裂的近似解。

由图 6-4 可以看出不同的无量纲液面高度与气泡自由上升过程破裂的临界无量纲溶液黏度之间存在一定的关系，图 6-4 中曲线存在一个拐点。在无量纲液面高度较小时，溶液的临界无量纲黏度对气泡自由上升过程中的破裂有显著的影响。在无量纲液面高度较小时，随着无量纲液面高度的增加，气泡破裂时溶液的临界无量纲黏度增加较快，气泡在溶液中容易破裂；在无量纲液面高度较大时，溶液的临界无量纲黏度变化不大，说明溶液的黏度对气泡自由上升过程中的破裂影响不明显，此时可以认为液体对于气泡来说是无穷深的。从图 6-4 可以看出溶液的深度对于气泡自由上升过程中的影响大小存在一个临界值，这个值在气泡半径的 100 倍左右，因此液体深度再增加对气泡自由上升过程中的破裂影响微乎其微。

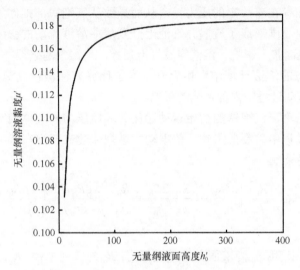

图 6-4 无量纲液面高度和无量纲溶液黏度的关系

因此在后续的计算过程中液面高度取 100 倍的气泡初始半径，即 $h'_0=100$，R_0 取 0.0006 m，p_0 取大气压力 1×10^5 Pa，σ 取水溶液的表面张力 0.0736 N/m，所以 σ' 为 0.001227。

从图 6-4 得到，当液面高度是 100 倍的气泡半径时，存在一个临界的无量纲溶液黏度，基于这一结论，选取了几个临界无量纲溶液黏度附近的无量纲溶液黏度，可以从图 6-5 中得到在无量纲溶液黏度小于临界无量纲溶液黏度的溶液中，气泡在上升过程中不稳定，会发生破裂。当无量纲溶液黏度大于临界无量纲溶液黏度时，气泡在自由上升过程中，由于气泡受力的变化，气泡的初始状态改变，半径随时间变化而逐渐变小，但是到达一定时间后，气泡的半径随时间变化不明显，说明气泡已经到达稳定状态。

图 6-6 给出了无量纲气泡初始半径和气泡破裂的临界无量纲溶液黏度，可以看出，无量纲气泡初始半径的增加伴随着临界无量纲溶液黏度的增加，充分说明在相同黏度的溶液中，半径大的气泡在自由上升过程中更容易破裂。

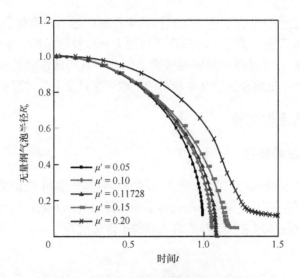

图 6-5　无量纲气泡半径和时间的关系

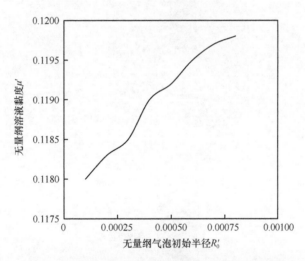

图 6-6　无量纲气泡初始半径和无量纲溶液黏度关系

　　总体来说，本部分从动力学角度出发，参照已有的气泡自由上升过程的破裂方程，对气泡自由上升过程的破裂进行了理论计算，式（6-11）考虑了液体黏度、液面高度、气泡初始半径和时间的影响，得到了气泡自由上升过程破裂的临界条件。当液面高度大于等于气泡半径的 100 倍时，液面高度相对于气泡来说是无穷深的，液面高度对气泡自由上升过程的破裂几乎没有影响。但是在液面高度小于气泡半径的 100 倍时，液面高度越小，气泡越不容易在自由上升过程中破裂。溶液的黏度越大，气泡在自由上升过程中越不容易破裂，并且溶液的黏度越大，气泡后期保持稳定状态时的半径与气泡初始半径差距越小。除此之外，从其他文献中可以得到溶液表面压力越大，气泡在自由上升过程中越容易破裂。液体密度越大，气泡在自由上升过程中越容易破裂。因此，具有低液面高度，高溶液黏度，低溶液表面压力，低溶液密度且半径小的气泡，在自由上升过程中更稳定。

6.2.2 气泡稳定性试验

1. 气泡稳定性试验装置

气泡稳定性试验装置以 3.3.1 节中介绍的颗粒与气泡相互作用可视化平台为基础，在透明玻璃槽的下方加置单色光和高速摄像机（图 6-7），摄像机与电脑相连，用以观察气泡与固体或者气泡与气泡之间的干涉条纹。

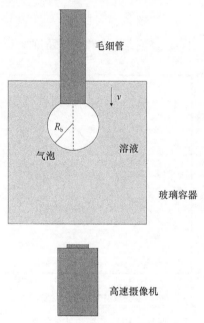

图 6-7 气泡稳定性试验装置

v-气泡接近速度；R_b-气泡半径

2. 气泡稳定性试验方法

气泡稳定性研究主要针对单个或两个气泡在不同的表面活性剂溶液和不同浓度的表面活性剂溶液中的稳定性。气泡稳定性试验采用三种衡量指标：两个气泡之间的兼并难易程度、气泡拉伸程度和气泡在气–液界面的破裂时间。

1）气泡兼并试验

通过微量注射器调节毛细管上气泡的大小，将毛细管上产生的第一个固定大小的气泡放置在玻璃容器下表面的疏水性玻璃片上，再使用注射器在毛细管上产生和上一个气泡大小一样的气泡，如图 6-8 所示。通过计算机控制毛细管上气泡和疏水性玻璃上放置气泡的接近速度和距离，使两个气泡接触，并等待发生兼并。毛细管气泡运动前在表面活性剂溶液中放置 10~20 s，尽量使两个气泡达到吸附平衡，测量两个气泡从接触到液膜破裂的时间间隔，这段时间被定义为气泡的兼并时间。毛细管带动的气泡从和疏水性玻璃上气泡接触开始，继续向下运动的距离为 d。分别测量两个气泡在不同的 d 和接近速度情况下的兼并时间，两个气泡从接触到完全兼并的时间越长，气泡越稳定。

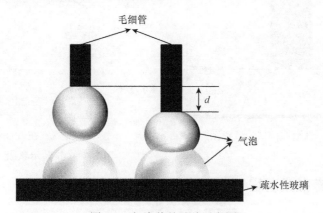

图 6-8　气泡兼并试验示意图

2）气泡拉伸试验

利用微量注射器和毛细管产生一定尺寸的气泡，将其放置在玻璃容器下部的疏水性玻璃上，毛细管底部固定疏水性玻璃片，气泡上下两个玻璃片的疏水性尽量保持一致。试验开始前先在蒸馏水中产生气泡并放置在底部疏水性玻璃上，将上部的疏水性玻璃放入容器内，使其与气泡充分接触 2 min，这样可以保证气泡在上、下两个疏水性玻璃表面上的接触面积一致。之后，在蒸馏水中加入配制好的一定浓度的表面活性剂，加入之后静置 2 min，使表面活性剂分子在气泡表面吸附平衡。图 6-9 表示气泡拉伸前的状态，拉动上面的疏水性玻璃，使气泡产生形变。在向上拉疏水性玻璃的过程中，与疏水性玻璃接触的气泡会从　端的疏水性玻璃上脱落，并且会在脱落一侧的玻璃上留下一个较小的气泡，此时认为一个气泡被拉成了两个小气泡。测量气泡在被拉伸成两个气泡的一瞬间上部疏水性玻璃与下部疏水性玻璃的距离，即气泡能被拉伸的最大限度。

3）气泡破裂试验

将毛细管底部移动到气-液界面，使毛细管在气-液界面产生一定大小的气泡，静置 2 min，使表面活性剂分子充分吸附到气泡表面。轻轻震荡毛细管，使气泡脱离毛细管，自由漂浮在气-液界面，观察并记录气泡在气-液界面破裂的时间。图 6-10 左侧是气泡在溶液中的初始状态，右侧是震荡后的气泡。

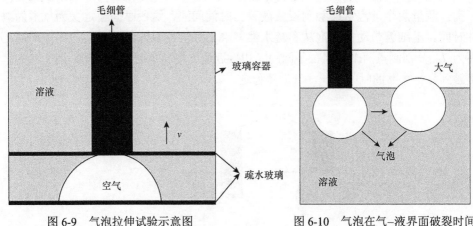

图 6-9　气泡拉伸试验示意图　　　　　　图 6-10　气泡在气-液界面破裂时间

试验示意图

6.2.3　气泡兼并难易程度研究

1. 气泡接近速度对两气泡兼并速度的影响

在不同浓度的表面活性剂 SDBS 溶液中，测量在不同接近速度条件下，两个相对的气泡在刚接触（即 $d = 0$ mm）时的兼并时间，每组试验均选取半径为 0.6 mm、0.8 mm、1.0 mm 的三组气泡。

从图 6-11 可以看出，对于同一半径的两个气泡，毛细管上的气泡接近位于疏水性玻璃上气泡的速度越快，两个气泡之间的兼并越迅速。另外，两个大半径的气泡相比于两个小半径的气泡更容易兼并。对于不同浓度的表面活性剂溶液，气泡之间兼并的时间也不尽相同，而且在不同浓度的表面活性剂溶液中，不同大小的气泡的兼并时间差异更大。SDBS 溶液中两个气泡的兼并时间在 0.56～5.96 s。在浓度为 50 ppm 的 SDBS 溶液中，半径为 0.6 mm 的两气泡的兼并时间最长，由于两个气泡之间的接近速度不同，在该溶液中，气泡的兼并时间是 4.08～5.96 s。在 SDBS 溶液中，两个气泡最容易兼并的条件是表面活性剂浓度为 10 ppm、两个气泡的半径为 1.0 mm，这时气泡兼并的时间最长是 1 s。这一试验现象同样出现在 AEP、AOS 表面活性剂溶液中，但是在不同的表面活性剂溶液中，气泡之间的兼并时间大不相同。

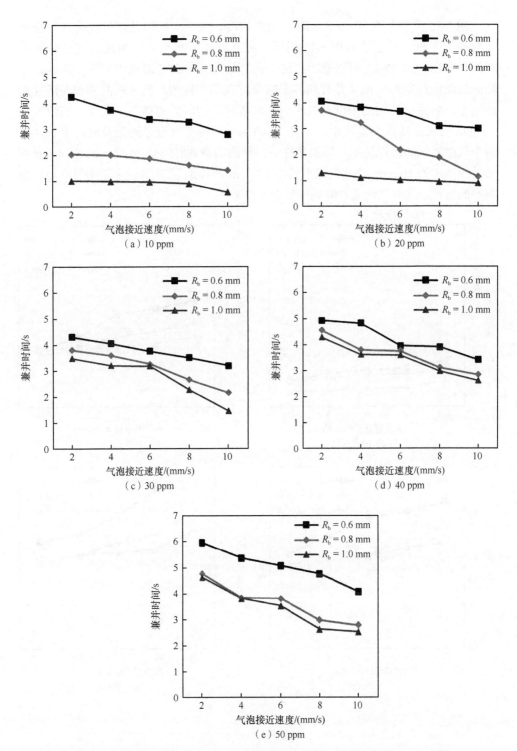

图 6-11 各浓度的 SDBS 溶液中不同半径气泡的接近速度与兼并时间的关系

图 6-12 反映了在 $d = 0$ mm 时，AEP 浓度、气泡半径以及接近速度对气泡兼并时间的影响，其规律与图 6-11 相同。AEP 溶液中两个半径相同的气泡的兼并时间在 3.12～37.56 s，可以看出，这个范围远比在 SDBS 溶液中的大。因此，不同的表面活性剂对气泡兼并时间的影响是完全不一样的。但是在两种表面活性剂溶液中，表面活性剂的浓度与气泡大小对兼并时间的影响存在一致性。在浓度为 50 ppm 的表面活性剂溶液中，半径为 0.6 mm 的两个气泡之间兼并时间最长，在两个气泡之间的接近速度不同的条件下，气泡的兼并时间是 26.68～37.56 s。表面活性剂浓度为 10 ppm 以及气泡半径为 1.0 mm 同样是 AEP 溶液中两个气泡最容易兼并的条件，这时气泡兼并时间最长为 5.87 s。

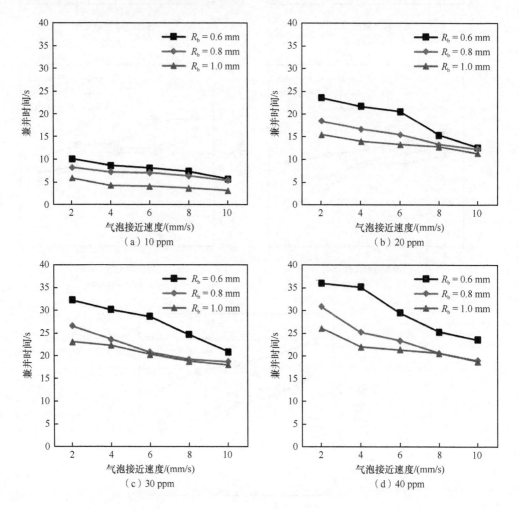

（a）10 ppm

（b）20 ppm

（c）30 ppm

（d）40 ppm

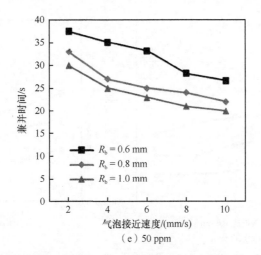

（e）50 ppm

图 6-12 各浓度的 AEP 溶液中不同半径气泡的接近速度与兼并时间的关系

图 6-13 呈现了 $d = 0$ mm 时 AOS 溶液中气泡兼并的试验结果。由图 6-13 得到，在 AOS 表面活性剂溶液中，两气泡的兼并时间为 2.09～17.53 s。结合图 6-11～图 6-13 可以看出，表面活性剂 AEP 最有助于气泡的稳定，其次是表面活性剂 AOS，最后是表面活性剂 SDBS。

两个气泡接近过程可以理解为两个气-液界面之间的相互接触。气泡处于纯水时，气-液界面没有任何分子吸附，是"干净"的，此时气-液界面不能承受任何的剪切应力，气-液界面可以切向运动，这种状态的气-液界面称为可移动界面。一旦气泡所处的液体环境中有一点"污染"，气-液界面就会吸附溶液中的分子，这种状态的气-液界面的切向速度是零，不可移动，此时的气-液界面被称为不可

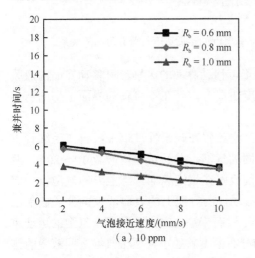

（a）10 ppm

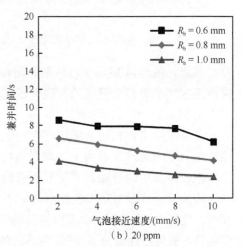

（b）20 ppm

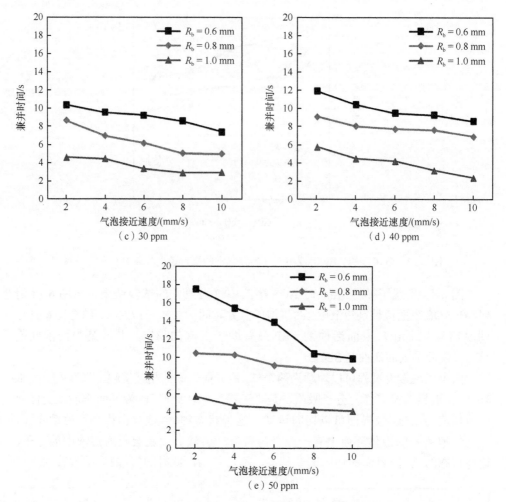

图 6-13　各浓度的 AOS 溶液中不同半径气泡的接近速度与兼并时间的关系

移动界面。图 6-14 展示了可移动界面和不可移动界面的区别，可移动界面的液膜排液速度比不可移动界面的液膜排液速度快很多，而在不可移动界面上切向剪切应力由 Marangoni 应力平衡。

　　在本试验中，先用毛细管产生一个气泡放置在疏水性玻璃上，再在毛细管下端产生一个与疏水性玻璃上气泡半径相同的气泡，并且试验前静置 10～20 s，两个气泡在溶液中的时间足以使表面活性剂吸附在气泡表面。当上方的气泡以一定的速度接近，气泡带动周围的溶液向下流动，两气泡上的表面活性剂分子被水流冲击，使两气-液界面间的表面活性剂分子没有未冲击前那么致密。气泡的运动速度越快，表面活性剂分子在气-液界面的分布密度就越小，两个气泡之间液膜的排液速度就越快，气泡越容易兼并。

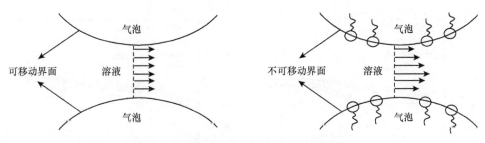

图 6-14 具有可移动和不可移动界面的薄液膜

2. 气泡重叠距离对两气泡兼并速度的影响

在半径为 0.6 mm 气泡的兼并过程中，可以看到毛细管下端的气泡始终位于疏水性玻璃上气泡的正上方。试验研究了在不同表面活性剂类型、不同表面活性剂浓度、不同气泡接近速度情况下，气泡重叠距离对气泡兼并时间的影响。

图 6-15、图 6-16 和图 6-17 分别反映了 SDBS、AEP 和 AOS 溶液中气泡的兼并情况。在不同的表面活性剂溶液中，气泡兼并时间的范围有所不同，表面活性剂 AEP 最有助于气泡的稳定，其次是表面活性剂 AOS，最后是表面活性剂 SDBS。对比不同重叠距离的气泡兼并时间可以发现，无关表面活性剂的种类，重叠距离对气泡兼并的影响相同：两个气泡之间的重叠距离越大，气泡兼并越慢。例如，在 AEP 溶液中，当表面活性剂的浓度为 10 ppm，$d = 0.4$ mm 时，气泡的兼并时间为 18.69~24.05 s，而当 $d = 0.1$ mm 时，气泡的兼并时间为 12.35~15.80 s。此外，随着气泡接近速度的增大，兼并时间的曲线呈上升趋势，也就是说气泡兼并难度增大。

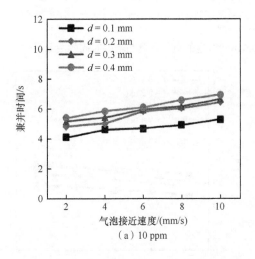

（a）10 ppm

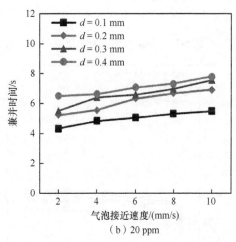

（b）20 ppm

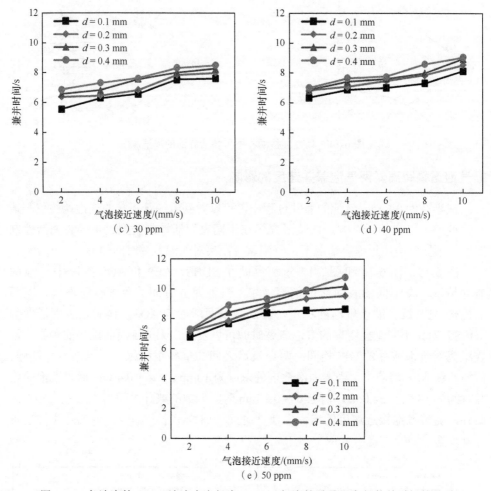

图 6-15　各浓度的 SDBS 溶液中半径为 0.6 mm 气泡的重叠距离与兼并时间的关系

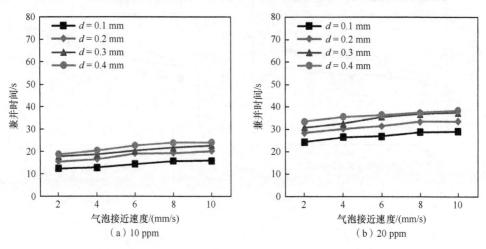

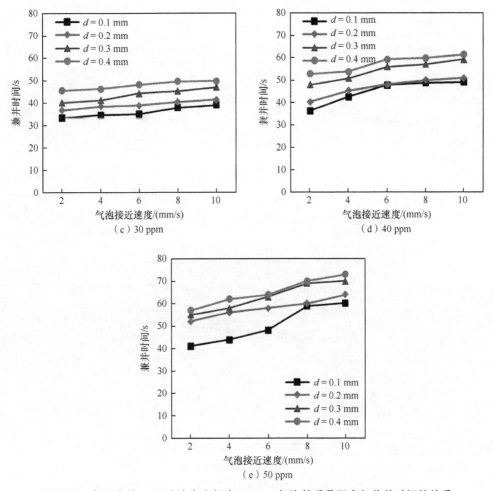

图 6-16　各浓度的 AEP 溶液中半径为 0.6 mm 气泡的重叠距离与兼并时间的关系

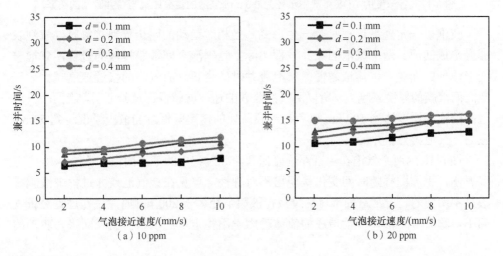

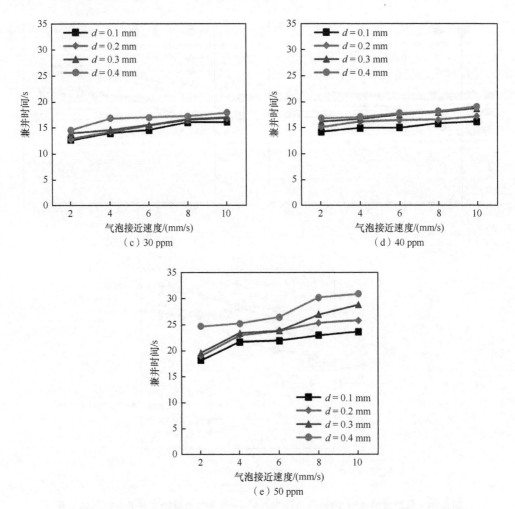

图 6-17　各浓度的 AOS 溶液中半径为 0.6 mm 气泡的重叠距离与兼并时间的关系

气泡以一定速度运动时会产生形变，当相对运动的两个气泡接触时，气泡表面会形成凹面。两个气泡的兼并过程实际上是气泡之间液膜排液的过程，气泡表面形成的凹面越大，排液越慢，气泡兼并时间越长。而气泡的接近速度越大，气泡之间液膜的厚度就越大，所以两气泡兼并的速度就越慢。试验证明，当两个气泡之间的液膜厚度达到 100 nm 以后，液膜薄化的速率降低，当液膜厚度达到 50 nm 左右，气泡就会兼并。

图 6-18 为两个气泡在垂直浮选碰撞和兼并过程中的干涉图像，从图 6-18 中可以看出，干涉图样随时间变化呈现出不对称性，可见在该气泡兼并过程中液膜排液是不均匀的。通常这种不对称排液在液膜半径大于 200 μm 时发生，理论分析表明不对称排液是液体流动造成的流体动力学不稳定引起的，而由表面张力驱动的

......

流动受到表面扩张黏度、剪切黏度的影响。

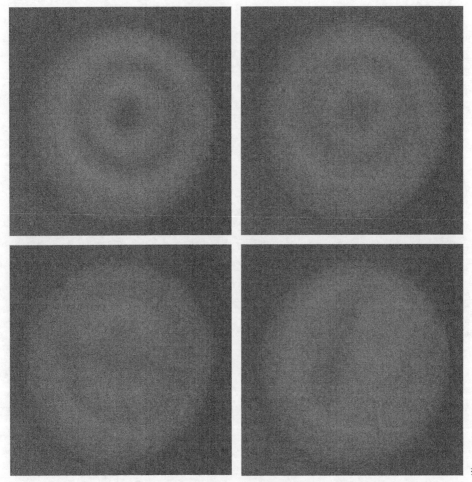

图 6-18　两个气泡在垂直浮选碰撞和兼并过程中的干涉图样

对于半径为 0.8 mm 和 1.0 mm 的气泡，在兼并试验过程中，毛细管上的气泡容易发生偏移，因此这个过程中气泡的兼并包括气泡的反弹和气泡间液膜的排液。在此给出了半径为 1 mm 气泡的兼并试验结果。由图 6-19～图 6-21 可以看出，即使毛细管上气泡与疏水性玻璃上气泡不是垂直正对碰撞和兼并，两气泡的兼并时间依旧是与接近速度成正比。这是因为，虽然两个气泡碰撞反弹，但是由于毛细管对气泡还存在向下的压力，两个气泡在反弹之后又接触并形成凹面，气泡的兼并时间还是取决于液面的排液过程。表面活性剂的种类对气泡兼并的影响仍然是表面活性剂 AEP 最有助于气泡稳定，其次是表面活性剂 AOS，最后是表面活性剂 SDBS。

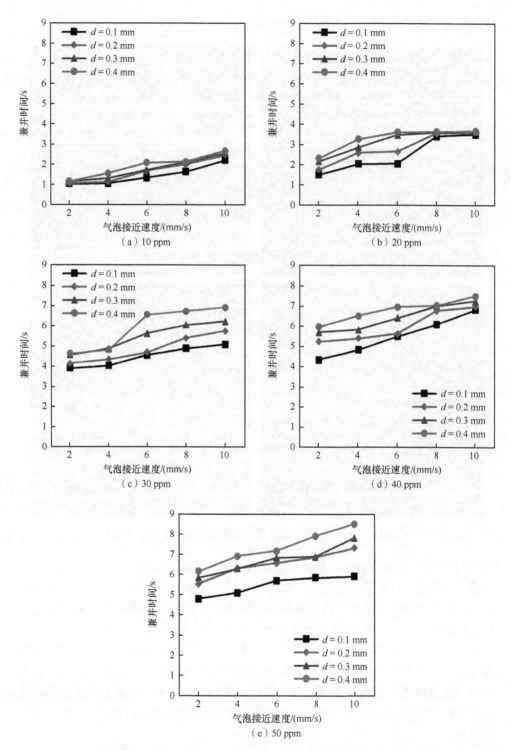

图 6-19　各浓度的 SDBS 溶液中半径为 1.0 mm 气泡的重叠距离与兼并时间的关系

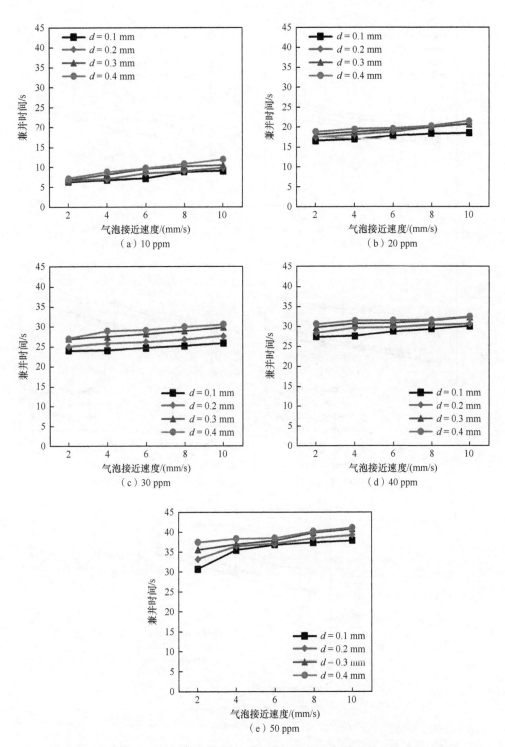

图 6-20 各浓度的 AEP 溶液中半径为 1.0 mm 气泡的重叠距离与兼并时间的关系

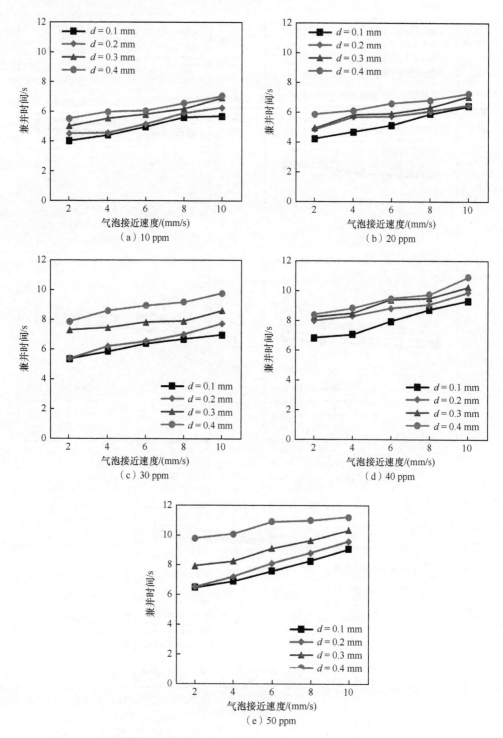

图 6-21　各浓度的 AOS 溶液中半径为 1.0 mm 气泡的重叠距离与兼并时间的关系

3. 表面活性剂浓度对两气泡兼并速度的影响

由图 6-11～图 6-13、图 6-15～图 6-17、图 6-19～图 6-21 均可看出，气泡的兼并时间随表面活性剂浓度的增加而增加，本部分比较气泡半径为 0.8 mm、接近速度为 2 mm/s、接近距离为 0 mm 的两个气泡之间的兼并时间与表面活性剂浓度的关系，得到的结果如图 6-22 所示。可以明显看出，表面活性剂浓度越高，对应气泡的兼并时间越长，并且对于不同的表面活性剂种类，气泡的兼并时间都有所区别。

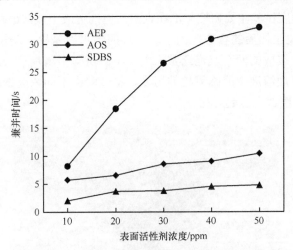

图 6-22　表面活性剂浓度与气泡兼并时间关系

表面活性剂对气泡兼并时间的影响，与表面活性剂溶液的表面张力、液体黏度和表面电荷等都有关系。图 6-23 展示了三种表面活性剂在不同浓度时的溶液黏

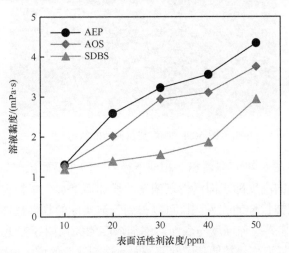

图 6-23　表面活性剂浓度与溶液黏度的关系

度。可以看出，表面活性剂浓度越高，溶液的黏度也随之增加，整体来看，表面活性剂 AEP 的溶液黏度最高，其次为表面活性剂 AOS，表面活性剂 SDBS 的溶液黏度最低，这个规律与兼并难易程度的试验完全一致，因此不同的表面活性剂种类对两个气泡兼并时间的影响与溶液黏度有关，溶液黏度越大，气泡越不容易兼并，也就越稳定。

6.2.4　气泡形变程度研究

气泡形变程度试验主要研究气泡在表面活性剂溶液中能够被拉伸的最大程度。图 6-24 为气泡被拉伸后的状态，由于玻璃片的疏水性差异以及拉伸速度的影响，气泡被拉伸后分裂成的两个气泡通常一大一小。试验中测量了气泡处于三种不同浓度的表面活性剂溶液中的临界拉伸高度。将试验中不同浓度表面活性剂溶液中气泡的拉伸临界图放在一起对比。

图 6-24　气泡被拉伸后的状态

从图 6-25～图 6-27 可以看出，相同半径的气泡在不同浓度的表面活性剂溶液中，可以被拉伸的高度随表面活性剂浓度的增加而增加。根据视频逐帧提取照片的软件得到气泡被拉伸的临界图，可以得到气泡实际的临界拉伸高度。由气泡在 SDBS 溶液中的临界拉伸高度与表面活性剂浓度的关系图 6-28 也可以看出，不论气泡半径如何，气泡临界拉伸高度都随表面活性剂浓度的增大而增大。

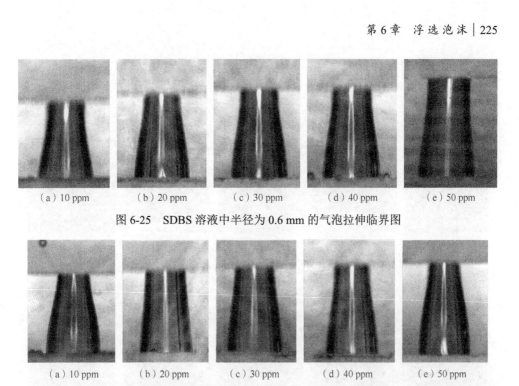

图 6-25 SDBS 溶液中半径为 0.6 mm 的气泡拉伸临界图

（a）10 ppm　　（b）20 ppm　　（c）30 ppm　　（d）40 ppm　　（e）50 ppm

图 6-26 SDBS 溶液中半径为 0.8 mm 的气泡拉伸临界图

（a）10 ppm　　（b）20 ppm　　（c）30 ppm　　（d）40 ppm　　（e）50 ppm

图 6-27 SDBS 溶液中半径为 1.0 mm 的气泡拉伸临界图

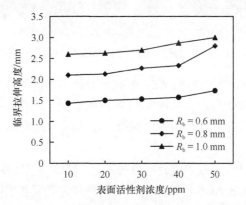

图 6-28 不同半径的气泡在 SDBS 溶液中临界拉伸高度和表面活性剂浓度的关系

图 6-29～图 6-31 是表面活性剂 AEP 溶液中不同半径的气泡在各表面活性剂浓度的溶液中拉伸的临界试验图。

(a) 10 ppm　　(b) 20 ppm　　(c) 30 ppm　　(d) 40 ppm　　(e) 50 ppm

图 6-29　AEP 溶液中半径为 0.6 mm 的气泡拉伸临界图

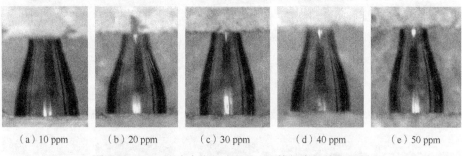

(a) 10 ppm　　(b) 20 ppm　　(c) 30 ppm　　(d) 40 ppm　　(e) 50 ppm

图 6-30　AEP 溶液中半径为 0.8 mm 的气泡拉伸临界图

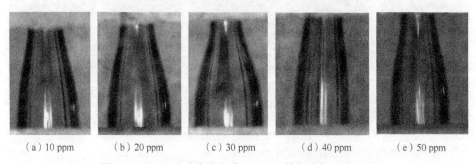

(a) 10 ppm　　(b) 20 ppm　　(c) 30 ppm　　(d) 40 ppm　　(e) 50 ppm

图 6-31　AEP 溶液中半径为 1.0 mm 的气泡拉伸临界图

经过测量和计算,可以得到 AEP 溶液中半径不同的气泡在不同浓度溶液中的临界拉伸高度如图 6-32 所示。从图 6-32 中可以看到,不同半径的气泡的临界拉伸高度在表面活性剂溶液中具有相同的规律,临界拉伸高度均随表面活性剂浓度的增大而增大。

在 AOS 表面活性剂溶液中进行同样的试验,试验结果如图 6-33～图 6-35 所示。经计算得到表面活性剂 AOS 溶液中气泡的临界拉伸高度与表面活性剂浓度的关系如图 6-36 所示。由图 6-36 可知,表面活性剂浓度越高,气泡可以被拉伸的高度越大。

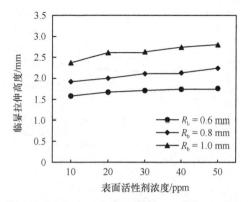

图 6-32　不同半径的气泡在 AEP 溶液中临界拉伸高度和表面活性剂浓度的关系

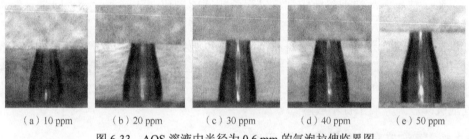

（a）10 ppm　　（b）20 ppm　　（c）30 ppm　　（d）40 ppm　　（e）50 ppm

图 6-33　AOS 溶液中半径为 0.6 mm 的气泡拉伸临界图

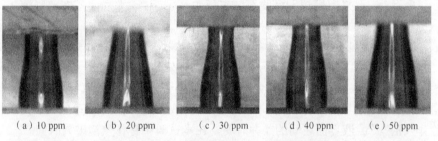

（a）10 ppm　　（b）20 ppm　　（c）30 ppm　　（d）40 ppm　　（e）50 ppm

图 6-34　AOS 溶液中半径为 0.8 mm 的气泡拉伸临界图

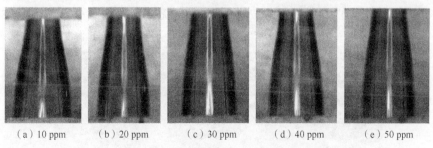

（a）10 ppm　　（b）20 ppm　　（c）30 ppm　　（d）40 ppm　　（e）50 ppm

图 6-35　AOS 溶液中半径为 1.0 mm 的气泡拉伸临界图

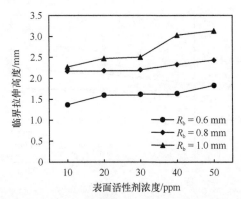

图 6-36　不同半径的气泡在 AOS 溶液中临界拉伸高度和表面活性剂浓度的关系

在三种表面活性剂溶液中都可以得到相同的规律：在气泡半径相同时，表面活性剂的浓度越高，气泡可以被拉伸的高度越高。同时还测量了气泡在蒸馏水中可以被拉伸的临界高度，气泡在蒸馏水中可以被拉伸的高度与在表面活性剂溶液中可以被拉伸的高度差别较大，表面活性剂溶液中的气泡被拉伸的高度更高，因此表面活性剂的加入有助于气泡形变，能够在一定程度上增加气泡的稳定性，使气泡破碎对外界的干扰不敏感。

6.2.5　气泡在气–液界面破裂研究

气泡在气–液界面破裂的试验实际上也是气泡与气–液界面之间液膜薄化的过程，重力和曲率半径的变化都会导致薄液膜内部产生压力梯度，从而驱动薄液膜排液。本试验通过毛细管在距离气–液界面处很小的位置产生具有一定半径的气泡，将气泡在表面活性剂溶液中停留 2 min，确保表面活性剂分子在气泡表面吸附平衡，然后轻微地震荡毛细管，使气泡脱离毛细管自由上浮到气–液界面，观察并测量气泡在气–液界面存在的时间。气泡在气–液界面存在的时间在一些文献中也被称作气泡与气–液界面之间的兼并时间，在本试验中称作气泡破裂时间。

图 6-37 为气泡在气–液界面破裂的示意图。分别在三种表面活性剂溶液中测定半径不同的气泡在气–液界面的破裂时间，结果见图 6-38～图 6-40。由图 6-38～图 6-40 可知，气泡在气–液界面的破裂时间与气泡半径和表面活性剂溶液的种类

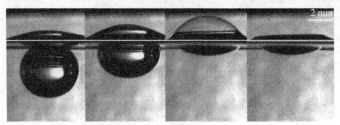

图 6-37　气泡在气–液界面破裂的示意图

和浓度都有关系，对于同一半径的气泡来说，表面活性剂浓度越大，气泡在气–液界面存在的时间越长，而对于不同半径的气泡来说，小气泡比大气泡能够存在的时间要长。

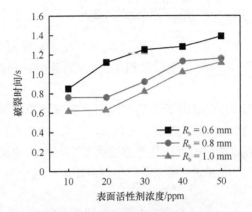

图 6-38　SDBS 溶液中气泡破裂时间和表面活性剂浓度关系

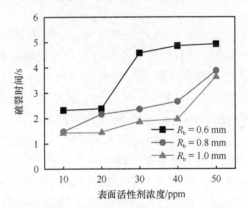

图 6-39　AEP 溶液中气泡破裂时间和表面活性剂浓度关系

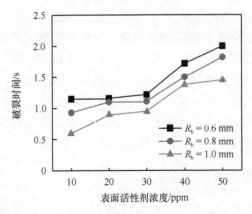

图 6-40　AOS 溶液中气泡破裂时间和表面活性剂浓度关系

式（6-12）代表了气泡与气–液界面之间薄液膜的厚度随时间的变化，促使液膜排液主要的力是重力和毛细压力，而决定液膜排液的主导力是由邦德数决定的。

$$t \sim \frac{3n^2}{16\pi}\frac{\eta S^2}{F}\left(\frac{1}{h^2}-\frac{1}{h_0{}^2}\right) \tag{6-12}$$

式中，n 为不可移动界面的数量，可以取 0，1，2；η 为表面活性剂溶液的黏度；S 为液膜排液的面积；F 为促使液膜排液的力；h 为液膜的厚度，当时间为零时，$\delta=\delta_0$。

从式（6-12）可以得到表面活性剂溶液的黏度与液膜的排液时间成正比，表面活性剂浓度越高，溶液的黏度越高，所以气泡在气–液界面停留的时间越长。

总体来说，表面活性剂的存在使气泡变得稳定，增大表面活性剂浓度可进一步增加气泡的稳定性；从气泡尺度来看，小气泡比大气泡稳定。

6.3 泡沫稳定性研究

泡沫的形成和稳定是进行浮选的关键因素，一般泡沫的质量也决定着浮选矿物的品位，不稳定的泡沫使目的矿物不能浮出，导致精矿损失，由于两相泡沫是三相泡沫形成和稳定的前提，研究三相泡沫的稳定性首先从研究两相泡沫的稳定性入手。本节将 SDBS、AEP、AOS 三种表面活性剂分别配制成的 10 ppm、20 ppm、30 ppm、40 ppm、50 ppm 五种浓度的溶液，测量了各表面活性剂溶液在一定充气时间后形成的两相泡沫的高度和衰减到一半高度经历的时间（即半衰期），本试验利用泡沫衰退的速度来衡量两相泡沫的稳定性。三相泡沫稳定性的试验研究是在由 SDBS、AEP、AOS 三种表面活性剂分别配制成的 10 ppm、20 ppm、30 ppm、40 ppm、50 ppm 五种浓度的溶液中加入不同粒级的煤颗粒，使煤颗粒在表面活性剂溶液中充分润湿，在泡沫稳定性试验装置里测试并计算三相泡沫的衰退速度，评价三相泡沫的稳定性。

本节从两个角度论述了泡沫的稳定性，分别是两相泡沫的稳定性和三相泡沫的稳定性。泡沫尺度的稳定性试验分别从两相泡沫稳定性和三相泡沫稳定性方面进行试验。两相泡沫稳定性试验在不同表面活性剂溶液的不同浓度中进行，通过控制充入泡沫柱的气体流量，记录并计算两相泡沫的稳定性。三相泡沫稳定性的试验在不同表面活性剂溶液的不同浓度中进行，通过控制充入泡沫柱的气体流量和加入不同粒级的煤颗粒，记录并计算三相泡沫的稳定性。

6.3.1 泡沫稳定性的影响因素

对于泡沫稳定性的评价指标主要包括两个方面，分别是泡沫高度和泡沫半衰期。泡沫高度指泡沫层的厚度，从进气口充入一定量的气体，一定时间后从刻度尺上读出泡沫顶端到达的高度，用读出来的高度减去加入的液体的高度即泡沫高度；泡沫半衰期是指充气一定时间后停止充气，泡沫高度衰减至初始高度一半经历的时间，半衰期越长，泡沫的稳定性越高，消泡越困难。

目前公认的泡沫衰变的机理有两个：一个是液膜的排液；另一个是气体透过液膜的扩散。两种机理都与液膜性质及液膜与 Plateau 边界的相互作用有直接关系。

1. 表面张力

在泡沫生成过程中，由于气体的介入，将液体分成很多部分导致液体的表面积增大，体系的能量相应增加；当泡沫破灭时，被气体分隔开的液体又聚在一起，液体的表面能降低，与之相应变化的是体系的能量降低。然而在泡沫生成以后泡沫不一定具有良好的稳定性，只有当泡沫在液体中形成具有一定强度的表面膜时才对泡沫稳定性有利。

2. 液体黏度

液体黏度对泡沫稳定性的影响具体表现在：大的液体黏度可以降低气泡之间液膜的排液速度。这是因为液膜为三层模型，即两层表面活性剂分子之间夹着中间一层溶液，倘若液体本身黏度大，就会淤积在表面活性剂夹层中不易排出，同时也会降低气体在溶液中的溶解度，减缓液膜变薄的速度，进而使得液膜破裂时间变长，泡沫稳定性提高。

3. 表面黏度

表面黏度是不溶膜的表面黏度和溶液黏度的差值，指气–液界面上由于不溶膜的存在而引起表面层黏度的变化。通常表面黏度与泡沫的排液速率成反比，当表面黏度达到最大值时，排液速率最小。因为泡沫的稳定性与气泡之间液膜的排液速率有紧密的联系，而表面黏度又对排液速率有很大的影响，所以表面黏度对于泡沫的稳定性具有重要的影响。因此，为了获得稳定的泡沫，人们经常通过添加其他物质，增加溶液的表面黏度来提高泡沫的稳定性。

4. 表面电荷

表面电荷对泡沫稳定性的作用体现在对液膜排液速度的影响。倘若两个相邻的泡沫表面带有相反符号的电荷，那么这两个表面便相互吸引，该过程加速了液膜的排液，也就使得液膜变薄甚至破裂的速度加快，反之则减慢了液膜变薄甚至破裂的时间，泡沫的稳定性得以提高。图 6-41 反映了电荷在液膜处的排布，当使用阴离子型表面活性剂作为起泡剂时，表面活性剂在气泡表面吸附，形成带负电的表面，因为溶液呈电中性，所以阳离子聚集在溶液中，形成表面扩散双电层。当两个气泡表面靠近至一定距离后，表面电荷开始起作用，两个表面互相排斥，阻止液膜进一步变薄，减缓了液膜排液的进程，使泡沫的稳定性得到加强。

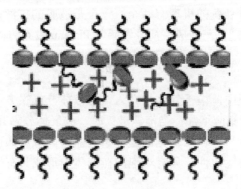

图 6-41　液膜双电层

这种电荷排斥作用在液膜较厚时影响不大甚至不起作用，电荷排斥作用导致的泡沫稳定性增强实际上也属于液膜的一种弹性作用，如果在溶液中添加电解质，液膜之间的扩散双电层会被压缩，这种弹性作用受到削弱，导致液膜厚度变薄，泡沫的稳定性下降。

5. Marangoni 效应

当一根尖细的针慢慢插入肥皂泡内时，肥皂泡有可能不会破裂。对于气泡的这种修复能力，如果仅用表面黏度和表面张力的基础概念来解释是远远不够的，Marangoni 对气泡这一自我修复能力作出了解释：某种液体中产生并存在的液膜受到如温度、浓度等外界扰动时，液膜会局部变薄，表面压力也会发生变化（图 6-42）。液膜表面受到的表面张力不均衡时便会形成 Marangoni 流，使液膜间液体顺着最优路径回流到薄液面位置，进行自我修复。

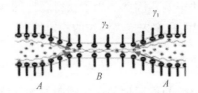

图 6-42　膜局部变薄引起的表面压力变化

图 6-42 中 B 处的液膜受到冲击时局部变薄，此时 B 处的液膜表面积增大，表面吸附分子的密度减小，这就导致液膜变薄处的表面张力 γ_2 大于周围 A 处的表面

张力 γ_1。所以 A 处表面的分子就会向 B 处迁移，分子在迁移过程中带动邻近的液体一起移动，结果使由于受到外力冲击而变薄的 B 处液膜又变厚，液膜厚度恢复。同时，表面张力降到原来的水平，这种现象是很典型的表面张力的"修复"作用或 Marangoni 效应，正是由于这种效应的存在，泡沫在受到一定外力干扰的情况下也能保持一定的稳定性。

Marangoni 效应发生的两个必要条件：是加入表面活性剂前后的表面张力存在差异，二是表面活性剂溶质分子分散和溶解的速度适中。要使 Marangoni 效应对泡沫稳定性的影响显著，加入的表面活性剂需要能引起溶液表面张力明显降低，但是一般而言，加入表面活性剂前后溶液表面张力的差值不能太大。

6. 表面活性剂

表面活性剂是由疏水的碳氢链和亲水的基团组成的，表面活性剂作用在气–液界面上的特性由吸附和形成胶束这两种基本属性所决定。表面活性剂溶液中影响泡沫稳定性的因素包括表面张力、Marangoni 效应和溶液黏度等，而这些影响泡沫稳定性的要素都与作用在液膜上的表面活性剂的吸附率和在溶液中能够产生所需表面作用的表面活性剂的浓度有关。表面活性剂浓度很低时，吸附在气泡膜表面的表面活性剂分子量很小；当浓度逐渐增加，吸附在气泡膜表面的表面活性剂分子量增大；但是当表面活性剂的浓度达到一定程度后，气泡膜表面的表面活性剂分子吸附量不再增加，此时称为饱和吸附。一般来说，表面活性剂在气泡膜表面的吸附量越高，泡沫越稳定。在气泡膜表面上表面活性剂的吸附量与表面活性剂的疏水基团破坏水相结构的程度有关。随着表面活性剂分子的亲油基链长减小，吸附效率降低。

表面活性剂形成胶束可以影响表面张力和表面电荷对泡沫稳定性的作用，表面活性剂胶束化一旦开始后，表面张力基本不再有较大变化。所以抑制表面活性剂形成胶束是十分有必要的，可以降低气泡的表面张力，从而产生稳定的气泡和泡沫。另外，表面活性剂分子亲水基的电荷会抑制表面活性剂分子在气–水界面上的吸附胜过抑制溶液的胶束化，表面电荷对表面活性剂在气泡膜表面是否吸附和胶束化，主要取决于液膜之间距离的大小。

6.3.2　泡沫稳定性试验

1. 泡沫稳定性试验装置

泡沫稳定性试验装置如图 6-43 所示。泡沫柱透明，高度 30 cm，内径 5 cm，柱的一侧有刻度，用于读取泡沫高度。柱的顶端与大气相连，所以系统的气压与大气压一致。在柱的底部有一个带有孔的气体扩散器，该扩散器可使气体从下方通入泡沫柱主体，同时保持柱内液体不泄漏。试验气体由氮气罐供给，氮气罐与泡沫柱由乳胶管相连。气体由连接在管道上的阀门控制，通过流量计监测流量，然后经气体扩散器通入泡沫柱。

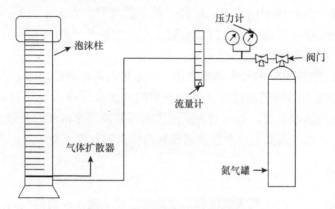

图 6-43　测定泡沫稳定性试验装置

2. 泡沫稳定性的表示方法

由于以不同流速给泡沫柱充入的气体流量不同，这里采用泡沫衰退速度 v_r 来衡量泡沫的稳定性，计算公式为

$$v_r = \frac{H_{1/2}}{t_{1/2}} \tag{6-13}$$

式中，$H_{1/2}$ 为泡沫半衰期内衰退的高度；$t_{1/2}$ 为泡沫的半衰期。

3. 泡沫稳定性试验方法

对于两相泡沫稳定性试验，将待测液体从泡沫柱上方注入，以一定的流速给泡沫柱充气，柱内形成泡沫，记录一定时间后泡沫的高度及半衰期。三相泡沫的稳定性需在泡沫柱中通入气体前加入一定量的固体颗粒。

配置表面活性剂溶液时，将磁力搅拌器调至 700～800 r/min，搅拌 5 min，使表面活性剂完全溶于水。搅拌过程中，转子转速应适当调节。转速过小会导致表面活性剂不容易溶于水，转速过大会产生泡沫，影响后续试验。

配制三相溶液时，将所用颗粒（本试验中用煤颗粒）加入溶液中，用磁性搅拌器搅拌 2 min，这样可以使煤颗粒充分润湿。

6.3.3　两相泡沫稳定性研究

两相泡沫稳定性的测定主要探究了充气量和表面活性剂浓度对两相泡沫稳定性的影响。在两相泡沫稳定性试验中，每组试验中使用 100 mL 的表面活性剂溶液，溶液的浓度分别为 10 ppm、20 ppm、30 ppm、40 ppm、50 ppm，充气速度分别设置为 40 L/h、60 L/h、80 L/h、100 L/h，充气时间均为 20 s。

1. 充气量对两相泡沫稳定性的影响

充气量对两相泡沫稳定性的试验研究中，先将表面活性剂溶液注入浮选柱中，打开通气阀门，通过流量计控制充入泡沫柱中气体流量，每次试验充气 20 s 后停止充气，观察并记录泡沫高度和泡沫高度衰减到初始高度一半的时间，并计算泡沫的衰退速度。

从图 6-44～图 6-46 中可以看出每种表面活性剂溶液生成的泡沫都有一致的规律，即泡沫稳定性随充气流量的增大而减小。在试验过程中可以观察到，充气流量越大，泡沫柱中产生的气泡越大，相较于小的充气流量产生的较小气泡，大充气流量产生的气泡比小充气流量产生的气泡更不稳定且容易兼并，而对泡沫稳定

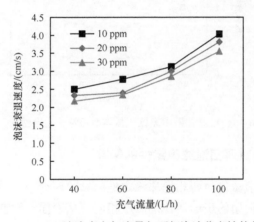

图 6-44　SDBS 溶液中充气流量与两相泡沫稳定性的关系

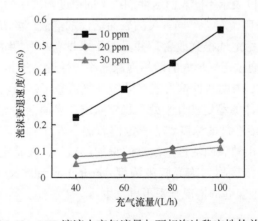

图 6-45　AEP 溶液中充气流量与两相泡沫稳定性的关系

性影响最大的因素之一就是气体的扩散，即气泡的兼并。虽然大充气流量更容易产生含水量高的两相泡沫，含水量高可以使气泡之间的液膜厚度变大，在一定程度上减缓了泡沫的衰退，但是由于重力的影响，气泡之间的溶液会快速回到表面活性剂溶液中。充气流量越大，产生泡沫越迅速，但是其对泡沫的稳定性存在不利影响。对比本节的三个试验数据同样可以发现，不同的表面活性剂溶液对泡沫稳定性的影响不同，尽管如此，表面活性剂溶液对泡沫稳定性的影响随溶液黏度变化的关系存在一致性的规律。

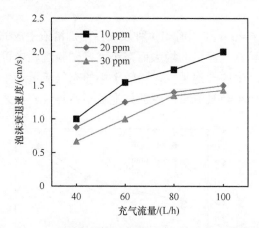

图 6-46　AOS 溶液中充气流量与两相泡沫稳定性的关系

2. 表面活性剂浓度对两相泡沫稳定性的影响

表面活性剂溶液浓度对两相泡沫稳定性的试验研究中，表面活性剂的浓度和气泡稳定性试验中使用的表面活性剂浓度相同，从表面活性剂溶液的低浓度至高浓度进行试验。

图 6-47～图 6-49 表示不同表面活性剂在不同浓度溶液中的两相泡沫衰退速度。图 6-47～图 6-49 表明，对于不同种类的表面活性剂溶液，随着表面活性剂浓度的增加，两相泡沫的稳定性得到改善，并且对于本试验中使用的表面活性剂 AEP，其配制而成的溶液通过充气形成的两相泡沫的稳定性远高于其他两种表面活性剂。并且可以看出，AEP 表面活性剂溶液在同一充气流量下，当表面活性剂浓度达到30 ppm 后，两相泡沫的稳定性几乎处于稳定状态。表面活性剂浓度对两相泡沫稳定性的影响在表面活性剂的浓度到达一定值后将不再产生。早在 1994 年，Tucker 等[3] 发现气泡的大小随表面活性剂浓度的增加而减小，在特定浓度下，气泡的大小趋于平稳，这一浓度称为临界胶束浓度（crtical micelle concentration，CMC），在这一浓度下，气泡兼并的情况几乎不再发生。

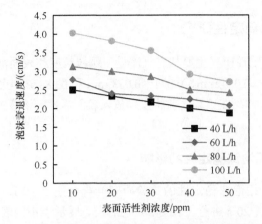

图 6-47　SDBS 表面活性剂浓度与两相泡沫稳定性的关系

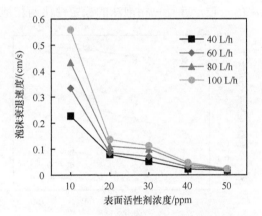

图 6-48　AEP 表面活性剂浓度与两相泡沫稳定性的关系

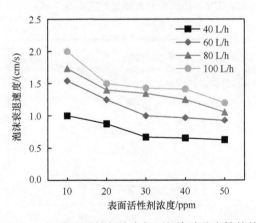

图 6-49　AOS 表面活性剂浓度与两相泡沫稳定性的关系

6.3.4 三相泡沫稳定性研究

三相泡沫的稳定性研究主要从充气流量、颗粒粒度和表面活性剂浓度三个角度进行。将煤样分为＜0.074 mm、0.074～0.088 mm 和 0.088～0.105 mm 三个粒级，每次试验使用 0.5 g 煤样。在试验之前将煤样放入表面活性剂溶液中，通过磁力搅拌器使煤样充分润湿。

1. 充气流量对三相泡沫稳定性的影响

充气流量对三相泡沫稳定性的试验研究同样分别以 40 L/h、60 L/h、80 L/h、100 L/h 的流速充气 20 s 进行。图 6-50～图 6-52 展示了不同表面活性剂溶液中充气流量与三相泡沫稳定性的关系。可以看出，充气流量对三相泡沫稳定性的影响规律与其对两相泡沫的一致，并且三相泡沫的稳定性比两相泡沫稳定性好。这是

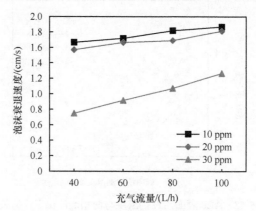

图 6-50　SDBS 溶液中充气流量与三相泡沫稳定性的关系

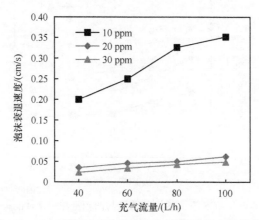

图 6-51　AEP 溶液中充气流量与三相泡沫稳定性的关系

因为煤颗粒在充气过程中黏附在气泡表面，在一定程度上可以缓解气泡的兼并和气泡之间液膜的溶液流动。

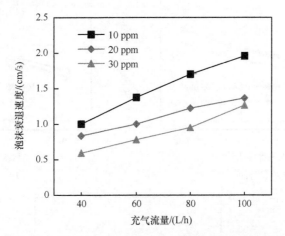

图 6-52　AOS 溶液中充气流量与三相泡沫稳定性的关系

2. 颗粒粒度对三相泡沫稳定性的影响

图 6-53～图 6-55 展示了在不同种类、不同浓度的表面活性剂溶液中，颗粒粒度对三相泡沫稳定性的影响，对于每种表面活性剂溶液，小粒度的颗粒对三相泡沫的稳定性都是最有利的，并且在每种表面活性剂的每个浓度表面活性剂溶液中，三相泡沫的稳定性普遍比两相泡沫的稳定性好，这是因为粒度越小的颗粒越容易黏附在气泡上，使得三相泡沫的稳定性越强。

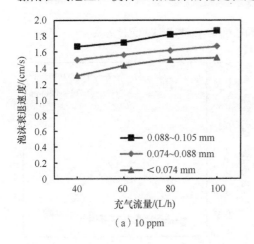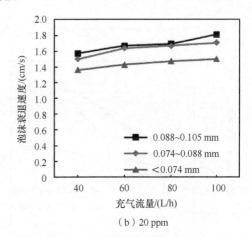

（a）10 ppm　　　　　　　　　　　（b）20 ppm

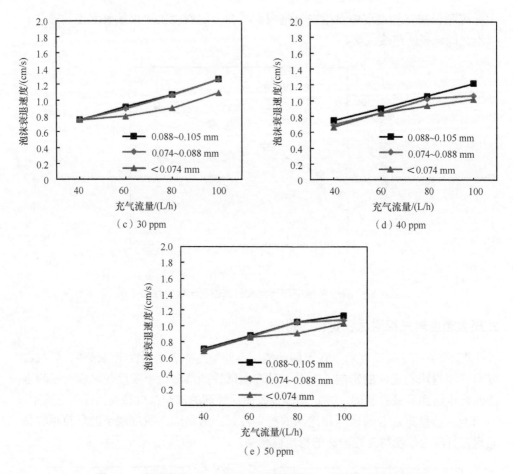

图 6-53　各浓度的 SDBS 溶液中颗粒粒度与三相泡沫稳定性关系

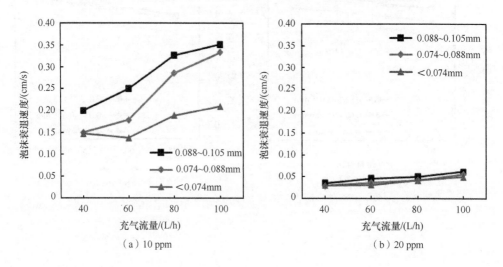

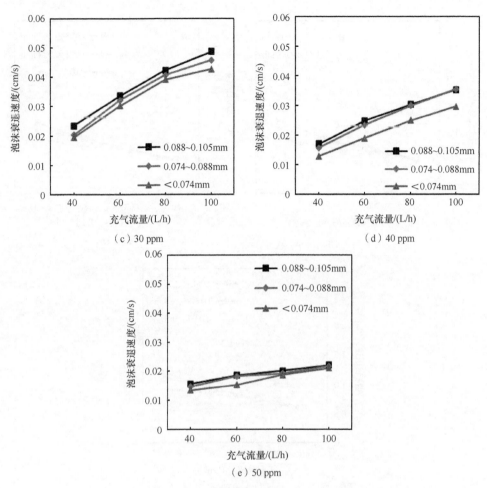

图 6-54　各浓度的 AEP 溶液中颗粒粒度与三相泡沫稳定性关系

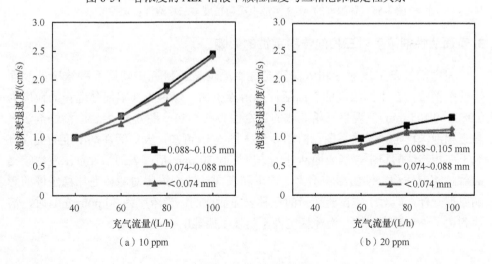

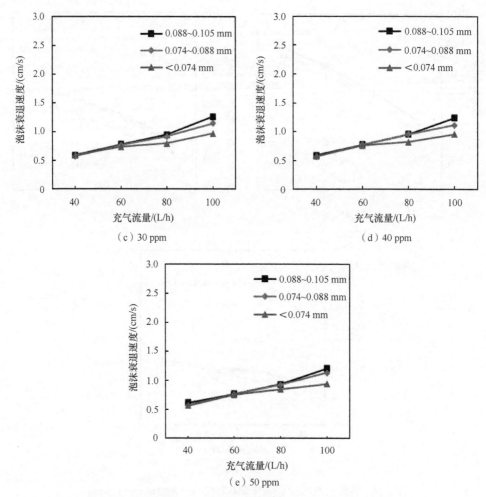

图 6-55　各浓度的 AOS 溶液中颗粒粒度与三相泡沫稳定性关系

3. 表面活性剂浓度对三相泡沫稳定性的影响

表面活性剂浓度对三相泡沫稳定性影响的试验研究中使用五种浓度的表面活性剂溶液，在不同浓度的表面活性剂溶液中加入煤颗粒（本部分选择的粒度为0.088～0.105 mm），观察三相泡沫的稳定性。图 6-56～图 6-58 为表面活性剂浓度与三相泡沫稳定性的关系图。由图 6-56～图 6-58 可知，表面活性剂浓度的提高有利于三相泡沫的稳定，当表面活性剂浓度达到 30 ppm 后，表面活性剂浓度继续提高对三相泡沫稳定性的影响不大，这里和表面活性剂浓度对两相泡沫稳定性的影响原理一样，即对于本试验选择的三种表面活性剂，当浓度为 30 ppm 左右时，溶液到达了临界胶束浓度，泡沫稳定性不再发生明显的变化。

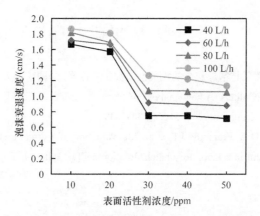

图 6-56 SDBS 表面活性剂浓度与三相泡沫稳定性的关系

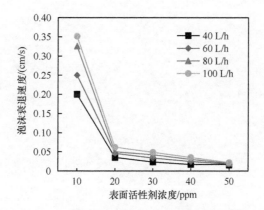

图 6-57 AEP 表面活性剂浓度与三相泡沫稳定性的关系

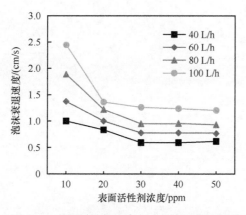

图 6-58 AOS 表面活性剂浓度与三相泡沫稳定性的关系

参 考 文 献

[1] 谭佳琨. 浮选泡沫性质与精煤灰分的相关性研究[D]. 徐州: 中国矿业大学, 2018.

[2] Monin D, Espert A, Colin A. A new analysis of foam coalescence: from isolated films to three-dimensional foams[J]. Langmuir, 2000, 16(8): 3873-3883.

[3] Tucker J P, Deglon D A, Franzidis J P, et al. An evaluation of a direct method of bubble size distribution measurement in a laboratory batch flotation cell[J]. Minerals Engineering, 1994, 7(5-6): 667-680.